高等院校化学实验教学改革规划教材

江苏省高等学校精品教材

无机化学实验

第三版

总主编　　孙尔康　　张剑荣

主　编　　郎建平　　卞国庆　　贾定先

副主编　　陶建清　　周少红　　王红艳　　郎雷鸣

编　委　　（按姓氏笔画排序）

　　　　　马全红　　刘总堂　　刘广卿　　吴秀红

　　　　　张文莉　　张晨杰　　余　璐　　杨亚平

　　　　　顾云兰　　倪春燕　　蒋正静

南京大学出版社

图书在版编目(CIP)数据

无机化学实验 / 郎建平,卞国庆,贾定先主编. —
3 版. —南京:南京大学出版社,2018.8(2024.7 重印)
ISBN 978 - 7 - 305 - 20375 - 6

Ⅰ. ①无… Ⅱ. ①郎… ②卞… ③贾… Ⅲ. ①无机化
学—化学实验—高等学校—教材 Ⅳ. ①O61 - 33

中国版本图书馆 CIP 数据核字(2018)第 123154 号

出版发行 南京大学出版社
社　　址 南京市汉口路 22 号 邮　　编 210093
书　　名 **无机化学实验**
　　　　　WUJI HUAXUE SHIYAN
主　　编 郎建平 卞国庆 贾定先
责任编辑 刘　飞 蔡文彬 编辑热线 025 - 83686531
照　　排 南京开卷文化传媒有限公司
印　　刷 常州市武进第三印刷有限公司
开　　本 787 mm×1092 mm 1/16 印张 15.5 字数 378 千
版　　次 2024 年 7 月第 3 版第 6 次印刷
ISBN 978 - 7 - 305 - 20375 - 6
定　　价 38.00 元

网　　址:http://www.njupco.com
官方微博:http://weibo.com/njupco
官方微信号:njupress
销售咨询热线:(025)83594756

高等院校化学实验教学改革规划教材

编委会

总 主 编 孙尔康(南京大学)　　　　张剑荣(南京大学)

副总主编 (按姓氏笔画排序)

朱秀林(苏州大学)　　　　朱红军(南京工业大学)

孙岳明(东南大学)　　　　董延茂(苏州科技大学)

何建平(南京航空航天大学)　　金叶玲(淮阴工学院)

周亚红(江苏警官学院)　　　柳闽生(南京晓庄学院)

倪　良(江苏大学)　　　　徐继明(淮阴师范学院)

徐建强(南京信息工程大学)　　袁荣鑫(常熟理工学院)

曹　健(盐城师范学院)

编　　委 (按姓氏笔画排序)

马全红	卞国庆	王　玲	王松君
王秀玲	白同春	史达清	汤莉莉
庄　虹	李巧云	李健秀	何娉婷
陈国松	陈昌云	沈　彬	杨冬亚
邱凤仙	张强华	张文莉	吴　莹
郎建平	周建峰	周少红	赵宜江
赵登山	徐培珍	陶建清	郭玲香
钱运华	黄志斌	彭秉成	程振平
程晓春	路建美	鲜　华	薛蒙伟

序

  化学是一门实验性很强的科学,在高等学校化学专业和应用化学专业的教学中,实验教学占有十分重要的地位。就学时而言,教育部化学专业指导委员会提出的参考学时数为每门实验课的学时与相对应的理论课学时之比,即为(1.1～1.2):1,并要求化学实验课独立设课。已故著名化学教育家戴安邦教授生前曾指出:"全面的化学教育要求化学教学不仅传授化学知识和技术,更训练科学方法和思维,还培养科学品德和精神。"化学实验室是实施全面化学教育最有效的场所,因为化学实验教学不仅可以培养学生的动手能力,而且也是培养学生严谨的科学态度、严密科学的逻辑思维方法和实事求是的优良品德的最有效形式;同时也是培养学生创新意识、创新精神和创新能力的重要环节。

  为推动高等学校加强学生实践能力和创新能力的培养,加快实验教学改革和实验室建设,促进优质资源整合和共享,提升办学水平和教育质量,教育部已于2005年在高等学校实验教学中心建设的基础上启动建设一批国家实验教学示范中心。通过建设实验教学示范中心,达到的建设目标是:树立以学生为本,知识、能力、素质全面协调发展的教育理念和以能力培养为核心的实验教学观念,建立有利于培养学生实践能力和创新能力的实验教学体系,建设满足现代实验教学需要的高素质实验教学队伍,建设仪器设备先进、资源共享、开放服务的实验教学环境,建立现代化的高效运行的管理机制,全面提高实验教学水平。为全国高等学校实验教学改革提供示范经验,带动高等学校实验室的建设和发展。

  在国家级实验教学示范中心建设的带动下,江苏省于2006年成立了"江苏省高等院校化学实验教学示范中心主任联席会",成员单位达三十多个高校,并在2006～2008年三年时间内,召开了三次示范中心建设研讨会。通过这三次会议的交流,大家一致认为要提高江苏省高校的实验教学质量,关键之一是要有一个符合江苏省高校特点的实验教学体系以及与之相适应的一套先进的教材。在南京大学出版社的大力支持下,在第三次江苏省高等院校化学实验教学示范中心主任联席会上,经过充分酝酿和协商,决定由南京大学牵头,成立江苏省高等院校化学实验教学改革系列教材编委会,组织东南大学、南京航空航天大学、苏州大学、南京工业大学、江苏大学、南京信息工程大学、南京师范大学、盐城师范学院、淮阴师范学院、淮阴工学院、苏州科技大学、常熟理工学院、江苏警官学院、南京晓庄学院、南京大学金陵学院等十五所高校实验教学的一线教师,编写《无机化学实验》、《有机化学实验》、《物理化学实验》、《分析化学实验》、《仪器分析实验》、《无机及分析化学实验》、《普通化学实验》、《化工原理实验》、《大学化学实验》和至少跨两门二级学科(或一级学科)实验内容或实验方法的《综合化学实验》系列教材。

该套教材在教学体系和各门课程内容结构上按照"基础—综合—研究"三层次进行建设。体现出夯实基础、加强综合、引入研究和经典实验与学科前沿实验内容相结合、常规实验技术与现代实验技术相结合等编写特点。在实验内容选择上,尽量反映贴近生活、贴近社会,与健康、环境密切相关,能够激发学生学习兴趣,并且具有恰当的难易梯度供选取;在实验内容的安排上符合本科生的认知规律,由浅入深、由简单到综合,每门实验教材均有本门实验内容或实验方法的小综合,并且在实验的最后增加了该实验的背景知识讨论和相关延展实验,让学有余力的学生可以充分发挥其潜力和兴趣,在课后进行学习或研究;在教学方法上,希望以启发式、互动式为主,实现以学生为主体,教师为主导的转变,加强学生的个性化培养;在实验设计上,力争做到使用无毒或少毒的药品或试剂,体现绿色化学的教学理念。这套化学实验系列教材充分体现了各参编学校近年来化学实验改革的成果,同时也是江苏省省级化学示范中心创建的成果。

本套化学实验系列教材的编写和出版是我们工作的一项尝试,省内外相关院校使用后,深受广大师生的好评,并于2011年被评为"江苏省高等学校精品教材"。

本套系列教材的出版至今已近十年,随着科学技术日新月异地发展,实验教学改革也随之不断地深入,尽管高等学校实验的基本内容变化不大,但某些实验内容、实验方法和实验技术有了新的变化。本套教材的再版也就是为了适应新形势下的教学需要,在第二版的基础上删除了部分繁琐、陈旧的实验,增加了部分新的实验内容,并尽可能引入新的实验方法和实验技术。在第三版教材的编写过程中,难免会出现一些疏漏或者错误,敬请读者和专家提出批评意见,以便我们今后修改和订正。

编委会

第三版前言

本书自 2009 年第一版出版以来,得到了省内外多所兄弟院校的肯定并选作教材,2011 年被江苏省教育厅遴选为省级精品教材,2013 年出版了第二版。5 年多来,广大教师和同学在教学和学习中提出了一些宝贵意见和建议,对第三版的修订起到了极大的帮助,在此我们向支持和关心本书的领导、老师以及同学表示由衷的感谢。我们编委会全体成员在广泛征求一线教师和读者意见的基础上,通过编委会议、网络等多种形式开展了深入细致的讨论,提出了第三版的修改原则和编写计划。

从避免重复和减少环境污染角度出发,在第二版调整的基础上,进一步缩减了验证性实验,删去了一些元素性质实验的部分内容;为提高学生自主研究和综合实验能力,增加了 2 个研究与设计性实验;从便于实验准备和学生理解以及突出实验现象的角度出发,对前一版的文字进行了适当的调整,对元素性质实验和制备及综合实验中一些药品的用量和浓度等实验数据进行了修订和调整。另外,为适应高等教育发展趋势,利用现代教学手段,以在书中嵌入二维码的形式提供重要实验仪器、重要化学反应和典型实验现象等电子资源,以有利于提高实验教学效果、激发学生学习的积极性。

参加本书第三版编写工作的有:苏州大学的卞国庆、贾定先、张晨杰、倪春燕;东南大学的周少红、马全红;盐城师范学院的陶建清、顾云兰、吴秀红、刘总堂;淮阴师范学院的王红艳、蒋正静;南京晓庄学院的郎雷鸣、刘广卿;江苏大学的张文莉;东南大学成贤学院的杨亚平、余璐。全书由郎建平、贾定先统稿;南京大学徐培珍老师和苏州大学戴洁教授审阅全书,并提出了宝贵的修改意见。

本书的再版得到了南京大学出版社、参编本书的各兄弟院校领导和一线教师的大力支持,在此一并表示衷心的感谢!

本书从第一次出版我们就有将此书编成便于教学与学习、有利于学生"三基"训练和创新能力培养的一本大家喜爱的实验教材的强烈愿望,限于编者水平,难免会有一些疏漏和错误之处,敬请各位专家和广大读者批评指正。

编　者
2018 年 6 月

目　　录

特配电子资源与服务

第一章　绪　论

化学是研究物质及其变化的一门科学,它的发生、发展都是建立在实验基础上的。尽管近年来"分子设计"等理论化学、计算化学随着科技的发展得到很大的提高,但其成果最终需由实验来检验或通过实验技术来实现。因此,可以说化学是一门实验科学,没有实验就没有化学。绝大部分的化学理论与化学定律都来自实验,同时,这些理论与规律的应用与评价也必定通过实验来实现。重视化学实验课程,对培养学生的创新能力和优良的素质起着十分重要的作用。化学实验的教学在化学教学中起着理论课所不能替代的作用,通过化学实验教学可以训练学生的基本操作与基本技能,加强学生的基本知识,培养学生分析问题、解决问题的能力,养成良好的实验习惯、严谨的科学态度。

§1.1　无机化学实验的目的

无机化学实验是高校化学化工类专业学生的第一门必修基础实验课,是大学化学实验的起点和基石,是一门独立的课程,也是学习无机化学的一个重要环节。该课程的主要目的是:

(1) 通过实验课程掌握基本的化学实验方法和无机化学实验的基本操作技能。

(2) 通过实验全过程,学生可以掌握大量的第一手感性知识,经分析、归纳、总结,从感性认识上升到理性认识,加深对理论知识的理解,提高应用能力。

(3) 掌握基本的化学实验技术,培养学生独立查阅资料,设计实验方案,独立准备和操作实验的能力、细致观察和记录现象的能力、准确测定实验数据、正确处理数据和表达实验结果的能力、培养学生分析解决问题、科学研究和创新的能力。

(4) 在提高学生动手能力的同时,化学实验应着重培养学生严谨求实的科学品德、一丝不苟的科学态度,富于创新的科学精神和细致整洁的实验习惯,为学生参加科学研究及实际工作打下坚实的基础。

§1.2　无机化学实验的学习方法

为达到无机化学实验课程的教学目的,学生不仅要有正确的学习目的和学习态度,还要有正确的学习方法,才能在掌握一般规律的基础上,学会举一反三、融会贯通,从根本上达到学习目的、提高教学效果与教学质量。根据本课程的特点,学习方法大致有以下四个步骤:

1. 预习

(1) 弄清实验目的和实验原理,了解实验仪器的工作原理和结构,掌握仪器的使用方法和注意事项。

(2) 查阅实验相关的资料,熟悉实验内容、操作步骤、数据处理方法,做到心中有数,在此基础上归纳并书写出简洁明了的实验步骤。

（3）在熟悉实验原理、内容、步骤的基础上，统筹安排实验时间。

（4）书写预习报告，切忌照本抄书，应依据自己的理解而书写，内容包括：实验题目、实验目的、实验原理、实验步骤（以流程图为主）、注意事项、实验记录表格（或格式）等。

2. 讨论

为使学生进一步明确实验原理、操作要点、注意事项和加深对实验现象、结果的理解，教师在实验前、后通过观看多媒体、演示、提问、归纳等多种形式组织师生讨论，从而达到举一反三的教学目的。学生应该认真准备、积极主动参与、专心听讲、认真记录注意事项，对疑惑大胆提问，对提问主动回答。

3. 实验

（1）认真、细致、独立地完成实验内容，既要大胆，又要细心。

（2）严格规范地进行实验操作，仔细观察实验现象，认真严谨并及时地记录实验结果。

（3）实验过程中做到手、脑并用，即边实验、边记录、边思考；力争自己解决实验中遇到的问题，有困难时应与老师讨论，共同解决。

（4）不可随意更改实验，有新想法、新思路、新设计应经老师同意后方可实行。

（5）保持实验环境整洁、桌面整洁有条理，暂时不用的仪器不要放在实验台上，自觉养成良好的实验素养和科学习惯，遵守实验室规则。

4. 实验报告

实验报告是对所学知识进行归纳和提高的过程，也是培养学生思维能力、书写能力、严谨的科学态度、实事求是精神的主要措施，应该认真对待。

（1）按照一定的格式书写，要求简明扼要、清楚整洁。

（2）必须及时、认真、实事求是地独立完成实验报告，不得臆造、抄袭或篡改原始现象、原始数据等。

（3）归纳总结实验现象和数据，得出结论，并分析讨论实验结果和存在的问题。同时，根据实验结果分析自己在实验中的成功与不足，并对实验提出改进意见，这对提高分析问题、解决问题的能力大有益处。

（4）实验报告一般应该包括：实验题目、实验目的、实验原理、实验步骤、实验记录（含数据处理）、思考和讨论等内容。各类试验报告的格式可以不同，现列出三种以供参考，见本章"知识链接"。

§1.3 实验室规则和安全知识

一、实验室规则

实验室规则是人们在长期的实验室工作中归纳总结出来的，它是保持正常从事实验的环境和工作秩序、防止意外事故、做好实验的一个重要前提。为确保实验的正常进行，培养良好的实验习惯和工作作风，人人必须遵守下列规则：

（1）认真学习实验室规则和有关注意事项，学习紧急事件的处理方法和消防、安全防护守则。经过适当考核和实验指导教师允许后，学生方可进入实验室。

（2）遵守纪律，不得迟到早退，同时应该提前 5～10 min 进实验室以便定下心来，避免匆忙、心慌而出错,造成事故。学生不得无故缺课,因故未做的实验应该及时补做。否则超过一定数量,按照规定,本实验课成绩不及格。

(3) 实验前要认真预习有关实验的全部内容,做好预习报告。通过预习了解实验的基本原理、方法、步骤及注意事项,做到有备而来。

(4) 实验前应清点仪器。如发现有破损或缺少,应立即更换或补领。实验过程中仪器损坏应及时补充,并按规定赔偿。

(5) 实验时应遵守操作规则,保证实验安全,保持室内安静,不要大声喧哗。

(6) 要节约使用药品、水、电和煤气,要爱护仪器和实验室设备。

(7) 在实验过程中,要保持实验室及台面整洁,废物与回收溶剂等应放到指定的地方,不得乱丢乱放。

(8) 实验过程中要实事求是、细心观察、认真记录,将实验中的一切现象和数据如实记在报告本上。根据原始记录,认真地分析问题,处理数据,写出实验报告。对于实验异常现象应进行讨论,提出自己的看法。

(9) 实验结束后必须将所用仪器洗涤干净,并整齐放入实验柜内。

(10) 值日生负责门窗玻璃、桌面、地面及水槽的清洁工作,以及整理公用原料、试剂和器材,清除垃圾,检查水、电、煤气安全,最后关好门窗。

二、安全知识

进行化学实验时,常会使用水、电、煤气和各种药品、仪器。而许多化学药品是易燃、易爆、有腐蚀性或有毒的,故在实验过程中要集中注意力,遵守操作规程,避免事故发生。

(1) 为防止损坏衣物、伤害身体,做实验时,必须穿长款实验服,不允许穿短裤、拖鞋等露出身体的衣物进入实验室。梳长发的同学要将头发挽起,以免受到伤害。

(2) 进实验室必须戴护目镜。试管加热时,切记不可将试管口对着自己或别人。

(3) 实验室内严禁饮食、吸烟。切勿用实验器皿作为餐具,实验结束后应洗手。

(4) 使用酒精灯、煤气灯等,应随用随点,不用时盖上灯罩或关闭煤气阀。

(5) 浓酸、浓碱具有强腐蚀性,使用时要小心,不能让它溅在皮肤和衣物上。

(6) 氰化物、高汞盐($HgCl_2$、$Hg(NO_3)_2$ 等)、可溶性钡盐($BaCl_2$)、重金属盐(Cd^{2+}、Pb^{2+} 等)、三氧化二砷等剧毒药品,应妥善保管,使用时要特别小心。

(7) 操作大量可燃性气体或使用有机溶剂(如乙醇、乙醚、丙酮等)时,严禁同时使用明火,还要防止发生电火花及其他撞击火花。

(8) 产生有刺激性或有毒气体(如 H_2S、Cl_2、Br_2、NO_2、HCl 和 HF 等)的实验,应在通风橱内(或通风处)进行;苯、四氯化碳、乙醚、硝基苯等的蒸气会引起中毒,它们虽有特殊气味,但久嗅会使人嗅觉减弱,所以也应在通风良好的情况下使用。

(9) 实验中所用的易燃、易爆、有腐蚀性或有毒的物品不得随意散失、丢弃。

(10) 用完煤气后或遇煤气临时中断供应时,应立即把煤气关闭。煤气管道漏气时,应立即停止实验,进行检查。

(11) 安全用电知识:

① 操作电器时,手必须干燥,不得直接接触绝缘性能不好的电器;

② 超过 45 V 的交流电都有危险,故电器设备的金属外壳应接上地线;

③ 为预防万一触电时电流通过心脏的可能,不要用双手同时接触电器;

④ 使用高压电源要有专门的防护措施,千万不要用电笔测试高压电;

⑤ 实验进行时,在对接好的电路仔细检查无误后方可试探性通电,一旦发现异常应立即切断电源,对设备进行检查。

三、事故处理和急救

为了对实验室内意外事故进行紧急处理,应该在每个实验室内准备一个急救药箱。药箱内可准备下列药品和器材:

① 药品:红药水、碘酒(3%)、烫伤膏、饱和硼酸溶液、醋酸溶液(2%)、氨水(5%)、硫酸铜溶液(5%)、高锰酸钾固体(用时配成溶液)、氯化铁溶液(止血剂)、甘油、消炎粉;

② 器材:消毒纱布、消毒棉、剪刀、创可贴、棉签等。

1. 着火事故的处理

实验室如果发生着火事故,切勿惊慌失措,应沉着镇静及时采取措施,防止事故的扩大。

(1) 控制火势蔓延

关闭酒精灯或煤气阀,切断电源,移走一切可燃物质(特别是有机溶剂和易燃易爆物质)。

(2) 灭火

灭火的方法要针对起因选用合适的方法和灭火设备(见表 1-1),一般的小火可用湿布、石棉布、灭火毯或沙覆盖燃烧物,即可灭火。火势大时,可采用灭火器材来灭火,常用的灭火器材有:沙、二氧化碳灭火器、四氯化碳灭火器、泡沫灭火器和干粉灭火器等,可根据起火的原因选择使用。对化学实验室的火灾,选择灭火的器材特别要慎重,建议不要使用水,如以下几种情况不能用水灭火:

① 金属钠、钾、镁、铝粉、电石、过氧化钠着火,应用干沙灭火;

② 比水轻的易燃液体,如汽油、丙酮等着火,可用泡沫灭火器;

③ 有灼烧的金属或熔融物的地方着火时,应用干沙或干粉灭火器;

④ 电器设备或带电系统着火,可用二氧化碳灭火器或四氯化碳灭火器。

表 1-1　常用的灭火器及其使用范围

灭火器类型	药液成分	适用范围
酸碱式	H_2SO_4、$NaHCO_3$	非油类、非电器类的一般起火
泡沫灭火器	Al_2SO_4、$NaHCO_3$	油类起火
二氧化碳灭火器	液态二氧化碳	电器、小范围油类和忌水的化学品起火
干粉灭火器	$NaHCO_3$ 等盐类、润滑剂、防潮剂	油类、可燃气体、电器设备、精密仪器、图书文件和遇水易燃药品的初起火
1211 灭火器	CF_2ClBr 液化气体	特别适用于油类、有机溶剂、精密仪器、高压电器设备起火

2. 试剂灼伤的处理

(1) 酸碱灼伤

① 受酸腐蚀致伤:立即用大量水冲洗,然后用饱和碳酸氢钠溶液(或稀氨水、肥皂水)洗

涤,最后再用水冲洗;浓硫酸则应先用布吸收后再用大量水冲洗。如果溅入眼内,用大量水冲洗后,送医院诊治。

②　受碱腐蚀致伤:立即用大量水冲洗,然后用2‰醋酸溶液或饱和硼酸溶液洗,最后再用水冲洗。如果溅入眼内,用硼酸冲洗。

（2）溴灼伤

应立即用酒精洗涤,再涂上甘油;也可立即用2‰硫代硫酸钠溶液洗至伤处呈白色,然后涂甘油。

3. 中毒的处理

（1）将吸入气体中毒者移至室外,解开衣领及纽扣。

（2）如吸入少量氯气或溴可用5‰的碳酸氢钠溶液漱口。

（3）若吸入氯气、氯化氢,可立即吸入少量酒精和乙醚的混合蒸气以解毒。

（4）若吸入硫化氢或一氧化碳气体而感到头晕不适时,应立即到室外呼吸新鲜空气。但应注意氯气、溴中毒不可进行人工呼吸,一氧化碳中毒不可使用兴奋剂。

（5）毒物进入口内:将5 mL~10 mL 5‰的稀硫酸铜溶液加入一杯温水中,内服后,用手指伸入咽喉部,促使呕吐,吐出毒物后立即送医院。

4. 烫伤的处理

一旦被火焰、蒸气、红热的玻璃、铁器等烫伤时,立即将伤处用大量水冲淋或浸泡,以迅速降温避免深度烫伤。若起水泡不宜挑破,用纱布包扎后送医院治疗。对轻微烫伤,可在伤处涂凡士林或烫伤油膏后包扎。

5. 玻璃割伤的处理

受伤后要仔细观察伤口有无玻璃碎粒,若伤口不大可先抹上红药水再用创可贴粘贴。如伤口较大应先做止血处理(如扎止血带或按紧主血管)以防止大量出血,然后急送医院。

6. 触电事故的处理

首先应切断电源,必要时对伤者进行人工呼吸。

§1.4　实验室的"三废"处理

实验室经常产生一些有毒的气体、液体和固体,都需要及时排弃,特别是一些剧毒物质,如果直接排出就可能污染周围的空气和水源,从而造成环境污染,损害人体健康。因此,废液、废气、废渣(即"三废")要经过处理,符合排放标准才可以排弃。同时,三废中的有用成分不加以回收,也是一种资源的浪费。通过处理、消除公害、变废为宝、综合利用不仅仅是社会和经济的活动,也是实验室工作的重要组成部分。

1. 废气处理

产生少量有毒气体的实验应该在通风橱内操作。通过排风系统将少量有毒气体排到室外,排出的有毒气体在大气中得到充分的稀释,从而在降低毒害的同时避免了室内空气的污染。产生毒气量大的实验必须备有吸收和处理装置。如:

NO_2、SO_2、Cl_2、H_2S、HF 等可用导管通入碱液中,使其大部分吸收后排出;

CO 可以通过燃烧转化为 CO_2 排出;

另外,可以用活性炭、活性氧化铝、硅胶、分子筛等固体吸附剂来吸附废气中的污染物。

2. 废渣处理

对于废液、废渣而言，在有条件的地区，应该分类收集后，交给有资质的专门处理废弃化学品的专业公司，按照国家有关规定处理。在不具有相关条件的城市，应该通过实验室的方法进行处理，达到排放标准后方可排弃。

有回收价值的废渣应该收集起来统一处理，从而加以回收利用；少量无回收价值的有毒废渣也应该加以收集，再根据其性质进行处理；无毒废渣可以直接丢弃或掩埋。

（1）钠、钾屑及碱金属、碱土金属、氨化物放入四氢呋喃中，在搅拌的情况下慢慢滴加乙醇或异丙醇至不再放出氢气为止，慢慢加水至澄清后冲入下水道。

（2）硼氢化钠（钾）用甲醇溶解后用水充分稀释，再加酸并放置，此时有剧毒的硼烷产生，所以要在通风橱中进行，弃废液用水稀释后排入下水道。

（3）酰氯、酸酐、三氯化磷、五氯化磷、氯化亚砜在搅拌下加入大量的水反应或稀释（对于五氯化磷而言还需碱中和）后直接排弃，同时注意应该在通风橱中处理。

（4）沾有铁、钴、镍、铜催化剂的废纸、废塑料干后易燃，不能随便丢入废纸桶中，应在未干时深埋。

（5）重金属及其难溶盐尽量回收，不能回收的集中起来深埋于远离水源的地下。

3. 废液处理

（1）废酸、废碱液

将废酸（碱）液与废碱（酸）液中和至 pH＝6～8 后就可排放，如有沉淀则要过滤，少量滤渣可以深埋处理。

（2）含铬废液

无机化学实验中含铬废液量大的是废铬酸洗液，可以用高锰酸钾氧化法使其再生 *，重复使用。少量的废液可以加入废碱液或石灰使其生成氢氧化铬（Ⅲ）沉淀而集中分类处理。

（3）含氰废液

氰化物是剧毒物质，含氰废液必须认真处理。

少量的含氰废液可加入硫酸亚铁使之转化为毒性较小的亚铁氰化物冲走，也可以先加氢氧化钠调至 pH＞10，再加入几克高锰酸钾使 CN⁻ 氧化分解。

大量的含氰废液可用碱性氯化法处理：先用废碱调至 pH＞10，再加足够量的漂白粉（含次氯酸钠），充分搅拌，放置过夜，使 CN⁻ 氧化成氰酸盐，并进一步分解为碳酸根和氮气，再将溶液 pH 调至 6～8 排放。

$$2CN^- + 5ClO^- + 2OH^- \Longrightarrow 2CO_3^{2-} + 5Cl^- + H_2O + N_2 \uparrow$$

（4）含汞盐废液

① 含汞盐废液应先调至微碱性（pH＝8～10）后，加适当过量的硫化钠生成硫化汞沉淀，并加硫酸亚铁生成硫化亚铁沉淀，从而吸附硫化汞共沉淀下来。静置后分离，再离心，过

＊ 再生氧化法：先在 110℃～130℃ 下不断搅拌加热浓缩，除去水分后，冷却至室温，缓缓加入高锰酸钾粉末。每升加入 10 g 左右，边加边搅拌，直至溶液呈深褐色或微紫色，但不可过量。然后直接加热至三氧化铬出现，停止加热。稍冷后，通过玻璃砂芯漏斗过滤，除去沉淀；冷却后析出红色三氧化铬沉淀，再加适量浓硫酸使其溶解即可使用。

滤。清液含汞量可降到 0.02 mg·L^{-1} 以下排放。少量残渣集中分类存放,统一处理。大量残渣可用焙烧法回收汞,但要注意一定要在通风橱中进行。

② 金属汞易挥发,并通过呼吸道进入人体内,逐渐积累会引起慢性中毒。所以做金属汞实验应特别小心,不得将金属汞洒落在桌上或地上。一旦洒落,必须尽可能收集起来,并用硫黄粉盖在洒落的地方,使金属汞转化为不挥发的硫化汞(注意:此反应较慢,要放置一定时间,不能硫黄覆盖后就立即清除)。

(5) 含砷废液

① 将石灰投入到含砷废液中,使之生成难溶的砷酸盐或亚砷酸盐。

$$As_2O_3 + Ca(OH)_2 = Ca(AsO_2)_2 \downarrow + H_2O$$

$$As_2O_5 + Ca(OH)_2 = Ca(AsO_3)_2 \downarrow + H_2O$$

② 也可用 H$_2$S 或 NaHS 作硫化剂,使之生成难溶硫化物沉淀,沉降分离后,调溶液 pH 至中性排放。

③ 或在含砷废液中加入足够的镁盐,调节镁砷比为 8～12,然后利用石灰或其他碱性物质将废液中和至弱碱性,控制 pH 在 9.5～10.5,利用新生的氢氧化镁与砷化合物共沉淀和吸附作用,将废液中的砷除去,沉降后将砷液 pH 调到 6～8 排放。

(6) 含重金属离子的废液

含重金属离子的废液,最有效和经济的处理方法是:加碱或加硫化钠将重金属离子变成难溶性的氢氧化物或硫化物而沉淀下来,然后过滤分离,少量残渣集中分类存放,统一处理。

§1.5　测定中的误差与有效数字

一、测定中的误差

在化学实验及生产过程中,经常使用仪器对一些物理量进行计量或测定,根据测得的数据进行处理,以找出事物的客观规律,从而正确地反映实际情况及指导生产实践。但实践证明,任何测量都只能是相对准确,即使是技术非常熟练的人,用最可靠的方法,使用最精密的仪器,对同一试样进行多次测定,也不可能得到完全一致的结果。这种误差是客观存在的,因此,实验者必须了解实验过程中误差产生的原因及误差出现的规律,以便采取相应措施减少误差,并对实验数据进行处理,使实验结果尽量接近真实情况。实验者应该树立正确的误差及有效数字的概念,掌握分析和处理实验数据的科学方法,学会正确表达实验结果。

按照误差产生的原因及性质,误差可分为系统误差、偶然误差和过失误差三类。

1. 系统误差

系统误差又称可测误差,是由某些固定的原因造成的,使测量结果总是偏高或偏低。例如实验方法不够完善、试剂不纯、仪器本身不够精确、操作人员的主观原因等造成的。这类误差的规律是:① 在多次测定中会重复出现;② 所有的测定值或者都偏高,或者都偏低,即具有单向性;③ 由于误差来源于某一固定的原因,因此,误差值基本上是恒定不变的。系统误差可以采用校正的方法消除,如标准方法校正、仪器校正、空白试验、对照试验等。其中对照试验是检查实验过程中有无系统误差最有效的方法。

测定结果的准确度可用误差表示,指测定值与真实值之差,误差越小,准确度越高。误差分为绝对误差和相对误差两种,绝对误差表示测定值与真实值之间的差,具有与测定值相同的量纲;相对误差表示绝对误差与真实值之比,一般用百分率或千分率表示,无量纲。绝对误差和相对误差都有正值和负值,正值表示测定结果偏高,负值则反之。

绝对误差 $$E = x_i - x_t$$

相对误差 $$RE = \frac{x_i - x_t}{x_t} \times 100\%$$

式中:x_i 为测定值;x_t 为真实值。

2. 偶然误差

偶然误差又称随机误差或未定误差,是由一些偶然的原因造成的,例如测量时环境温度、气压、湿度的微小变化,都能造成误差。由于来源于随机因素,因此偶然误差数值不定,且方向也不固定,有时为正误差,有时为负误差。这种误差在实验中无法避免。从表面看,这类误差似乎没有规律性,但若用统计的方法去研究,可以从多次测量的数据中找到它的规律性:① 数值相同的正负误差出现的概率几乎相等;② 小误差出现概率大于大误差,特大误差出现的概率极小。因此通过增加平行测定次数(一般为 2~4 次),取平均值,可减少偶然误差。

偶然误差常用偏差来表示,表示几次平行测定结果相互接近的程度,即测定结果的精密度的大小,偏差越小,精密度越高。偏差可分为绝对偏差和相对偏差两种。偏差有多种表示方法,如果测定次数少,在一般的化学实验中,可以用平均偏差或相对平均偏差来表示。

绝对偏差 $$d_i = x_i - \overline{x}$$

相对偏差 $$Rd = \frac{x_i - \overline{x}}{\overline{x}} \times 100\%$$

平均偏差 $$\overline{d} = \frac{\sum\limits_{i=1}^{n} |x_i - \overline{x}|}{n} \times 100\%$$

相对平均偏差 $$R\overline{d} = \frac{\sum\limits_{i=1}^{n} |x_i - \overline{x}|}{n\overline{x}} \times 100\%$$

式中:n 为测定次数;x_i 为测定值;$\overline{x}$ 为 n 次平行测定结果的平均值。

3. 过失误差

这是由于实验工作者粗枝大叶、不按操作规程办事、过度疲劳等原因造成的。这类误差有时无法找到原因,但是完全可以通过加强责任心、仔细操作来避免。

二、准确度和精密度

准确度和精密度是两个不同的概念,准确度表示测量的准确性,精密度表示测量的重现性,它们是实验结果好坏的主要标志。在分析工作中,最终要求测定结果准确。准确度高的结果,需要精密度一定要高,否则结果不可靠。但是,精密度高的结果不一定准确,这是由于可能存在系统误差。消除了偶然误差,分析结果的精密度提高,但准确度不一定高,只有同时校正了系统误差,才能保证分析结果既精密又准确。

三、有效数字及其运算规则

科学实验要得到准确的结果,不仅要求正确选用实验方法和实验仪器,而且要求正确记录实验数据。在实验中,数据可分为准确数值和近似数值。计算式中的分数、倍数、常数、原子量等都是准确数值,如 I_2 与 $Na_2S_2O_3$ 反应,其物质的量之比为 $1:2$,这里的 1 和 2 均是准确数值。除准确数值外,在实验中一切测量得到的数值都是近似数值,称为有效数字,即从仪器刻度上准确读出的数字和一位估计读数之和。

有效数字不仅表示数量的大小,而且要正确反映测量准确度和仪器的精密度。例如某烧杯用 0.1 g 台天平称,质量为 15.3 g,这一数值中,"15"是准确的,最后一位数字"3"是估计的,可能有上下一个单位的误差,即其实际质量是 15.3 g±0.1 g,它的有效数字是 3 位,测量的相对误差为 ±0.6%。该烧杯若用 0.1 mg 分析天平称,质量为 15.3084 g,它的有效数字是 6 位,相对误差为 $\pm(6\times10^{-4})$%,准确度比前者提高 3 个数量级。

有效数字的位数是整数部分和小数部分位数的组合。这里特别要注意数字"0",若数字"0"作为普通数字使用,它就是有效数字;若数字"0"表示小数点的位置,则它不是有效数字。例:

数　　字	10.9800	10.98%	1.25×10^{-34}	0.0025	5×10^4	50
有效数字位数	6 位	4 位	3 位	2 位	1 位	不确定

对于 pH 等对数值的有效数字位数仅取决于小数部分数字的位数,其整数部分为 10 的幂数,只起定位作用,不是有效数字。例如,当 $[H^+]=9.5\times10^{-12}$ mol·L^{-1} 时,pH=11.02,有效数字为 2 位,而不是 4 位。

有效数字运算时,以"四舍五入"为原则弃去多余的数字,当尾数≤4 时,弃去;当尾数≥5 时,进位。也可按"四舍六入五留双"的原则,当尾数≤4 时,弃去;当尾数≥6 时,进位;尾数=5 时,如进位后得偶数,则进位,如弃去后为偶数,则弃去;若 5 的后面还有不为"0"的任何数,则此时无论 5 的前面是奇数还是偶数,均应进位。根据此原则,若将 1.165 和 3.635处理成三位数,则分别为 1.16 和 3.64。

有效数字进行加减运算时,计算结果的有效数字位数,是以绝对误差最大值定位数,即以小数点后位数最少的数据为依据。运算时,首先确定有效数字保留的位数,弃去不必要的数字,然后再做加减运算。例如,6.13,7.2305 及 0.105 相加时,首先考虑有效数字的保留位数。在这三个数中,6.13 的小数点后仅有两位数,其位数最少,故应以它作标准,取舍后是 6.13,7.23,0.10 相加,具体计算见算式①(在不定值下面加一短横线来表示)。如果保留到小数点后三位,具体计算见算式②。算式①的结果只有一位不定值,而算式②的结果有两位不定值。由于在有效数字规定中,只能有一位不定值,所以应按①式计算。

$$
\begin{array}{ll}
① \quad 6.1\underline{3} & ② \quad 6.1\underline{3} \\
\quad\;\; 7.2\underline{3} & \quad\;\; 7.23\underline{0} \\
\quad\;\; 0.1\underline{0} & \quad\;\; 0.10\underline{5} \\
\hline
\quad 13.4\underline{6} & \quad 13.46\underline{5}
\end{array}
$$

　　有效数字进行乘除运算时,计算结果的有效数字位数,是以相对误差最大值定位数,即结果的有效数字位数与运算数字中有效数字位数最少者相同,与小数点的位置或小数点后的位数无关。例如,$0.0121 \times 25.64 \times 1.05782 = ?$

　　假定它们的绝对误差分别为± 0.0001,± 0.01和± 0.00001,这三个数值的相对误差分别为:

$$\frac{\pm 0.0001}{0.0121} \times 100\% = \pm 0.8\%$$

$$\frac{\pm 0.001}{25.64} \times 100\% = \pm 0.04\%$$

$$\frac{\pm 0.00001}{1.05782} \times 100\% = \pm 0.0009\%$$

　　第一个数值的有效数字位数最少,仅有三位,其相对误差最大,应以它为标准来确定其他数值的有效数字位数。具体计算时,也是先确定有效数字的保留位数,然后再计算。其结果为:

$$0.0121 \times 25.64 \times 1.05782 = 0.0121 \times 25.6 \times 1.06 = 0.328$$

　　在乘除运算中,常会遇到8以上的大数,如9.00、9.83等,其相对误差约为$\pm 1‰$,与10.08、11.20等四位有效数字数值的相对误差接近,所以通常将它们当作四位有效数字的数值处理。

　　目前,由于电子计算器的普及,使用计算器计算时结果数值的位数较多,虽然在运算过程中不必对每一步计算结果进行位数确定,但应注意正确保留最后计算结果的有效数字位数。

四、实验数据的处理

　　实验得到的数据往往较多,为了清晰明了地表示实验结果,形象直观地分析实验结果的规律,需要对实验数据进行处理,化学实验数据的处理方法主要有列表法和作图法。

　　1. 列表法

　　将实验数据尽可能整齐地、有规律地表达出来,一目了然,便于处理和运算。列表时应注意以下几个问题:

　　(1)一张完整的表格应包含表的顺序号、表的名称、表中行或列数据的名称、单位和数据等内容。

　　(2)正确地确定自变量和因变量,一般先列自变量,再列因变量,将数据一一对应地列出。

　　(3)表中的数据应以最简单的形式表示,可将公共的指数放在行或列名称旁边。数据要排列整齐,按自变量递增或递减的次序排列,以便显示变化规律。同一列数据的小数点应对齐。

　　(4)实验原始数据与实验处理结果可以并列在一张表上,处理方法和运算公式应在表中或表下注明。

2. 作图法

将实验原始数据通过正确的作图方法画出曲线(或直线),可使实验测得的各数据间的关系更加直观,便于找出变化规律。并且根据图上的曲线,可找出极大值、极小值和转折点等,并能够进一步求解斜率、截距、外推值、内插值等。此外,根据多次测量数据绘制的曲线,可以发现和消除一些偶然误差。因此,作图法是一种非常重要的实验数据处理方法。但作图法也存在作图误差,作图技术的好坏直接影响实验结果的准确性,因此用直角坐标纸作图时,以自变量为横轴,因变量为纵轴,坐标轴比例尺的选择应遵循以下原则:

(1) 坐标的比例和分度应与实验测量的准确度一致,即图上的最小分度应与仪器的最小分度一致,要能表示出全部有效数字。

(2) 坐标纸每小格对应的数值应方便易读,一般采用1、2、5 或 10 的倍数较好。

(3) 横纵坐标原点不一定从零开始,而是要充分利用图纸,提高图的准确度,若图形为直线或近乎直线的曲线,应尽可能使直线与横坐标夹角接近 45°。

(4) 图形的长、宽比例要适当,并力求表现出极大值、极小值、转折点等曲线的特殊性质。

比例尺选定后,在纵、横坐标轴旁应标明轴变量的名称、单位及数值,以便于标明实验点位置和绘制图形。

将实验原始数据画到图上,就是实验点。实验点可以用"○"、"⊙"、"●"、"◇"、"◆"、"□"、"■"、"△"、"▲"等符号表示。若在一幅图上作多条曲线,应采用不同符号区分,并在图上说明。

在图纸上画好实验点后,根据实验点的分布情况,绘制直线或曲线。绘制的直线或曲线应尽可能接近或贯穿所有的点,使线两边点的数目和点离线的距离大致相同,而不必要求它们通过全部实验点。

图作好后应写上图的名称、主要测量条件(温度、压力和浓度等)、实验者姓名、实验日期等。

值得一提的是,目前由于计算机的普及,各种商业软件不断开发出来,其中有许多软件如 Word、Excel、Photoshop、Origin 等能高质量地处理表格和图形,方便快捷,并能很好地符合数据处理的要求。

知识链接

实验报告格式

无机化学性质实验:

实验×× 碱金属、碱土金属

_____年级　_____专业　学号:_____　姓名:_____　　日期:_____

室温:_____　气压:_____　指导教师:_____

一、实验目的

1. 试验并比较碱金属、碱土金属的活泼性。

2. 试验并比较碱土金属氢氧化物和盐类的溶解性。

3. 练习焰色反应并熟悉使用金属钾、钠的安全措施。

二、实验步骤与记录（部分内容为例）

	实验步骤	实验现象	结论与解释(包括方程式)
金属与水的反应	① 在二个盛水的烧杯中，分别加入绿豆大的一粒金属钠、钾(先去掉表面的煤油)。 ② 在水溶液中各加入 1～2 滴酚酞指示剂	金属钠浮游于水面，与水激烈反应，并熔成小球至完全反应。 金属钾不仅在水面熔成小球游动，并发火燃烧。 溶液均变成红色	金属钠、钾为活泼的熔点较低的轻金属，都能与水激烈反应，放出大量的热，使钠、钾熔成小球。钾比钠的活泼性更强。 $2Na+2H_2O \!=\!\!=\!\!= 2NaOH+H_2\uparrow$ $2K+2H_2O \!=\!\!=\!\!= 2KOH+H_2\uparrow$
卤化物与氨水的反应	$MgCl_2$＋氨水 $CaCl_2$＋氨水 $BaCl_2$＋氨水	胶状(白)↓ 大量(白)↓ —	$Mg^{2+}+2OH^- \!=\!\!=\!\!= Mg(OH)_2\downarrow$ $Ca^{2+}+2OH^- \!=\!\!=\!\!= Ca(OH)_2\downarrow$ —

三、思考与讨论（略）

无机化学制备实验：

实验×× 硝酸钾的制备实验

_____年级 _____专业 学号：_____ 姓名：_____ 日期：_____

　　　　　室温：_____ 气压：_____ 指导教师：_____

一、实验目的

　　1. 了解复分解反应制备易溶盐的一种方法及原理。

　　2. 学习无机制备的一些基本操作。

　　3. 掌握热过滤的使用范围及操作方法。

二、基本原理

　　在 KCl 和 $NaNO_3$ 的混合溶液中，存在着 Na^+、K^+、Cl^-、NO_3^- 四种离子，它们可以组成四种盐。由这些盐的溶解度与温度的关系可知，NaCl 溶解度几乎不随温度的上升而改变，KNO_3 则增加得很多。因此，只要将上述混合溶液加热蒸发、浓缩，使 NaCl 在高温下结晶析出，趁热将其分离，再让滤液冷却使 KNO_3 晶体析出。

三、实验步骤

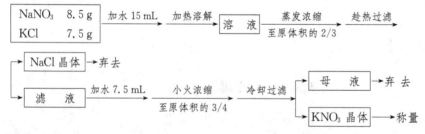

四、记录

　　1. 产品外观（略）

　　2. 产量（略）

　　3. 理论产量（略）

　　4. 产率（略）

五、思考与讨论(略)

无机化学测定实验:

实验×× 摩尔气体常数 R 的测定

_____年级 专业_____ 学号:_____ 姓名:_____ 日期:_____
室温:_____ 气压:_____ 指导教师:_____

一、实验目的

1. 熟悉测量气体体积的方法(量气管内液面位置的测量,装置的检漏等)。

2. 进一步了解气体分压的概念。

二、实验原理

金属镁与过量的稀硫酸反应,置换出的氢气质量与消耗掉的镁的质量之比等于它们的当量之比——当量定律。

一定量的金属镁 $m(Mg)$ 与过量稀硫酸作用置换出的氢气质量 $m(H_2)$,在一定温度(T)和压力(p)下,测定氢气的体积 $V(H_2)$,根据理想气体状态方程:计算出摩尔气体常数 R:

$$R = \frac{p(H_2)V(H_2) \times 2.016}{m(H_2)T}$$

式中,$m(H_2) = 2.016 \times m(Mg)/Ar(Mg)$,且 $Ar(Mg)$ 为镁的相对原子质量,所以:

$$R = \frac{p(H_2)V(H_2) \times Ar(Mg)}{m(Mg)T}$$

三、实验步骤(略)

四、数据记录和处理

实验序号	1	2	3
镁条的质量 $m(Mg)/g$			
反应后量气管内水面位置 /mL			
反应前量气管内水面位置 /mL			
氢气的体积 $V(H_2)/mL$			
室温 T /K			
大气压 p / Pa			
室温时水的饱和蒸气压 $p(H_2O)$/ Pa			
氢气的分压 $p(H_2)$ / Pa			
摩尔气体常数 R			
$R_{平均}$			
相对误差$(R_测 - R_理)/ R_理 \times 100\%$			

五、思考与讨论(略)

第二章 基本操作及基本原理实验

实验1 仪器的认领、洗涤和干燥

一、实验目的

(1) 认领无机化学实验常用的仪器,熟悉各自的名称规格,了解其使用的注意事项。

(2) 学习并掌握常用仪器的洗涤方法及其选用范围。

(3) 学习并掌握常用仪器的干燥方法及其选用范围。

二、实验操作

玻璃仪器具有良好的化学稳定性,在化学实验中经常大量使用。玻璃分硬质和软质两种。从断面处看偏黄者为硬质玻璃,偏绿色者为软质玻璃。硬质玻璃耐热性、抗腐蚀性、耐冲击性能较好。软质玻璃稍差,所以软质玻璃常用来制造非加热仪器,如量筒、容量瓶等。无机化学实验常用的玻璃仪器名称、使用范围及其注意事项见表2-1。

1. 仪器的洗涤

化学实验中经常用到各种玻璃仪器。如果仪器不洁净,往往因污物和杂质的存在,而得不到正确的结果,故仪器的洗涤是化学实验中的一项基本而又重要的内容。由于实验要求、污物性质以及粘着程度的不同,洗涤方法也不同。洗涤方式有水洗、洗涤剂洗、洗液洗涤、超声波洗涤等,不管哪种方法洗过的仪器,均需先用自来水冲净,后蒸馏水(或去离子水)荡洗。洗涤过的仪器要求内壁被水均匀润湿而无条纹、不挂水珠,不应用布或纸擦抹。

(1) 水洗

用水和试管刷刷洗,可除去仪器上的灰尘、可溶性和不溶性物质。

(2) 洗涤剂洗

常用的洗涤剂有去污粉、肥皂和合成洗涤剂(洗衣粉、洗涤精等)。洗涤剂的水溶液呈碱性,可洗去油污和有机物质,若油污和有机物仍洗不干净,可用热的碱液或碱性高锰酸钾洗涤。对于有刻度的度量仪器(如滴定管、移液管等)不可以采用毛刷的方法刷洗,一般采用洗液洗涤法或超声波洗涤法。

(3) 洗液洗涤

洗液有铬酸洗液、碱性高锰酸钾洗液、盐酸洗液、NaOH-乙醇洗液、HNO$_3$-乙醇洗液、王水等。根据污迹的性质选择相应的洗液,采取浸泡的方法洗涤,即浸泡一段时间后取出,用自来水冲洗,用蒸馏水润洗。

(4) 超声波洗涤

用超声波清洗器洗涤仪器,既省时又方便,只要把用过的仪器放在配有洗涤剂的溶液中,接通电源即可。其原理是利用声波的振动和能量,达到清洗仪器的目的。

2.仪器的干燥

实验时往往需要既洁净又干燥的仪器,仪器的干燥与否有时甚至是实验成败的关键。常用的仪器干燥方法有自然晾干、火焰烤干、热风吹干、烘干、有机溶剂干燥等,如图2-1所示。在无机化学实验中常用倒置自然晾干的方法干燥仪器,对于特殊需要的根据实际情况采用相应的干燥方法。带有刻度的计量仪器不能用加热法干燥,否则会影响其精度,如需干燥时,可采用晾干或有机溶剂干燥,吹干则应用冷风。

(a) 晾干

(b) 烤干(仪器外壁擦干后,用小火烤干,同时要不断地摇动使受热均匀)

(c) 吹干

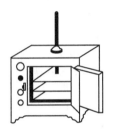
(d) 烘干(105℃左右控温)

(e) 气流烘干

(f) 烘干(有机溶剂法)
(先用少量丙酮或酒精使内壁均匀润湿一遍倒出,再用少量乙醚使内壁均匀润湿一遍后晾干或吹干,丙酮或酒精、乙醚等应回收)

图 2-1　仪器的干燥

(1)自然晾干

将洗涤后的仪器倒置在适当的仪器架上自然晾干。

(2)吹烤

倒尽仪器内的水并擦干外壁,用电热吹风机吹干残留水分。也可直接用小火烤干,注意用火烘烤时试管必须开口向下,烧杯、锥形瓶等需在石棉网上进行。

(3)烘干

将洗净的仪器放入电热恒温干燥箱内加热烘干。注意尽量将仪器内的水倒干,并开口朝上安放平稳,于105℃左右加热15 min即可。

(4)有机溶剂干燥

体积较小的仪器急需干燥时可用此法。倒尽仪器内的水,加入少量乙醇或丙酮摇洗(用后回收),然后晾干或用冷风吹干即可。

三、实验内容

（1）按照仪器清单逐一认领无机化学实验中常用的仪器。

（2）用去污粉或洗涤精将领用的仪器洗涤干净，抽取两件交给老师检查。

（3）将洗净后仪器合理有序地存放在实验柜内。

（4）烤干两支试管交给老师检查。

四、问题与讨论

（1）如何洗涤有机物污迹？如何洗涤研钵中的污迹？

（2）带有刻度的度量仪器如何洗涤？如何干燥？

（3）烤干试管时为何试管口要略向下倾斜？

知识链接

一、常用玻璃仪器

表 2-1 常用玻璃仪器的知识

仪器	一般用途	使用注意事项
试管	反应容器，便于操作、观察，药品用量少	① 试管系玻璃品，分硬质与软质两种，前者可加热至高温，但不宜急剧冷热；若温度急剧变化，后者更易破裂 ② 一般可直接在火焰上加热 ③ 加热时应注意使试管内的溶液受热均匀
离心管	少量沉淀的辨认和分离	不能直接用火加热
烧杯	反应容器，尤其是反应物较多时使用，易使反应物混合均匀	① 硬质者可加热至高温，软质者使用时应注意勿使温度变化过于剧烈或加热温度太高 ② 一般不直接加热，加热时应放在石棉网上，石棉网应放在铁环上
平底烧瓶　圆底烧瓶	反应容器，尤其是反应物较多、需经长时期加热时使用。平底烧瓶还可以做成洗瓶	① 硬质者可加热至高温，软质者使用时应注意勿使温度变化过于剧烈或加热温度太高 ② 一般不直接加热，加热时应放在石棉网上，石棉网应放在铁环上

（续表）

仪 器	一般用途	使用注意事项
锥形瓶(三角烧瓶)	反应容器,振摇很方便	① 硬质者可加热至高温,软质者使用时应注意勿使温度变化过于剧烈或加热温度太高 ② 一般不直接加热,加热时应放在石棉网上,石棉网应放在铁环上
表面皿	① 盖在蒸发皿上以免液体溅出或灰尘落入 ② 盛放小结晶进行观察 ③ 盖在烧杯上等	不能用火直接加热
蒸发皿	反应容器,蒸发液体用。一般分玻璃与瓷质两种	① 瓷质可耐高温,能直接用火烧 ② 注意高温时不要用冷水去洗,以防受热不均而发生爆裂
碘量瓶	用于碘量法	① 塞子及瓶口边缘的磨砂部分注意勿擦伤,以免产生漏隙 ② 滴定时打开塞子,用蒸馏水将瓶口及塞子上的碘液洗入瓶中
量筒 量杯	量度一定体积的液体	① 不能当作反应容器用,也不能加热 ② 量度体积时,读取量筒的刻度要以液体的弯月面为准,观察时视线应与液体弯月面的最低点成水平
石棉网	加热玻璃反应容器时的承放用,能使加热较为均匀	① 勿使石棉网浸水以免锈坏 ② 爱护石棉芯,防止损坏

（续表）

仪　器	一般用途	使用注意事项
铁架(a)、铁圈(b)、铁夹(c)	① 固定反应容器之用 ② 铁圈还可放置漏斗、石棉网或铁丝网	应先将铁夹等放至合适高度并旋转螺丝，使之牢固后再进行试验
试管刷	洗刷试管及其他仪器用	洗试管时要把前部的毛捏住放入试管，以免铁丝顶端将试管底顶破
药匙	取固体试剂用	① 取少量固体用小的一端 ② 药匙大小的选择，应以盛取试剂后能放进容器口内为宜
研钵	研磨固体物质用	不能代替反应容器用，也不可加热
称量瓶	称量物质和在干燥箱中干燥所要检查的样品等	本品系带有磨口塞的薄口壁小杯，注意不能将磨口塞与其他称量瓶上的磨口塞调错
滴管	① 吸取或滴加少量（数滴或 $1\ mL\sim2\ mL$ 液体） ② 吸取沉淀的上层清液以分离沉淀	① 滴加时，保持垂直，避免倾斜，尤忌倒立 ② 管尖不可接触其他物体，以免玷污

（续表）

仪　器	一般用途	使用注意事项
滴瓶	盛放每次使用只需数滴的液体试剂	① 见光易分解的试剂要用棕色瓶装 ② 碱性试剂要用带橡皮塞的滴瓶盛放 ③ 其他使用注意事项同滴管 ④ 使用时切忌张冠李戴
点滴板	用于点滴反应,一般不要分离的沉淀反应,尤其是显色反应	① 不能加热 ② 不能用于含氢氟酸和浓碱溶液的反应
干燥器	① 定量分析时,将灼烧过的坩埚置其中冷却 ② 存放样品,以免样品吸收水气	① 灼烧过的物体放入干燥器前温度不能过高 ② 使用前要检查干燥器内的干燥剂是否失效
移液管　吸量管	吸取一定量液体移入另一容器时使用	① 刻度容器,一般不能放入干燥箱中去烘或火上烤 ② 使用前应注意所装容量体积以检查刻线位置 ③ 不可吸取浓酸、浓碱或有强烈刺激性的物质
容量瓶	① 配制标准溶液用 ② 在细长的颈上刻有环形标线,注入的液体必须与标线一致,才能达到容量瓶上所标记的容积	① 磨口的玻璃塞不能和其他容量瓶上的塞子调错 ② 刻度容器,一般不能放入干燥箱中去烘或在火上烤

仪　器	一般用途	使用注意事项
玻璃漏斗	① 过滤用 ② 引导溶液或粉末状物质入小口容器用	不能用火直接加热
分液漏斗　滴液漏斗	① 往反应体系中滴加较多的液体 ② 分液漏斗用于互不相溶的液-液分离	活塞应用细绳系于漏斗颈上,或套以小橡皮圈,防止滑出跌碎
(a) 布氏漏斗　(b) 吸滤瓶	用于减压过滤	
(a) 碱式滴定管 (b) 酸式滴定管	滴定时准确地测量所消耗的试剂体积	① 刻度容器,一般不能放入干燥箱中去烘或火上烤 ② 具橡皮塞之滴定管(a)一般盛碱,具玻璃塞之滴定管(b)一般盛酸 ③ 使用时,用左手控制

（续表）

仪　器	一般用途	使用注意事项
洗瓶	用蒸馏水或去离子水洗涤沉淀和容器时使用	
三脚架	放置较大或较重的加热容器	

二、干燥器

干燥器是保持物品干燥的仪器，它是由厚质玻璃制成的。其结构如图 2-2 所示，上面是一个磨口边的盖子（盖子的磨口边上一般涂有凡士林），器内的底部放有干燥的氯化钙或硅胶等干燥剂，中部有一个可取出的带有若干孔洞的圆形瓷板，供存放装有干燥物的容器用。

打开干燥器时，不应把盖子往上提，而应把盖子往水平方向移开，如图 2-2(a) 所示。用后按同法盖好。搬动干燥器时，不应只捧着下部，必须用两手的大拇指将盖子按住，如图 2-2(b) 所示，以防止盖子滑落而打碎。

(a)　　　　　　　　　　(b)

图 2-2　干燥器的使用

使用干燥器时应注意：

（1）干燥器应注意保持清洁，不得存放潮湿的物品。

（2）干燥器只在存放或取出物品时打开，物品取出或放入后，应立即盖上盖子。

（3）放在底部的干燥剂，不能高于底部高度 1/2，以防玷污存放的物品。干燥剂失效后，应及时更换。

三、各种洗涤剂成分、制备

1. 去污粉

去污粉是由碳酸钠、白土、细砂等混合而成的。将要刷洗的玻璃仪器先用少量水润湿，撒入少量去污粉，然后用毛刷擦洗。利用碳酸钠的碱性去除油污，细砂的摩擦作用和白土的吸附作用增强了对玻璃仪器的洗涤效果。

2. 碱性高锰酸钾洗液

将 10 g KMnO$_4$ 放入 250 mL 的烧杯中，用少量的水使之溶解，再加入 100 mL 10% 氢氧化钠溶液，混匀后即可使用。洗后在器皿中留下的 MnO$_2 \cdot n$H$_2$O 沉淀物可以用 HCl - NaNO$_2$ 混合液、酸性 Na$_2$SO$_3$ 或热草酸溶液等洗去。

3. 铬酸洗液

铬酸洗液的配制：将 25 g 研细的重铬酸钾固体加到 50 mL 的水中，加热使之溶解，冷却后在不断搅拌下慢慢地加入 450 mL 浓硫酸即可，配好的铬酸洗液为暗红色的液体。

因浓硫酸极易吸水需用磨口玻璃瓶装，且要盖好磨口玻璃塞子。铬酸洗液具有很强的酸性和氧化性，因而去污能力很强，能将油污及有机物洗去。

铬酸洗液具有很强的腐蚀性，会灼伤皮肤、损坏衣物，使用时需十分小心。同时，铬酸洗液中的铬属于有毒的重金属，对人体和环境有害，因此建议尽量少用。

4. 盐酸洗液

对于一些具有氧化性的污物（如二氧化锰），可以使用浓盐酸洗涤；且大多数不溶于水的无机物都可以用盐酸洗去。

5. 王水

王水是 1 体积浓 HNO$_3$ 和 3 体积浓 HCl 的混合溶液，王水不稳定，因此现用现配。

6. 其他洗液

(1) KOH - 乙醇溶液：适合于洗涤被油脂或某些有机物玷污的仪器。

(2) HNO$_3$ - 乙醇溶液：适合于洗涤油脂或有机物污染的酸式滴定管。使用时先在滴定管中加入 3 mL 乙醇，沿壁加入 4 mL 浓硝酸，盖住管口，利用反应产生的氧化氮洗涤滴定管。

四、特殊物质的去除

表 2 - 2　一些特殊污迹的处理方法

污染物	处理方法
MnO$_2$、Fe(OH)$_3$、碱土金属的碳酸盐	用盐酸处理。对 MnO$_2$ 而言，盐酸浓度要大于 6 mol·L^{-1}；也可用少量草酸加水，并加几滴浓硫酸来处理： MnO$_2$ + H$_2$C$_2$O$_4$ + H$_2$SO$_4$ === MnSO$_4$ + 2CO$_2$↑ + 2H$_2$O
沉淀在器壁上的银或铜	用硝酸处理
难溶的银盐	用 Na$_2$S$_2$O$_3$ 溶液洗，Ag$_2$S 则需用热、浓硝酸处理
黏附在器壁上的硫黄	用煮沸的石灰水处理： 3Ca(OH)$_2$ + 12S === 2CaS$_5$ + CaS$_2$O$_3$ + 3H$_2$O

（续表）

污染物	处理方法
残留在容器中的 Na_2SO_4 或 $NaHSO_4$ 固体	加水煮沸使其溶解，趁热倒掉
不溶于水，不溶于酸、碱的有机物或胶质等	用有机溶剂洗或用热的浓碱液洗。常用的有机溶剂有乙醇、丙酮、苯、四氯化碳、石油醚等
瓷研钵中污迹	取少量食盐放在研钵中研洗，倒去食盐，再用水冲洗
蒸发皿和坩埚上污迹	用浓硝酸、王水或铬酸洗液

实验 2 灯的使用、玻璃管加工和塞子钻孔

一、实验目的

(1) 了解各类灯的构造和原理，掌握其正确的使用方法。
(2) 了解灯的正常火焰及各部分的温度。
(3) 练习玻璃管（棒）的截断、弯曲、拉制、熔光等操作。
(4) 练习选配塞子以及塞子钻孔等基本操作。

二、实验原理

酒精可以燃烧。实验室常用酒精灯、酒精喷灯或煤气灯等来加热。酒精灯的加热温度为 400℃～500℃，适宜于温度不需要太高的实验；酒精喷灯的加热温度在 800℃～900℃；煤气灯的加热温度在 400℃～900℃。

玻璃是一种较为透明的液体物质，在熔融时形成连续网络结构，冷却过程中黏度逐渐增大并硬化，而不结晶的硅酸盐类非金属材料，主要成分是二氧化硅。普通玻璃化学组成为 $Na_2O \cdot CaO \cdot 6SiO_2$，它是由石英砂、纯碱、长石及石灰石等为原料，经混合、高温熔融、匀化后加工成形，再经退火而得。玻璃性脆而透明，广泛用于建筑、日用、医疗、化学、电子、仪表、核工程等领域。

玻璃的硬度小，在其表面用玻璃刀（金刚石）、砂轮或三角锉划出痕印后，背面用力即可将其折断。

热弯玻璃的成型温度一般为 580℃左右，只有在玻璃的软化点（玻璃的组成不同，软化点温度相差也比较大，一般在 500℃以上）附近掌握好火候使其受热均匀，以及把握好玻璃弯曲成型的时间，才能保证产品的质量。成型的温度与时间成反比，温度越高时间越短，温度越低时间越长，对于特殊的曲面玻璃制品要经过局部加热或利用外力的作用才能成型。

玻璃棒、玻璃管、滴管、导管、瓶塞等是无机化学实验必备的常用器材，有些可以在市面上直接购买，有些有特殊要求的、特别尺寸的则要自己动手制作。

三、仪器与药品

1. 仪器

煤气灯（或酒精灯、酒精喷灯），石棉网，圆锉，三角锉，三角尺，量角器，打孔器等。

2. 药品

灯用酒精。

3. 材料

乳胶滴头,玻璃棒,玻璃管,橡皮管(要与玻璃管匹配),橡皮塞(4 号、5 号、8 号、12 号,要与吸滤瓶、具支试管或大号试管匹配),木块,砂轮片,火柴,棉纱线(或脱脂棉)等。

四、实验步骤

1. 灯的使用

(1) 酒精灯

① 构造:酒精灯由灯帽、灯芯和盛有酒精的灯壶及风罩构成。

② 使用方法:

(a) 检查灯芯,并用剪刀将其修平整。灯芯通常由多股棉纱线拧在一起,插进灯芯瓷套管中,长度以插入酒精后还要长 4 cm～5 cm 为宜。

(b) 添加酒精。新灯或旧灯灯壶内酒精少于其容积 1/2 的都应添加酒精,酒精也不能装太满,以不超过灯壶容积的 2/3 为宜。

(c) 点燃。新灯芯要用酒精浸泡后才能点燃。点燃酒精灯一定要用燃着的火柴,决不能用燃着的酒精灯对火! 点燃后正常火焰为淡蓝色。灯焰由外焰(氧化焰)、内焰(还原焰)和焰心三部分形成。氧化焰部分温度最高,焰心部分温度最低。酒精灯的加热温度为 400℃～500℃,适宜于温度不需要太高的实验。

(d) 熄灭。用盖灭的方法熄灭酒精灯,并要重复盖几次,让酒精蒸气尽量挥发,防止再次点燃时引爆或者冷却后造成负压不好打开灯帽。

酒精灯的防风罩在必要时使用。使用防风罩能使酒精灯的火焰平稳,并适当提高酒精灯的火焰温度。

(2) 酒精喷灯

① 构造:酒精喷灯由灯座、预热盘、灯管、风门、酒精蒸气调节阀、酒精储罐、橡皮导管等部分组成。一般有挂式和座式两种,挂式的酒精储罐挂在上面,座式的酒精储罐在底座部位。

② 使用方法:

(a) 首先检查各部件是否正常,然后添加酒精。注意关好下口开关,酒精量不超过 2/3 壶。

(b) 预热:预热盘中加满酒精(不能溢出!),点燃。酒精将燃完时,开酒精储罐下面的开关。

(c) 调节:灯管预热后,进入灯管的酒精开始汽化,并与来自气孔的空气相混合。用火柴在灯管口点燃。若预热不充分,有可能在点燃时产生"火雨",应予以防止。用风门和酒精蒸气调节阀配合调节火焰的大小,可得到温度很高的火焰。若空气的进量过大,会产生"临空火焰";若空气进量过小,会产生"侵入火焰"。正常酒精喷灯的加热温度在 800℃～900℃左右。酒精喷灯的火焰也明显分为外焰(氧化焰)、内焰(还原焰)和焰心三个锥形区域。焰心部分温度最低,约为 300℃;还原焰温度较高,火焰呈淡蓝色;外部氧化焰温度最高,火焰呈淡紫色。

(d) 熄灭:先关闭酒精储罐下面的开关,然后关闭风门和酒精蒸气调节阀。熄灭时最好让橡皮管内的酒精烧完。若长时间不用,要把酒精储罐内的酒精倒出来。

(3) 煤气灯

煤气灯是实验室中不可缺少的实验工具,其可以用于一般的加热,也可以用于玻璃管的加工。煤气灯是通过调节煤气通入量的大小来调节火焰的大小,通过调节空气进入量来达到调节火焰温度的目的。煤气灯的种类虽多,但构造原理基本相同。常用的煤气灯如图2-3所示。

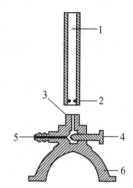

图 2-3 煤气灯的构造
1. 灯管 2. 空气入口
3. 煤气出口 4. 螺旋针
5. 煤气入口 6. 灯座

① 构造:煤气灯由灯座和灯管组成。灯座由铁铸成,灯管一般为铜管。灯管通过螺口连接在灯座上。空气的进入量通过灯管下部的几个圆孔来调节。灯座的侧面有煤气入口,用胶管与煤气管道的阀门连接,在另一侧有调节煤气进入量的螺旋阀(针),顺时针关闭。根据需要量的大小可调节煤气的进入量。

② 使用方法:

(a) 点燃:向下旋转灯管,关闭空气入口;先擦燃火柴,后打开煤气开关,将煤气灯点燃。

(b) 调节:调节煤气的开关或螺旋针,使火焰保持适当的高度。这时煤气燃烧不完全并且产生炭粒,火焰呈黄色,温度不高。向上旋转灯管调节空气进入量,使煤气燃烧完全,这时火焰由黄变蓝,直至分为三层,称为正常的火焰(见图2-4)。

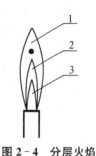

图 2-4 分层火焰
1. 氧化焰 2. 还原焰 3. 焰心

焰心(内层):煤气与空气混合并未燃烧,颜色灰黑,温度低,约为300℃。

还原焰(中层):煤气燃烧不完全,火焰含有炭粒,具有还原性,称为还原焰。还原焰呈淡蓝色,温度较高。

氧化焰(外层):煤气完全燃烧,过剩的空气使火焰具有氧化性,称为氧化焰。氧化焰火焰呈淡紫色,温度高,可达800℃～900℃。

煤气灯火焰的最高温度处于还原焰顶端的上部。实验时,一般用氧化焰来加热,根据需要可以调节火焰的大小。

(c) 当空气或煤气的进入量调节不合适时,会产生不正常的火焰,如图2-5所示。当空气和煤气进入量很大时,火焰离开灯管燃烧,称为临空火焰。当火柴熄灭时,火焰也立即熄灭。当空气进入量很大而煤气量很小时,煤气在灯管内燃烧,管口上有细长火焰,这种火焰成为侵入火焰。侵入火焰会使灯管烧得很烫,应注意以免烫手。当遇到不正常火焰,要关闭煤气开关,待灯管冷却后重新调节点燃。

(d) 熄灭:将空气关闭,再将煤气关闭,最后关闭煤气管道阀。

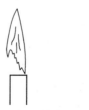

(a) 临空火焰　　(b) 侵入火焰

图 2-5 不正常火焰

2. 玻璃管(棒)的简单加工

(1) 玻璃管(棒)的截割和熔光

① 挫痕:将玻璃管(棒)平放在台面上,量取一定长度,将三角锉或砂轮片垂直于玻璃管(棒),用力向前或向后划痕,不能来回往复锉。

② 截断:用双手平持玻璃管(棒),大拇指齐放在划痕的背面用力向前推,同时食指用力向外拉。

② 熔光:斜持玻璃管(棒)与桌面呈45°,加热时均匀转动,烧至发红,放在石棉网上冷却。

(2) 玻璃管的弯曲

① 烧管:边烧边均匀转动玻璃管,加热至发黄变软,稍向中间渐推(拉制滴管时这么做可增厚拉部位的管壁;弯管时没有必要向中间渐推,最好不要推!)。

② 弯管:当玻璃管发黄变软时,从火焰中取出弯管(熟练以后,只要掌握好火候,也可以在火焰的上方旋转、边均匀加热、边弯曲),如角度太小要多次才能弯成。弯管时也可采取以下方法:

(a) 吹气法:掌握好火候,烧至一定程度(发黄变软)离开火焰,堵管吹气,迅速弯管。

(b) 不吹气法:掌握好火候,烧至一定程度(发黄变软)离开火焰,用"V"字形手法,弯好冷却变硬后平放在石棉网上进一步冷却。

(3) 玻璃管的拉细与滴管的制作

① 烧管:加热的方法同弯管,温度比弯管更需高一些,烧至玻璃管发红,稍向中间渐推。

② 拉滴管:玻璃管烧好后离开火焰,迅速徐徐地向两边水平拉至所需的粗细和长度(尖端长度一般为5 cm~6 cm;管口直径约为1.5 mm左右),拉成后要立即竖直定形,再放在石棉网上冷却。

③ 扩口、熔光:扩口一般是将圆锉的一头伸进玻璃管的粗端,边烧边转圈,加热要均匀,手上用力也要均匀,使管口外翻;也可将玻璃管的粗端烧至发黄变软,迅速直立在石棉网或铁架台上轻轻地用力向下压一下,使管口外翻;细的一端截取后也要熔光,注意不要烧过了,以免把管口封住。

(4) 玻璃棒的加工与制作

玻璃棒的截割与玻璃管的截割技术差不多,玻璃棒截割时可适当用点力向前或向后划痕(同样不能来回往复锉!)。玻璃棒比玻璃管熔烧的时间要长一些。熔光时要将平的截口烧成半圆形。

3. 塞子的选择和钻孔

(1) 塞子的种类

① 软木塞:质地松软,严密性较差,易被酸碱损坏,但与有机物作用小,不易被有机溶剂所溶胀。

② 橡皮塞:严密性较好,耐强碱侵蚀,易被强酸、有机物侵蚀而溶胀。

③ 玻璃磨口塞:瓶子和塞子配套,严密性好,玻璃可被强碱、氢氟酸等腐蚀。

④ 塑料塞:装碱液的瓶子要用耐碱的塑料塞。

(2) 塞子的大小

塞子的大小以塞入瓶颈或管颈部分的长度为塞子本身高度的1/2~2/3。

（3）钻孔器的选择

在橡皮塞上钻孔时,应选择比插入橡皮塞的玻璃管口略粗的钻孔器,因为橡皮塞有弹性;在软木塞上钻孔时,应选择比插入软木塞的玻璃管口略细的钻孔器,由于软木塞软且疏松,打孔前还要在压塞机上压一压。

（4）钻孔的方法

先将塞子小的一端朝上,平放在木板上（切忌直接在实验台面上打孔,易损坏台面!）,左手持塞,右手握钻孔器的柄,在钻孔器的前端涂甘油或水,将钻孔器按在选定位置上,顺时针方向,一面旋转一面用力向下压。向下钻孔时,要注意保持钻孔器垂直于塞子的面。钻到一半以上时（一般达 2/3）,反时针转出,按同样的方法对准塞子的另一端孔位,直到两端圆孔相通为止。最后用圆锉修圆滑。

（5）玻璃管插入橡皮塞、橡皮管的方法

用水或甘油润湿玻璃管的插入端,用布包裹（一般情况下不需要!）,手握玻璃管前端,边旋转、边插入。

4．实验练习

（1）制作 2 支滴管

尖端长度约为 5 cm～6 cm,管口直径约为 1.5 mm 左右,大约 20～25 滴/mL,总长度 15 cm～20 cm 为宜。

（2）制作 3 支搅拌棒

制作棒长 15 cm～20 cm 的搅拌棒 2 支,一端拉细,另一端不要拉;再制作棒长 25 cm 的搅拌棒 1 支。所制搅拌棒的两头都要熔光。

（3）做 2 根直角弯管

一根弯管的边长做成 10 cm×10 cm,并在直角弯管的一端连接上一小段橡皮管（约8 cm～10 cm）;另一根弯管的边长做成 10 cm×24 cm,并在长端配上一打好孔的橡皮塞备用。

（4）橡皮塞钻孔

选配具支试管和抽滤瓶上用的橡皮塞子,钻好孔后再装配起来备用。

五、注意事项

（1）酒精易燃,需小心安全使用,防止"火雨"现象的发生。

（2）刚加热的玻璃管、玻璃棒温度很高,不能用手摸,置石棉网上冷却后方可使用,以防烫伤。一旦烫伤,切勿用水冲洗,也不要把烫出的水泡挑破。应在烫伤处立刻涂上万花油或烫伤油膏,严重者要立即送医院诊治。

（3）橡皮塞小头向下钻孔时,不能用力过猛,要扶好橡皮塞,防止弄翻而让打孔器戳到手上。

（4）刚截断的玻璃管（棒）的断面很锋利,易划破皮肤,不要用手抹。玻璃管与橡皮管或橡皮塞连接时,方法要正确,带点水旋转插入,用力不能过猛,防止戳破手。一旦划破或戳破了手,要清除伤口内异物,然后根据伤情选涂红药水或紫药水,再用消毒纱布包扎或者贴上"创可贴"止血。严重者要立即送医院诊治。

（5）做玻璃加工时,准备好石棉网和湿抹布备用。废品不要乱丢,要放在指定的安全地方。

六、问题与讨论

(1) 怎样才能使玻璃管(棒)的截口平滑？较粗的玻璃管(瓶子)如何切割？

(2) 玻璃管(棒)的截口为什么要熔光？怎样熔光？

(3) 玻璃管的弯曲与滴管的制作在操作上有何异同？

(4) 发生了"火雨"现象怎么处理？

(5) 如何选择塞子？橡皮塞打孔的方法与步骤是什么？

(6) 本实验中哪些操作比较危险？怎样避免？

知识链接

一、加热装置

加热装置除本实验介绍的酒精灯、酒精喷灯和煤气灯外,常见的还有电加热、微波加热等。电加热器材有电炉、电热套、管式炉、马弗炉等。常用的加热方法有直接加热和间接加热。间接加热又有水浴(100℃以下)、油浴(400℃以下)、沙浴(400℃以上)和电加热等。间接加热的特点是在加热的温度范围内受热均匀。电加热一般都可恒温操作,温度可高达1 000℃以上。各自的操作要领、注意事项及适用范围可查阅有关文献资料或参看仪器说明书,这里不再赘述。

二、塞子的性质及其分类

实验室常用的塞子有玻璃塞、橡皮塞、塑料塞、软木塞等。玻璃塞是磨口塞,与玻璃瓶配套使用,严密性好,耐强酸,耐有机物侵蚀,但可被强碱、氢氟酸腐蚀。橡皮塞有各种不同的型号,严密性较好,耐强碱侵蚀,易被强酸、有机物侵蚀而溶胀。装碱液的瓶子不能用玻璃塞,而要用橡皮塞或耐碱的塑料塞。软木塞质地松软,严密性较差,易被酸碱损坏,但与有机物作用小。因此,碱性试剂的贮存不能用玻璃塞,有机试剂的贮存不宜用橡皮塞和塑料塞。

三、玻璃的性质及其分类

玻璃通常按主要成分分为氧化物玻璃和非氧化物玻璃。非氧化物玻璃品种和数量很少,主要有硫系玻璃和卤化物玻璃。硫系玻璃的阴离子多为硫、硒、碲等,可截止短波长光线而通过黄光、红光,以及近、远红外光,其电阻低,具有开关与记忆特性。卤化物玻璃的折射率低,色散低,多用作光学玻璃。

氧化物玻璃又分为硅酸盐玻璃、硼酸盐玻璃、磷酸盐玻璃等。硅酸盐玻璃指基本成分为 SiO_2 的玻璃,其品种多用途广。

(1) 通常按玻璃中 SiO_2 以及碱金属、碱土金属氧化物的不同含量分为:

① 石英玻璃。SiO_2 含量大于 99.5%,热膨胀系数低,耐高温,化学稳定性好,透紫外光和红外光,熔制温度高、黏度大,成型较难。多用于半导体、电光源、光导通信、激光技术和光学仪器中。

② 高硅氧玻璃。SiO_2 含量约 96%,其性质与石英玻璃相似。

③ 钠钙玻璃。以 SiO_2 含量为主,还含有 15% 的 Na_2O 和 16% 的 CaO,其成本低廉,易成型,适宜大规模生产,其产量占实用玻璃的 90%。可生产玻璃瓶罐、平板玻璃、器皿、灯泡等。

④ 铅硅酸盐玻璃。主要成分有 SiO_2 和 PbO,具有独特的高折射率和高体积电阻,与金属有良好的浸润性,可用于制造灯泡、真空管芯柱、晶质玻璃器皿、火石光学玻璃等。含有大量 PbO 的铅玻璃能阻挡 X 射线和 γ 射线。

⑤ 铝硅酸盐玻璃。以 SiO_2 和 Al_2O_3 为主要成分,软化变形温度高,用于制作放电灯泡、高温玻璃温度计、化学燃烧管和玻璃纤维等。

⑥ 硼硅酸盐玻璃。以 SiO_2 和 B_2O_3 为主要成分,具有良好的耐热性和化学稳定性,用以制造烹饪器具、实验室仪器、金属焊封玻璃等。硼酸盐玻璃以 B_2O_3 为主要成分,熔融温度低,可抵抗钠蒸气腐蚀。含稀土元素的硼酸盐玻璃折射率高、色散低,是一种新型光学玻璃。

⑦ 磷酸盐玻璃以 P_2O_5 为主要成分,折射率低、色散低,用于光学仪器中。

(2) 玻璃的种类较多,根据其成分、性质和用途的不同,通常又分为:

① 普通玻璃($Na_2SiO_3 \cdot CaSiO_3 \cdot SiO_2$ 或 $Na_2O \cdot CaO \cdot 6SiO_2$)

② 石英玻璃(以纯净的石英为主要原料制成的玻璃,成分仅为 SiO_2)

③ 钢化玻璃(与普通玻璃成分相同)

④ 钾玻璃($K_2O \cdot CaO \cdot SiO_2$)

⑤ 硼酸盐玻璃($SiO_2 \cdot B_2O_3$)

⑥ 有色玻璃(在普通玻璃制造过程中加入一些金属氧化物,Cu_2O——红色;CuO——蓝绿色;CdO——浅黄色;Co_2O_3——蓝色;Ni_2O_3——墨绿色;MnO_2——紫色;胶体 Au——红色;胶体 Ag——黄色)

⑦ 变色玻璃(用稀土元素的氧化物作为着色剂的高级有色玻璃)

⑧ 光学玻璃(在普通的硼硅酸盐玻璃原料中加入少量对光敏感的物质,如 $AgCl$、$AgBr$ 等,再加入极少量的敏化剂,如 CuO 等,使玻璃对光线变得更加敏感)

⑨ 彩虹玻璃(在普通玻璃原料中加入大量氟化物、少量的敏化剂和溴化物制成)

⑩ 防护玻璃(在普通玻璃制造过程加入适当辅助料,使其具有防止强光、强热或辐射线透过而保护人身安全的功能。如灰色——重铬酸盐、氧化铁吸收紫外线和部分可见光;蓝绿色——氧化镍、氧化亚铁吸收红外线和部分可见光;铅玻璃——氧化铅吸收 X 射线和 γ 射线;暗蓝色——重铬酸盐、氧化亚铁、氧化铁吸收紫外线、红外线和大部分可见光;加入氧化镉和氧化硼吸收中子流)

⑪ 微晶玻璃(又叫结晶玻璃或玻璃陶瓷,是在普通玻璃中加入金、银、铜等晶核制成,代替不锈钢和宝石,作雷达罩和导弹头等)

⑫ 玻璃纤维(由熔融玻璃拉成或吹成的直径为几微米至几千微米的纤维,成分与玻璃相同)

⑬ 玻璃丝(即长玻璃纤维)

⑭ 玻璃钢(由环氧树脂与玻璃纤维复合而得到的强度类似钢材的增强塑料)

⑮ 玻璃纸(用粘胶溶液制成的透明的纤维素薄膜)

⑯ 水玻璃(Na_2SiO_3)的水溶液(因与普通玻璃中部分成分相同而得名)

⑰ 金属玻璃(玻璃态金属,一般由熔融的金属迅速冷却而制得)

⑱ 萤石(氟石)(无色透明的 CaF_2,用作光学仪器中的棱镜和透光镜)

⑲ 有机玻璃(聚甲基丙烯酸甲酯)

此外,玻璃按性能特点又分为:钢化玻璃、多孔玻璃(即泡沫玻璃,孔径约 40 nm,用于海水淡化、病毒过滤等方面)、导电玻璃(用作电极和飞机挡风玻璃)、微晶玻璃、乳浊玻璃(用于照明器件和装饰物品等)和中空玻璃(用作门窗玻璃)等。

四、燃气安全

煤气有毒! 使用时要注意通风,严禁泄漏。煤气中的一氧化碳与人体中的血红蛋白结合,能使血红蛋白丧失输送氧的功能,从而导致人体因缺氧而窒息昏迷甚至死亡。

实验 3 试剂取用与试管操作

一、实验目的

(1) 学习并掌握固体和液体试剂的取用方法。

(2) 练习并掌握振荡试管和加热试管中固体和液体的方法。

二、实验操作

1. 试剂的取用方法

取用试剂的原则:一是不弄脏试剂;二是要节约。

每一瓶试剂瓶上都必须贴有标签,以表明试剂的名称、浓度和配置日期。并在标签外面涂上一薄层蜡来保护它。

取用试剂药品前,应看清标签。取用时,先打开瓶塞,将瓶塞反放在实验台上。如果瓶塞上端不是平顶而是扁平的,可用食指和中指将瓶塞夹住(或放在清洁的表面皿上),绝不可将它横置桌上以免玷污。不能用手接触化学试剂。应根据用量取用试剂,不必多取,这样既能节约药品,又能取得好的实验结果。取完试剂后,一定要把瓶塞盖严,绝不允许将瓶盖张冠李戴。然后把试剂瓶放回原处,以保持实验台整齐干净。

(1) 固体试剂的取用

要用洁净干燥的药匙取用。取出试剂后立即盖好盖子,不要盖错。多取的药品,不能倒回原瓶,可放在指定容器中供他人使用。一般的固体试剂可以放在干净的纸或表面皿上称量,具有腐蚀性、强氧化性或易潮解的固体试剂不能在纸上称量。**有毒药品要在教师指导下取用!**

(2) 液体试剂的取用

从滴瓶中取用试剂时,滴管绝不能触及所用的容器器壁,以免玷污,不准用其他的滴管到滴瓶中取试剂。装有试剂的滴管不能平放或管口向上斜放,以免试剂流到橡皮胶头内。

取用细口瓶内的液体试剂时,将瓶塞倒放在桌上,要使瓶上贴有标签的一面向手心方向,倾斜瓶子,缓缓倒出液体。若所用容器为烧杯,可沿着玻璃棒注入烧杯。多取的试剂不能倒回原瓶,可倒入指定容器内供他人使用。

2．试管操作

（1）振荡试管

用拇指、食指和中指持住试管的中上部，试管略倾斜，手腕用力振动试管。这样试管中的液体就不会振荡出来。

（2）试管中液体加热

加热时，不要用手拿，应该用试管夹夹住试管的中上部，试管与桌面约成 60°倾斜（图 2-6）。试管口不能对着别人或自己。先加热液体的中上部，慢慢移动试管，热及下部，然后不时地移动或振荡试管，从而使液体各部分受热均匀，避免试管内液体因局部沸腾而迸溅，而引起烫伤。

（3）试管中固体试剂的加热

将固体试剂装入试管底部，铺平，管口略微向下倾斜，以免管口冷凝的水珠倒流到试管的灼烧处而使试管炸裂。先用火焰来回加热试管，然后固定在有固体物质的部位加强热（图 2-7）。

图 2-6　试管中液体的加热

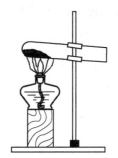

图 2-7　试管中固体的加热

三、仪器和药品

1．仪器

试管，试管夹，烧瓶，研钵，量筒，蒸发皿，酒精灯，滴管，药匙，石棉网。

2．药品

碘，碘化钾，红磷，铝粉，氢氧化钠，硫酸铜，葡萄糖，四氯化碳，异戊醇，亚甲基蓝（1%），硫酸镍（0.1 mol·L^{-1}），乙二胺（25%），丁二酮肟（1%）。

现象　三色杯＋蓝瓶子＋五色管

四、实验步骤

1．三色杯实验

取一只 10 mL 的量筒沿壁注入 2 mL 四氯化碳溶液，往里注入 4 mL 水，再加入 2 mL 异戊醇溶液。用钥匙小头取一匙碘化钾固体于洁净的表面皿上，再取一小匙在研钵中研细的碘置表面皿上混合均匀。用一支用水润湿的玻璃棒粘起表面皿上的混合物，插入装有上述溶液的量筒中，不断搅动，观察量筒溶液中的三层颜色。

2．"蓝瓶子"实验

在 250 mL 的三角烧瓶中加入 70 mL 水，溶入 1.2 g 氢氧化钠和 1.2 g 葡萄糖，再加 4 滴 1% 的亚甲基蓝水溶液。摇匀后，塞住瓶口，溶液逐渐转为无色。打开瓶塞摇动瓶子，溶液又很快变成蓝色,再放置又变成无色。可反复进行。亚甲基蓝不仅是氧化还原反应的指示剂,而且还是氧的输送者,起催化作用。

$$氧化态亚甲基蓝(蓝色)$$

$O_2,空气\uparrow \quad \downarrow 脱氧(输送给葡萄糖溶液)$

$$还原态亚甲基蓝(无色)$$

3. 硫酸铜脱水实验

在试管内放入约 0.5 g CuSO$_4$·5H$_2$O 晶体,在酒精灯上加热,等所有晶体变成白色时,停止加热。当试管冷却至室温后,加入 3~5 滴水,注意颜色的变化,用手摸一下试管有什么感觉。

4. 五色管实验

取五支试管,在每只试管里注入 1 mL 0.1 mol·L^{-1}硫酸镍溶液。在第一支试管中加入 2 滴 5%乙二胺(en)溶液;在第二只试管中加入 4 滴 5%乙二胺溶液;在第三支试管中加入 8 滴 5%乙二胺溶液;在第四只试管中注入 1 mL 1%丁二酮肟(dmg)溶液;第五支试管作对比颜色用。振荡试管后,观察并比较五支试管中配合物的不同颜色。

$$Ni(H_2O)_6^{2+} + en \longrightarrow [Ni(H_2O)_4(en)]^{2+} + 2H_2O$$
$$(绿) \qquad (浅蓝)$$

$$Ni(H_2O)_6^{2+} + 2\,en \longrightarrow [Ni(H_2O)_2(en)_2]^{2+} + 4H_2O$$
$$(蓝)$$

$$Ni(H_2O)_6^{2+} + 3\,en \longrightarrow [Ni(en)_3]^{2+} + 6H_2O$$
$$(紫)$$

$$Ni(H_2O)_6^{2+} + 2\,dmg \longrightarrow Ni(dmg)_2 + 6H_2O + 2H^+$$
$$(红)$$

5. 空气中氧含量

取一只干燥洁净的硬质试管,将约 0.2 g(黄豆大小,不要多取,否则产生的气体过多会冲开塞子)红磷放入试管底部,用橡皮塞塞紧,然后在酒精灯上加热(**注意安全!**),待红磷燃烧的火焰熄灭后,冷却至室温,将试管倒置于盛有水的烧杯中,在水下拔掉橡皮塞(注意:管口不能露出水面),观察试管里液面上升的现象,当水面不再上升时,在水下盖上橡皮塞,取出试管,观察试管中的体积大约占试管总体积的几分之几,从而说明空气中大约含有多少体积的氧气。

6. 滴水生烟

取 1 匙碘片置于研钵中研细,然后加 1 匙铝粉,共同研磨,混合均匀。将混合物倒在蒸发皿中央,往混合物上滴 12 滴水,立即用大烧杯盖住蒸发皿(注意所用仪器和药品必须是干燥的),便出现浓厚而美丽的烟雾。

五、问题与讨论

试结合自己掌握的知识解释上述实验现象。

知识链接

一、试剂瓶的种类

1. 细口试剂瓶

用于保存试剂溶液,通常有无色和棕色两种,遇光易变化的试剂(如硝酸银等)用棕色瓶。通常为玻璃制品,也有聚乙烯制品。玻璃瓶的磨口塞各自成套,注意不要混淆,聚乙烯瓶盛苛性碱较好。

2. 广口试剂瓶

用于装少量固体试剂,也有无色和棕色两种。

3. 滴瓶

用于盛逐滴滴加的试剂,例如指示剂等。也有无色和棕色两种。使用时用中指和无名指夹住乳头和滴管的连接处,拇指和食指捏住(松开)乳头,以吸取或放出试液。

4. 洗瓶

内盛蒸馏水,主要用于洗涤沉淀,原来是玻璃制品,目前几乎由聚乙烯瓶代替,只要用手捏一下瓶身即可出水。

二、试剂瓶塞子打开的方法

(1)欲打开市售固体试剂瓶上的软木塞时,可手持瓶子,使瓶斜放在实验台上,然后用锥子斜着插入软木塞将塞取出。即使软木塞渣附在瓶口,因瓶是斜放的,渣不会落入瓶中,可用卫生纸擦掉。

(2)盐酸、硫酸、硝酸等液体试剂瓶,多用塑料塞(也有用玻璃磨口塞的)。塞子打不开时,可用热水浸过的布裹上塞子的头部,然后用力拧,一旦松动,就能拧开。

(3)细口试剂瓶塞也常有打不开的情况,此时可在水平方向用力转动塞子或左右交替横向用力摇动塞子,若仍打不开,可紧握瓶的上部,用木柄或木槌侧面轻轻敲打塞子,也可在桌端轻轻叩敲。请注意,绝不能手握瓶的下部或用铁锤敲打。

用上述方法还打不开塞子时,可用热水浸泡瓶的颈部(即塞子嵌进的那部分)。也可用热水浸过的布裹着,玻璃受热后膨胀,再仿照前面做法拧松塞子。

三、化学试剂的级别

按杂质含量的多少,将化学试剂分为若干等级,如下表 2-3 所示。

表 2-3　化学试剂级别

级　别	一　级	二　级	三　级	四　级
名　称	优级纯(保证试剂)	分析纯	化学纯	实验试剂
符　号	GR	AR	CP	LR
标签颜色	绿　色	红　色	蓝　色	棕色等
适用范围	最精确的分析和研究工作	精确分析和研究工作	一般工业分析	普通实验及制备实验

实验中应按实验要求选用合适级别的化学试剂,不要以为越纯越好,超越具体实验条件去选用高纯试剂,会造成浪费。

实验 4　天平的使用与溶液的配制

一、实验目的

（1）了解台秤、电子天平的基本构造及使用规则，掌握天平的使用方法。

（2）学会正确的称量方法，训练准确称取一定量的试样。

（3）正确运用有效数字作称量记录和计算。

（4）练习配制溶液的方法和基本操作。

（5）熟练掌握量筒、移液管和容量瓶的使用。

二、实验原理

利用杠杆原理制成的天平可称取某一物质的质量，可根据实际精度需要选用合适精度的天平，如托盘天平、电光分析天平或电子天平等。对于不易吸湿、在空气中性质稳定的一些固体样品如金属、矿物等可采用直接称量法；对于易吸湿、在空气中不稳定的样品宜用减量法进行称量，即两次称量之差就是被称物的质量。

无机化学实验中所使用的试剂品种繁多，正确地配制和保存试剂溶液，是做好化学实验的关键。配制溶液时，首先根据所配制溶液纯度的要求，合理选用不同等级试剂，再根据配制溶液的浓度和体积，计算出试剂用量。称取一定量的固体试样或移取一定体积的液体试剂置于烧杯中，加入适量的溶剂，搅拌溶解，必要时可加热促使其溶解，再加蒸馏水稀释至所需的体积，摇匀，保存在试剂瓶或滴瓶中，贴上标签。

标准溶液是已知准确浓度并用于滴定分析的溶液，其配制方法可分为直接法和间接法。对基准物质或纯度相当高（纯度≥99.9%）且化学性质稳定的物质可采用直接法配制标准溶液。

对纯度小于99.9%或易挥发、易吸湿、化学性质不稳定的物质可采用间接法配制标准溶液。

三、仪器和药品

1. 仪器

托盘天平，① 电子天平（0.01 g、0.1 mg），② 称量瓶，烧杯，③ 表面皿，④ 锥形瓶，⑤ 试剂瓶，药匙。

2. 试剂

固体粉末试样，NaOH，浓 HCl。

图文〉仪器介绍

四、实验内容

1. 天平的检查

检查天平是否保持水平，如不在水平状态，调节水平螺丝至水平。天平盘是否洁净,若不干净可用软毛刷刷净。对 0.1 mg 电子天平,接通电源预热 60 min 后,轻按 ON 显示器键,等出现 0.0000 g 称量模式后即可称量。

2. 直接称量法称量练习

取两只洁净、干燥并编号的 50 mL 小烧杯,在托盘天平或 0.01 g 电子天平分别粗称其质量,并采用有效数字记录质量 m_1、m_2。然后在 0.1 mg 电子天平上精确称量,要求准确至 ± 0.1 mg,分别记录其质量 m_3、m_4,比较 m_1 和 m_3、m_2 和 m_4 的差别,明确有效数字在记录实验数据中的重要性。

3. 差减法(或递减法)称量练习

从干燥器中,取一只装有固体粉末试样的称量瓶(**切勿用手拿取,用干净的纸带套在称量瓶上,手拿取纸带**),准确称量并记录其质量 m_5。

用干净的纸带套在称量瓶上,手拿取纸带,再用一小块纸包住瓶盖,在小烧杯上方打开称量瓶,用瓶盖轻轻敲击称量瓶,从称量瓶内转移 0.3 g～0.4 g 试样于 1 号小烧杯中,然后准确称量称量瓶和剩余试样的质量 m_6。以同样的方法再转移 0.3 g～0.4 g 试样于 2 号小烧杯中,再次准确称量称量瓶和剩余试样的质量 m_7,则 1 号小烧杯中试样的质量为($m_5 - m_6$),2 号小烧杯中试样的质量为($m_6 - m_7$)。

分别准确称量 1 号和 2 号小烧杯加入试样后的质量 m_8、m_9,则 1 号小烧杯中试样的质量为($m_8 - m_3$),2 号小烧杯中试样的质量为($m_9 - m_4$),要求从称量瓶中转移的试样质量与转移至小烧杯中的试样质量之间的绝对差值 $\leqslant 0.4$ mg,即($m_5 - m_6$)与($m_8 - m_3$)的质量差 $\leqslant 0.4$ mg,($m_6 - m_7$)与($m_9 - m_4$)的质量差 $\leqslant 0.4$ mg。若大于此值,实验不合要求。

4. 固定质量称量法称量练习

取一块洁净、干燥的表面皿,准确称量后按去皮键,等出现 0.0000 g 称量模式后,将试样慢慢加到表面皿上,要求准确称取 0.5000 g 试样($\Delta m \leqslant \pm 0.5$ mg)。

5. 称量后检查天平

称量结束后应检查天平是否关闭;天平盘上的物品是否取走;天平箱内及桌面上有无残留物等,若有要及时清理干净;天平罩是否罩好;凳子是否归位。

检查完毕后,在"仪器使用登记本"上签名登记,并记录天平运行情况。

6. 0.1 mol·L^{-1} HCl 溶液和 0.1 mol·L^{-1} NaOH 溶液的配制

① HCl 溶液的配制:通过计算求出配制 500 mL 0.1 mol·L^{-1} HCl 溶液所需要的浓盐酸的体积,用洁净量筒量取浓盐酸,倒入洁净的试剂瓶中,用去离子水稀释至 500 mL,盖上玻璃塞,充分摇匀,贴上标签。

② NaOH 溶液的配制:通过计算求出配制 500 mL 0.1 mol·L^{-1} NaOH 溶液所需要的固体 NaOH 的质量,在台秤上用小烧杯称取 NaOH,加去离子水溶解,将溶液倒入洁净的试剂瓶中,用去离子水稀释至 500 mL,以橡皮塞塞紧(为什么使用橡皮塞而不使用玻璃塞?),充分摇匀,贴上标签。

五、实验数据记录及处理

1. 直接称量法

表 2−4   直接称量法记录表

记录项目	1 号小烧杯	2 号小烧杯
粗称质量/g	m_1	m_2
准确称量质量/g	m_3	m_4
结 论		

2. 减量称量法

表 2−5   减量称量法记录表

记录项目	1	2
(称量瓶＋试样)质量/g	m_5	m_6
(称量瓶＋剩余试样)质量/g	m_6	m_7
移出试样质量/g	$m_5 - m_6$	$m_6 - m_7$
(烧杯＋试样)质量/g	m_8	m_9
空烧杯质量/g	m_3	m_4
烧杯中试样质量/g	$m_8 - m_3$	$m_9 - m_4$
绝对差值/g	$(m_5 - m_6) - (m_8 - m_3)$	$(m_6 - m_7) - (m_9 - m_4)$
结 论		

3. 固定质量称量法

表 2−6   固定质量称量法记录表

被称物	试样质量/g	与指定质量差 Δm /g
试 样		

4. $0.1\ \mathrm{mol \cdot L^{-1}}$ HCl 溶液和 $0.1\ \mathrm{mol \cdot L^{-1}}$ NaOH 溶液的配制

① $0.1\ \mathrm{mol \cdot L^{-1}}$ HCl 溶液配制:量取浓盐酸_____mL,稀释至 500 mL。

② $0.1\ \mathrm{mol \cdot L^{-1}}$ NaOH 溶液的配制:称取 NaOH _____g,稀释至 500 mL。

六、问题与讨论

(1) 试样的称量方法有几种?分别如何操作?各有什么优缺点?各适宜于什么情况下选用?

(2) 用减量法称量试样时,若称量瓶内的试样吸湿,对称量结果造成什么误差?若试样倾入烧杯后再吸湿,对称量结果是否有影响?为什么?(此问题是指一般的称量情况)

(3) 称量时,能否徒手拿取小烧杯或称量瓶?为什么?

(4) 使用天平时为什么要调整零点?是否每次都要调整?

(5) 在称量的记录和计算中,如何正确运用有效数字?

（6）电子天平的使用规则有哪些？

（7）配制酸碱标准溶液时，为什么用量筒量取浓盐酸和用台秤称取固体 NaOH，而不用移液管和 0.1 mg 电子天平？配制的溶液浓度应取几位有效数字？为什么？

知识链接

一、称量仪器

电子天平是天平中最新发展的一种，是一般实验室配备的最常用的仪器，具有称量准确、灵敏度高、性能稳定、操作简便快速、使用寿命长等优点。电子天平称量时不需要砝码，放上被称物后，在几秒钟内即达到平衡，显示被称物质量，称量速度快，精度高，此外电子天平还具有自动检测、自动调零、自动校准、自动去皮、自动显示称量结果、超载保护等功能。由于电子天平具有电光天平无法比拟的优点，因此电子天平的应用越来越广泛，并逐渐取代电光天平。

随着现代科学技术的不断发展，电子天平产品的结构设计一直在不断改进和提高，向着功能多、平衡快、体积小、质量轻和操作简便的趋势发展。但就其基本结构和称量原理而言，各种型号的电子天平都是大同小异。其基本原理是利用电子装置完成电磁力补偿的调节，使被称物在重力场中实现力的平衡，或通过电磁力矩的调节，使物体在重力场中实现力矩的平衡。其结构是机电结合式的，由荷载接受与传递装置、测量与补偿装置等部件组成。常见电子天平的基本结构及称量原理示意图如图 2-8 所示。

载荷接受与传递装置由称量盘、盘支撑、平行导杆等部件组成，它是接受被称物和传递载荷的机械部件。平行导杆是由上下两个三角形导向杆形成一个空间的平行四边形结构（从侧面看），以维持称量盘在载荷改变时进行垂直运动，并可避免称量盘倾倒。

载荷测量及补偿控制装置是对载荷进

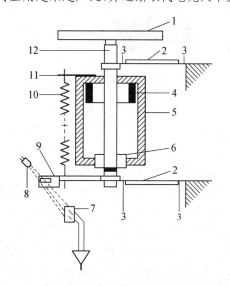

图 2-8　电子天平的基本结构及称量原理示意图

1. 称量盘　2. 平行导杆　3. 挠性支撑簧片
4. 线性绕组　5. 永久磁铁　6. 载流线圈
7. 接受二极管　8. 发光二极管　9. 光闸
10. 预载弹簧　11. 双金属片　12. 盘支撑

行测量，并通过传感器、转换器及相应的电路进行补偿和控制的部件单元。该装置是机电结合式的，既有机械部分，又有电子部分，包括示位器（接受二极管、发光二极管、光闸）、补偿线圈、永久磁铁，以及控制电路等部分。

电子装置能记忆加载前示位器的平衡位置。当称量盘上加载后，示位器发生位移并导致补偿线圈接通电流，线圈内就产生垂直的力，这种作用于称量盘上的外力使示位器准确地回到原来的平衡位置。载荷越大，线圈中通过电流的时间越长，通过电流的时间间隔是由通过平衡位置扫描的可变增益放大器来调节的，而且这种时间间隔与称量盘上所加载荷成正比。整个称量过程均由微处理器进行计算和调控。这样，当称量盘上加载后，即接通了补偿线圈的电流,计算器就开始计算冲击脉冲,达到平衡后,就自动显示出载荷的质量值。

　　按电子天平的精度可分为超微量电子天平(最大称量 2～5 g,其标尺分度值小于(最大)称量的 10^{-6})、微量天平(最大称量一般在 3～50 g,其标尺分度值小于(最大)称量的 10^{-5})、半微量天平(最大称量一般在 20～100 g,其标尺分度值小于(最大)称量的 10^{-5})、常量电子天平(最大称量一般在 100～200 g,其标尺分度值小于(最大)称量的 10^{-4})。按电子天平的结构可分为顶部承载式(下皿式)和底部承载式(上皿式)两类,目前常见的是上皿式电子天平。为了便于教学和学生的理解,一般将分度值≤0.1 mg 的电子天平称为电子分析天平。下面以 0.01 g 电子天平(见图 2-9)和 0.1 mg 电子分析天平(见图 2-10)为例简单介绍电子天平的使用方法。

图 2-9　0.01 g 电子天平外形图　　　　　图 2-10　0.1 mg 电子分析天平外形图

1. 0.01 g 电子天平的使用方法

①　调水平　电子天平在使用前必须调整水平,使水平仪内气泡至圆环中央。

②　预热　电子天平在初次接通电源或长时间断电后,需要至少预热 60 min。为提高测量准确度,天平应保持待机状态。

③　开机　接通电源,轻按"ON/OFF"键后电子天平进行自检。

④　校正　首次使用电子天平必须校正,轻按校正键"CAL",当显示器出现"CAL -"时,即松手,显示器就出现"CAL - 100",其中"100"为闪烁码,表示校准砝码需用 100 g 的标准砝码。此时就将准备好的"100 g"校准砝码放上称盘,显示器即出现"----"等待状态,经较长时间后显示器出现"100.00"g,拿去校准砝码,显示器应出现"0.00"g,若出现不是零,则再清零,重复以上校准操作(注意:为了得到准确的校准结果,最好重复以上校准)。

⑤　称量　按去皮键"TARE",显示为零后,置容器于秤盘上,这时显示器上数字不断变化,待数字稳定,即显示器左边的"0"标志熄灭后,显示值为容器质量。再按去皮键"TARE",显示零,即去皮重,置被称物于容器中,这时显示的是被称物的净质量。

⑥　关机　轻按"ON/OFF"键,关机。

2. 0.1 mg 电子分析天平的使用方法

与 0.01 g 电子天平的使用方法相类似。

①　检查并调整天平至水平位置。

②　按仪器要求通电预热至所需时间。

③　打开天平开关,天平则自动进行灵敏度及零点调节。待稳定标志显示后,可进行正式称量。

④　称量结束应及时移去称量瓶(纸),关上侧门,切断电源,并做好使用情况登记。

3. 电子天平的维护与保养

①　将电子天平置于牢固平稳的工作台上,避免振动、气流及阳光照射,室内要求清洁、

干燥及较恒定的温度。

②经常查看水平仪,在使用前调整水平仪气泡至中间位置。电子天平应按说明书的要求进行预热。

③称量时应从侧门取放物质,读数时应关闭箱门以免空气流动引起天平摆动。前门仅在检修或清除残留物质时使用。

④称量易挥发和具有腐蚀性的物品时,要盛放在密闭的容器中,以免腐蚀和损坏电子天平。

⑤电子天平必须小心使用,动作要轻、缓,经常对电子天平进行自校或定期外校,保证其处于最佳状态。

⑥如果电子天平出现故障应及时检修,不可带"病"工作。电子天平不可过载使用,以免损坏天平。

⑦电子分析天平若长时间不使用,则应定时通电预热,每周一次,每次预热2 h,以确保仪器始终处于良好使用状态。

⑧秤盘与外壳须经常用软布和牙膏轻轻擦洗,切不可用强溶剂擦洗。

⑨天平箱内应放置吸潮剂(如硅胶),当吸潮剂吸水变色,应立即高温烘烤更换,以确保吸湿性能。

二、试样的称量方法

1. 直接称量法

对于不易吸湿、在空气中性质稳定的一些固体试样如金属、矿物等可采用直接称量法。其方法是:先准确称出容器或称量纸的质量 m_1,然后用药匙将一定量的试样置于容器或称量纸上,再准确称量出总质量 m_2,则(m_2-m_1)即为试样的质量。称量完毕,将试样全部转移到准备好的容器中。

如为电子天平,置容器或称量纸于秤盘上,待示值稳定后,按去皮键"TARE",显示零,即去皮重,再用药匙慢慢加试样,天平即显示所加试样的质量,直至天平显示所需试样的质量为止。

2. 差减法(或递减法)称量法

对于易吸湿、在空气中不稳定的样品宜用减量法进行称量。其方法是:先将待称试样置于洗净并烘干的称量瓶中,保存在干燥器中。称量时,用干净的纸带套在称量瓶上(见图2-11),从干燥器中取出称量瓶,准确称量,装有样品的称量瓶质量为 m_3,然后将称量瓶置于洗净的盛放试样的容器上方,用一小块纸包住瓶盖,右手将瓶盖轻轻打开,将称量瓶倾斜,用瓶盖轻敲瓶口上方,使试样慢慢落入容器中(见图2-12)。当倾出的试样已接近所需要的质量时,慢慢将瓶竖起,再用称量瓶瓶盖轻敲瓶口上部,使粘在瓶口和内壁的试样落在称量瓶或容器中,然后盖好瓶盖(上述操作都应在容器上方进行,防止试样丢失),将称量瓶再放回天平盘,准确称量,记下质量 m_4,则(m_3-m_4)即为样品的质量。如此继续进行,可称取多份试样。如果倾出的试样量太少,则按上述方法再倒一些。如果倾出的试样质量超出所需称量范围,决不可将试样再倒回称量瓶中,只能弃之重新称量。

图 2-11　取放称量瓶的方法　　　　　　　**图 2-12　倾倒试样的方法**

3. 固定质量称量法

此法可用于称量不易吸湿且在空气中性质稳定的试样,方法是:先准确称出容器或称量纸的质量,然后根据所需试样的质量,先放好砝码,再用药匙慢慢加试样,直至天平平衡。

三、溶液的浓度及其配制

实验中的溶液可分为两类:一类溶液只知道其大概的浓度,称为一般溶液,如常规的酸溶液、碱溶液、盐溶液、缓冲溶液、指示剂溶液、沉淀剂、配位剂、显色剂和洗涤剂等;另一类溶液具有准确的浓度,称为标准溶液。

1. 溶液浓度的表示方法

(1) 物质的量浓度

其定义是物质 B 的物质的量 n_B 除以溶液的体积 V,符号为 c_B,即 $c_B = n_B/V$,单位为 $mol \cdot L^{-1}$。

(2) 物质的质量浓度

其定义是物质 B 的物质的质量 m_B 除以溶液的体积 V,符号为 ρ_B,即 $\rho_B = m_B/V$,单位为 $g \cdot L^{-1}$、$mg \cdot L^{-1}$、$\mu g \cdot L^{-1}$、$g \cdot mL^{-1}$、$mg \cdot mL^{-1}$、$\mu g \cdot mL^{-1}$ 等。

(3) 质量分数

其定义是 100 g 溶液中所含溶质 B 的克数,符号为 ω_B,单位为%,常以 (m/m) 表示。各种商品化的浓酸或浓氨水以及元素的分析结果常以此形式表示,如 98% 的浓硫酸。

(4) 体积分数

其定义是 100 mL 溶液中所含溶质 B 的毫升数,符号为 φ_B,单位为%,常以 (V/V) 表示。如 30% 的乙醇溶液,表示 100 mL 乙醇溶液含有 30 mL 乙醇。

(5) 质量-体积百分浓度

其定义是 100 mL 溶液中所含溶质 B 的克数,单位为%,常以 (m/V) 表示。如 9% 的 NaCl 溶液,表示 100 mL 溶液含有 9 g NaCl。

(6) 体积比浓度

指 A 体积的液体试剂(溶质)与 B 体积的溶剂混合后所得溶液的浓度,以 $(A:B)$ 或 $(A+B)$ 表示,如 1:3 盐酸,表示 1 体积的浓盐酸与 3 体积的蒸馏水混合后所得溶液。

2. 溶液的配制

无机化学实验中所使用的试剂品种繁多,正确地配制和保存试剂溶液,是做好无机化学实验的关键。配制溶液时,首先根据所配制试剂纯度的要求,合理选用不同等级试剂,再根据配制溶液的浓度和体积,计算出试剂用量。称取一定量的试样或移取一定体积的液体试剂置于烧杯中,加入适量的溶剂,搅拌溶解,必要时可加热促使其溶解,再加蒸馏水至所需的体积,摇匀,保存在试剂瓶或滴瓶中,贴上标签,标明溶液名称、浓度、配制日期和配制人姓名。

配制溶液应注意以下原则:

① 配制溶液时,要合理选择试剂级别,不许超规格使用试剂,以免造成浪费。

② 配制溶液时,要牢固树立"量"的概念,应根据溶液浓度准确度的要求,合理选择称量方法、量器以及记录数据应保留的有效数字位数。

③ 配制饱和溶液时,所用试剂量应稍多于计算量,加热使之完全溶解,冷却待结晶析出后再使用。

④ 配制易氧化或还原的试剂溶液时,常在使用前新鲜配制,或采取措施防止氧化或还原。例如,配制 $SnCl_2$、$FeCl_2$ 溶液时,不仅需要酸化溶液,还需加入相应的纯金属如金属锡、金属铁,使溶液稳定。

⑤ 配制易水解的盐溶液时,需加入适量的酸溶液或碱溶液,再用水或稀酸、稀碱溶液稀释,以抑制其水解。例如,配制 $SbCl_3$、$Bi(NO_3)_3$ 等溶液时先用相应的酸如盐酸、硝酸溶解,配制 Na_2S 溶液时先用相应的碱溶液如 $NaOH$ 溶液溶解。

⑥ 配制易侵蚀或腐蚀玻璃的溶液,应保存在聚乙烯瓶中,如含氟的盐类及苛性碱等。

无机化学实验中常用试剂溶液、常用指示剂溶液、缓冲溶液及某些特殊试剂等溶液的配制方法可参见书后附录。

四、量筒和量杯、移液管和吸量管、容量瓶的使用

1. 量筒和量杯的使用

量筒(图 2-13)和量杯是容量精度较低的最普通的玻璃量器。

使用时,将要量取的液体倒入量筒中,手拿量筒的上部,使量筒竖直,视线与量筒内液体的弯月面的最低点保持水平,读出量筒上的刻度,即为量取的液体的体积。

量杯的使用方法与量筒相同。

在某些定量实验中,如果不需要十分准确地量取液体体积,可以不必每次使用量筒或量杯,通过估计确定移出液体的体积,例如由滴管滴出 20 滴液体的体积约为 1 mL。

2. 移液管和吸量管的使用

图 2-13　量筒

移液管和吸量管(见图 2-14)都是准确移取一定体积溶液的量器,移液管又称无分度吸管,是一根细长而中间膨大的玻璃管,在管的上端有一环形标线,膨大部分标有它的容积和标定时的温度。常用的移液管有 5 mL、10 mL、25 mL、50 mL 等规格。吸量管是有分刻度的吸管,用以吸取所需的不同体积的溶液,常用的吸量管有 1 mL、2 mL、5 mL、10 mL 等规格。

图 2-14　移液管和吸量管　　　　图 2-15　移液管吸取液体　　　　图 2-16　移液管放出液体

移液管和吸量管一般采用橡皮洗耳球吸取铬酸洗液洗涤,也可放在高的玻筒或量筒内用洗液浸泡,取出后沥尽洗液,用自来水冲洗,再用去离子水洗涤干净,放在移液管架上备用。

当第一次用洗净的移液管吸取溶液时,应先用滤纸将尖端内外的水吸净,否则会因水滴引入而改变溶液的浓度。然后,用所要移取的溶液将移液管润洗2~3次,以保证移取的溶液浓度不变。移取溶液时,一般用右手的大拇指和中指拿住颈标线上方,将移液管插入液面下1 cm处,太深会使管外黏附溶液过多,影响量取溶液体积的准确性,太浅往往会产生空吸。左手拿洗耳球,先把球内空气压出,然后把球的尖端插在移液管口,慢慢松开左手指使溶液吸入管内,如图2-15所示。眼睛注视正在上升的液面位置,移液管应随容器中液面下降而降低,当液面升高到刻度以上时移去洗耳球,立即用右手的食指按住管口,将移液管提离液面,然后使管尖端靠着盛溶液器皿的内壁,略微放松食指并用拇指和中指轻轻转动移液管,让溶液慢慢流出,使液面平稳下降,直到溶液的弯月面与标线相切时,立刻用食指压紧管口,取出移液管,把准备承接溶液的容器倾斜约45°,将移液管移入容器中,使管垂直,管尖靠着容器内壁,松开食指(见图2-16),让管内溶液自然地全部沿器壁流下,再等待10 s~15 s后,取出移液管。切勿把残留在管尖内的溶液吹出,因为在校正移液管时,已经考虑了末端所保留溶液的体积。

吸量管的操作方法与上述相同,但有一种吸量管,管口上刻有"吹"字的,使用时必须使吸量管内的溶液全部流出,末端的溶液也应吹出,不允许保留。

移液管和吸量管使用后,应洗净放在移液管架上备用。

3. 容量瓶的使用

容量瓶用于配制准确浓度的溶液,也可用来准确稀释溶液。容量瓶一般带有磨口玻璃塞或塑料塞,以容积(单位:mL)表示,有5 mL、10 mL、25 mL、50 mL、100 mL、250 mL、500 mL、1 000 mL等各种规格。通常容量瓶都是"量入"容量瓶,标有"In"(过去用E表示),当溶液充满到瓶颈标线时,表示在20℃时,溶液体积恰好与标称容量相等;另一种是"量出"容量瓶,标有"Ex"(过去用A表示),当溶液充满到标线后,倒出溶液的体积恰好与瓶上的标称容量相同。

容量瓶使用前要检查容量瓶瓶塞是否漏水,即在瓶中加水至标线,左手塞紧磨口塞,右手拿住瓶底,将瓶倒立2 min,观察瓶塞周围是否渗水,然后将瓶直立,将瓶塞转动180°,再倒立,若不漏水,即可使用。用橡皮筋将瓶塞系在瓶颈上,因磨口塞与瓶是配套的,如不配套易引起漏水。

采用容量瓶配制标准溶液时,需定量转移溶液。先准确称取一定量的固体基准试剂,在小烧杯中溶解,再将溶液定量转移到预先洗净的容量瓶中。操作方法如图2-17所示,一手拿着玻璃棒,并将它伸入容量瓶中3 cm～4 cm;一手拿烧杯,让烧杯嘴贴紧玻璃棒,慢慢倾斜烧杯,使溶液沿着玻璃棒流下。倾倒完溶液后,将烧杯沿玻璃棒轻轻上提,同时将烧杯直立,使附在玻璃棒和烧杯嘴之间的液滴回到烧杯中。再用洗瓶以少量去离子水冲洗玻璃棒、烧杯3～4次,洗出液全部转入容量瓶中(称为溶液的定量转移)。然后用去离子水稀释至容积2/3处时,旋摇容量瓶使溶液混合均匀,但此时切勿倒转容量瓶。最后,继续加去离子水稀释,当接近标线时,应以滴管逐滴加去离子水至溶液的弯月面恰好与标线相切。盖上瓶塞,以食指压住瓶盖,另一手指尖托住瓶底边缘,将瓶倒转并摇动,再倒转过来,使气泡上升到顶;如此反复多次,使溶液充分混合均匀,如图2-18所示。

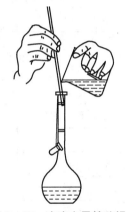

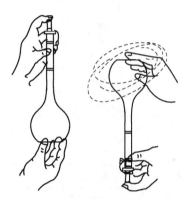

图2-17 溶液定量转移操作　　　　　图2-18 容量瓶中溶液的混匀

如果需将浓溶液定量稀释,则用移液管或吸量管准确吸取一定体积的浓溶液放入容量瓶中,再以去离子水稀释至标线,摇匀。

稀释时放热的溶液应在烧杯中先稀释,冷却至室温,再定量转移至容量瓶,并稀释至标线,否则会造成体积误差。需避光的溶液应以棕色容量瓶配制,不要用容量瓶长期存放溶液,应转移到试剂瓶中保存,试剂瓶应先用配好的溶液荡洗2～3次。

五、基准物质和标准溶液的配制

可用于直接配制标准溶液或标定溶液浓度的物质,称为基准物质,该试剂也称为基准试剂。同时满足下列要求的物质才可作为基准物质:① 试剂的纯度足够高,杂质含量应低于0.1%;② 试剂的组成与化学式完全相符;③ 化学性质稳定,且在反应时按反应式定量进行,没有副反应;④ 最好有较大的摩尔质量,以减少称量误差。表2-7列出了部分常用基准物质的干燥条件和应用对象。

表 2-7　常用基准物质的干燥条件和应用对象

基准物质		干燥后的组成	干燥条件/℃	应用对象
名　称	化学式			
十水合碳酸钠	$Na_2CO_3 \cdot 10H_2O$	Na_2CO_3	$270 \sim 300$	酸溶液
碳酸氢钠	$NaHCO_3$	Na_2CO_3	$270 \sim 300$	酸溶液
硼　砂	$Na_2B_4O_7 \cdot 10H_2O$	$Na_2B_4O_7 \cdot 10H_2O$	放在装有 NaCl 和蔗糖饱和溶液的密闭器皿中	酸溶液
碳酸氢钾	$KHCO_3$	K_2CO_3	$270 \sim 300$	酸溶液
邻苯二甲酸氢钾	$KHC_8H_4O_4$	$KHC_8H_4O_4$	$110 \sim 120$	碱溶液
二水合草酸	$H_2C_2O_4 \cdot 2H_2O$	$H_2C_2O_4 \cdot 2H_2O$	室温空气干燥	碱或 $KMnO_4$
碳酸钙	$CaCO_3$	$CaCO_3$	110	EDTA
锌	Zn	Zn	室温干燥器中保存	EDTA
氧化锌	ZnO	ZnO	$900 \sim 1\,000$	EDTA
重铬酸钾	$K_2Cr_2O_7$	$K_2Cr_2O_7$	$100 \sim 110$	还原剂
溴酸钾	$KBrO_3$	$KBrO_3$	130	还原剂
碘酸钾	KIO_3	KIO_3	$120 \sim 140$	还原剂
铜	Cu	Cu	室温干燥器中保存	还原剂
三氧化二砷	As_2O_3	As_2O_3	室温干燥器中保存	氧化剂
草酸钠	$Na_2C_2O_4$	$Na_2C_2O_4$	$105 \sim 110$	氧化剂
氯化钠	$NaCl$	$NaCl$	$500 \sim 650$	$AgNO_3$
氯化钾	KCl	KCl	$500 \sim 600$	$AgNO_3$
硝酸银	$AgNO_3$	$AgNO_3$	$220 \sim 250$	氯化物

标准溶液是预先配制的、已知准确浓度并用于滴定分析的溶液,其准确性直接影响滴定分析的结果。标准溶液的配制方法可分为直接法和间接法。

对基准物质或纯度相当高(纯度≥99.9%)且化学性质稳定的物质可采用直接法配制标准溶液。配制方法如下:准确称取一定量的基准物质或纯度相当高(纯度 99.9%)且稳定的物质于小烧杯中,溶解、冷却后将溶液定量转移到预先洗净的容量瓶中,稀释至刻度,根据基准物质的物质的量和容量瓶的容积,计算标准溶液的准确浓度。直接法配制标准溶液比较简单,但大部分标准溶液因为物质未达至基准物质的要求而无法直接配制,如 HCl、NaOH、EDTA、$Na_2S_2O_3$ 等标准溶液。

对纯度小于 99.9%或易挥发、易吸湿、化学性质不稳定的物质可采用间接法配制标准溶液。配制方法如下:先根据计算称取一定量的试剂,配制近似浓度的溶液,再用基准物质或其他标准溶液标定该溶液,根据化学计量关系计算其准确浓度。

标准溶液配制时应注意以下事项:

① 要选用符合实验要求的纯水,如配制 NaOH、$Na_2S_2O_3$ 等标准溶液时要用新鲜煮沸

并冷却的纯水。

② 基准物质要预先按规定方法进行干燥和贮存。

③ 当某溶液可用多种标准物质及指示剂进行标定时,应使标定实验条件与测定试样时的实验条件相同或相近,以减小系统误差。例如 EDTA 标准溶液可用 Zn、Fe、Cu、Ni 等金属或 ZnO、MgO、$CaCO_3$ 等金属氧化物或其盐标定,若测定水样中钙、镁的含量时,宜选用 $CaCO_3$ 为基准物,以钙指示剂作指示剂。

④ 标准溶液应密闭贮存在试剂瓶中,有些还需避光。

⑤ 在实验结果的精度要求不高时,可用优级纯或分析纯试剂代替同种基准试剂进行标定,以降低成本。

实验 5　滴定操作

一、实验目的

(1) 初步掌握酸碱滴定原理和滴定操作。

(2) 学会用基准物质标定标准溶液浓度的方法。

(3) 学习并掌握滴定管和移液管的使用。

(4) 初步掌握酸碱指示剂的选择方法。

二、实验原理

浓盐酸易挥发,NaOH 容易吸收空气中的水分和 CO_2,因此只能采用间接法配制标准溶液,用基准物质标定其准确浓度,也可根据酸碱溶液中已标出其中一种溶液的准确浓度,按它们的体积比计算出另一种溶液的准确浓度。

标定酸的基准物质常用的有无水碳酸钠或硼砂。以无水碳酸钠 Na_2CO_3(摩尔质量为 105.99 $g \cdot mol^{-1}$)作为基准物质标定盐酸溶液的浓度时,化学计量点的 pH 约为 3.9,应选用甲基橙作为指示剂,终点颜色由黄色变为橙色,反应式为:

$$Na_2CO_3 + 2HCl =\!=\!= 2NaCl + H_2CO_3$$
$$\qquad\qquad\qquad\llcorner\!\!\rightarrow H_2O + CO_2 \uparrow$$

以硼砂 $Na_2B_4O_7 \cdot 10H_2O$(摩尔质量为 381.37 $g \cdot mol^{-1}$) 作为基准物质标定盐酸溶液的浓度时,反应产物是硼酸($K_a = 5.7 \times 10^{-10}$),溶液呈微酸性,化学计量点的 pH 约为 5.3,应选用甲基红作为指示剂,终点颜色由黄色变为橙色,反应式为:

$$Na_2B_4O_7 + 2HCl + 5H_2O =\!=\!= 2NaCl + 4H_3BO_3$$

标定碱的基准物质常用邻苯二甲酸氢钾或草酸。以草酸 $H_2C_2O_4 \cdot 2H_2O$(摩尔质量为 126.06 $g \cdot mol^{-1}$)作为基准物质标定氢氧化钠溶液的浓度时,反应产物是 $Na_2C_2O_4$,在水溶液中呈微碱性,因此选用酚酞作为指示剂,终点颜色由无色变为微红色,反应式为:

$$H_2C_2O_4 + 2NaOH =\!=\!= Na_2C_2O_4 + 2H_2O$$

以邻苯二甲酸氢钾(简称 KHP,$K_{a2} = 2.9 \times 10^{-6}$,分子式为 $KHC_8H_4O_4$,摩尔质量为

$204.2\ g\cdot mol^{-1}$）作为基准物质标定氢氧化钠溶液的浓度时，反应产物是邻苯二甲酸钾钠，在水溶液中呈微碱性，因此选用酚酞作为指示剂，终点颜色由无色变为微红色，反应式为：

$$\underset{(KHP)}{\overset{COOH}{\underset{COOK}{\bigcirc}}} + NaOH = \underset{(KNaP)}{\overset{CONa}{\underset{COOK}{\bigcirc}}} + H_2O$$

碱的浓度也可用标准盐酸溶液进行标定，反应产物是 H_2O，滴定突跃 pH 范围为 4.30～9.70，应当选用在此范围内变色的甲基橙或酚酞作为指示剂。当用酸滴定碱，根据人眼对颜色观察的敏感程度，最好选用甲基橙作为指示剂，终点颜色由黄色变为橙色，反应式为：

$$NaOH + HCl = NaCl + H_2O$$

三、仪器与药品

1. 仪器

电子天平，台秤，量筒，容量瓶，酸式滴定管，碱式滴定管，称量瓶，锥形瓶，烧杯，玻璃棒。

2. 试剂

浓盐酸（密度 1.19 $g\cdot mL^{-1}$），氢氧化钠（NaOH），草酸（$H_2C_2O_4\cdot 2H_2O$），硼砂（$Na_2B_4O_7\cdot 10H_2O$），0.2%酚酞乙醇溶液，0.1%甲基橙水溶液，0.1%甲基红乙醇溶液。

四、实验步骤

1. 0.1 $mol\cdot L^{-1}$ HCl 溶液和 0.1 $mol\cdot L^{-1}$ NaOH 溶液的配制

0.1 $mol\cdot L^{-1}$ HCl 溶液和 0.1 $mol\cdot L^{-1}$ NaOH 溶液的配制方法见实验 4。

2. 0.1 $mol\cdot L^{-1}$ HCl 溶液的标定

用差减法准确称量一定量的硼砂（自己计算）3 份于 3 个洁净的 250 mL 锥形瓶中，加 50 mL 蒸馏水溶解，必要时小火温热溶解，加 2 滴 0.1%甲基橙指示剂，用 0.1 $mol\cdot L^{-1}$ HCl 溶液滴定至溶液由黄色恰好变成橙色，即为终点，记录 HCl 溶液的体积，平行测定三次。

3. 0.1 $mol\cdot L^{-1}$ NaOH 溶液的标定

用差减法准确称量一定量的草酸（自己计算）3 份于 3 个洁净的 250 mL 锥形瓶中，加 50 mL 蒸馏水溶解，加 2 滴 0.2%酚酞指示剂，用 0.1 $mol\cdot L^{-1}$ NaOH 溶液滴定至溶液由无色恰好变成微红色，即为终点，记录 NaOH 溶液的体积，平行测定三次。

现象 甲基橙、酚酞变色

4. 0.1 $mol\cdot L^{-1}$ HCl 溶液标定 0.1 $mol\cdot L^{-1}$ NaOH 溶液浓度

用移液管准确移取 25.00 mL NaOH 溶液于洁净的 250 mL 锥形瓶中，加入 1～2 滴甲基橙指示剂，然后用已标定的 0.1 $mol\cdot L^{-1}$ HCl 标准溶液进行滴定，直至溶液恰好由黄色变为橙色，即为滴定终点，记录 HCl 溶液的体积，平行测定三次。

五、实验数据记录及处理

1. $0.1\ \mathrm{mol \cdot L^{-1}}$ HCl 溶液的标定

表 2-8 $0.1\ \mathrm{mol \cdot L^{-1}}$ HCl 溶液的标定记录表

内　容	次　数	1	2	3
称　量	倾出前/g			
	倾出后/g			
	$m(\mathrm{Na_2B_4O_7 \cdot 10H_2O})$/g			
标　定	HCl 初读数/mL			
	HCl 终读数/mL			
	$V(\mathrm{HCl})$/mL			
数据处理	$c(\mathrm{HCl})$/mol $\cdot$ L^{-1}			
	$\bar{c}(\mathrm{HCl})$/mol $\cdot$ L^{-1}			
	相对标准偏差%			

$$c(\mathrm{HCl}) = \frac{2m(\mathrm{Na_2B_4O_7 \cdot 10H_2O})}{M(\mathrm{Na_2B_4O_7 \cdot 10H_2O}) \times V(\mathrm{HCl})} \times 10^3$$

式中:$M(\mathrm{Na_2B_4O_7 \cdot 10H_2O})$为 $\mathrm{Na_2B_4O_7 \cdot 10H_2O}$ 的摩尔质量,381.37 g $\cdot$ mol^{-1}。

2. $0.1\ \mathrm{mol \cdot L^{-1}}$ NaOH 溶液的标定

表 2-9 $0.1\ \mathrm{mol \cdot L^{-1}}$ NaOH 溶液的标定记录表

内　容	次　数	1	2	3
称　量	倒出前/g			
	倒出后/g			
	$m(\mathrm{H_2C_2O_4 \cdot 2H_2O})$/g			
标　定	NaOH 初读数/mL			
	NaOH 终读数/mL			
	$V(\mathrm{NaOH})$/mL			
数据处理	$c(\mathrm{NaOH})$ /mol $\cdot$ L^{-1}			
	$\bar{c}(\mathrm{NaOH})$/mol $\cdot$ L^{-1}			
	相对标准偏差%			

$$c(\mathrm{NaOH}) = \frac{2m(\mathrm{H_2C_2O_4 \cdot 2H_2O})}{M(\mathrm{H_2C_2O_4 \cdot 2H_2O}) \times V(\mathrm{NaOH})} \times 10^3$$

式中:$M(\mathrm{H_2C_2O_4 \cdot 2H_2O})$为 $\mathrm{H_2C_2O_4 \cdot 2H_2O}$ 的摩尔质量,126.06 g $\cdot$ mol^{-1}。

3. $0.1\ mol \cdot L^{-1}$ HCl 溶液标定 $0.1\ mol \cdot L^{-1}$ NaOH 溶液浓度

$0.1\ mol \cdot L^{-1}$ HCl 标准溶液的准确浓度：＿＿＿＿＿＿ $mol \cdot L^{-1}$

表 2 - 10　$0.1\ mol \cdot L^{-1}$ HCl 标定 $0.1\ mol \cdot L^{-1}$ NaOH 溶液浓度记录表

数据 内容		次数 1	2	3
$V(NaOH)/mL$		25.00	25.00	25.00
HCl 滴定	初读数/mL			
	终读数/mL			
	$V(HCl)/mL$			
数据处理	$c(NaOH)\ /mol \cdot L^{-1}$			
	$\overline{c}(NaOH)/mol \cdot L^{-1}$			
	相对平均偏差%			

$$c(NaOH) = \frac{c(HCl) \times V(HCl)}{V(NaOH)}$$

六、问题与讨论

（1）标定用的基准物质应具备哪些条件？

（2）如何计算实验中需要称取的基准物质质量？

（3）盛放硼砂的锥形瓶是否需要预先烘干？溶解基准物质时加入 50 mL 水应使用移液管还是量筒？为什么？

（4）用盐酸溶液标定氢氧化钠溶液时，为什么选用甲基橙为指示剂？用酚酞为指示剂，可以吗？为什么？

知识链接

一、滴定管

滴定管是滴定时准确测量标准溶液体积的量器，是具有精确刻度且内径均匀的细长玻璃管。常量分析的滴定管容积有 50 mL 和 25 mL，最小刻度为 0.1 mL，读数可估计到 0.01 mL，另外还有容积为 10 mL、5 mL、2 mL、1 mL 的半微量或微量滴定管。

滴定管一般可分为酸式滴定管和碱式滴定管两种，如图 2 - 19 所示。酸式滴定管下端有一玻璃活塞开关，用于装酸性溶液和氧化性溶液，不宜盛碱性溶液，因为碱液能腐蚀玻璃，使活塞难以转动。碱式滴定管的下端连接一橡皮管，管内有玻璃珠以控制溶液的流出。橡皮管下端再连一尖嘴玻璃管。凡是能与橡皮管起反应的溶液如 $KMnO_4$、I_2、$AgNO_3$ 等，不能装在碱式滴定管中。还有一种滴定管是将酸式滴定管的玻璃活塞换成聚四氟乙烯活塞，该类滴定管可以酸、

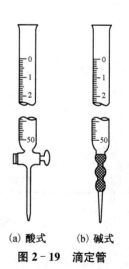

(a) 酸式　　(b) 碱式
图 2 - 19　滴定管

碱通用。

滴定管的使用方法主要包括：

1. 准备

酸式滴定管使用前应检查活塞转动是否灵活，然后检查是否漏水。试漏的方法是先将活塞关闭，在滴定管内装满水，将滴定管夹在滴定管夹上，放置 2 min，观察管口及活塞两端是否有水渗出；将活塞转动 180°，再放置 2 min，看是否有水渗出。若前后两次均无水渗出，活塞转动也灵活，即可使用，否则应将活塞取出，重新涂凡士林后再使用。

涂凡士林的方法是将活塞取出，用滤纸或干净布将活塞及活塞槽内的水擦干净，用手醮少许凡士林在活塞的两头(见图 2-20)，涂上薄薄一层。在靠近活塞孔的两旁少涂一些，以免凡士林堵住活塞孔，将活塞直插入活塞槽中，按紧，并向同一方向转动活塞，直至活塞中油膜均匀透明(见图 2-21)。如发现转动不灵活或活塞上出现纹路，表明凡士林涂得不够；若有凡士林从活塞缝内挤出，或活塞孔被堵，表示凡士林涂得太多。遇到这些情况，都必须把活塞槽和活塞擦干净后，重新涂凡士林。涂好凡士林后，套上橡皮圈或橡皮筋，经过试漏、洗净，即可使用。

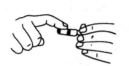
图 2-20　活塞涂凡士林

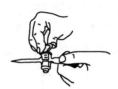
图 2-21　活塞安装

碱式滴定管试漏的方法是将滴定管装满水，直立观察 2 min 即可。若不漏水，还需检查能否灵活控制液滴。如不符合要求，则重新调换大小合适的玻璃珠。

2. 洗涤

滴定管在使用前先用自来水洗，洗净的滴定管内壁应不挂水珠。若挂水珠，则需用洗液继续清洗。洗液洗涤酸管时，要预先关闭活塞，加入 5 mL～10 mL 洗液，两手分别拿住管上下部无刻度的地方，边转动边将管口倾斜，使洗液流遍全管内壁，然后竖起滴定管，打开活塞让洗液从下端尖嘴放回原洗液瓶中。洗涤碱管时，先去掉下端的橡皮管和尖嘴玻璃管，接上一小段塞有玻璃棒的橡皮管，再按上法洗涤，若滴定管非常脏时，也可在滴定管内加满洗液，浸泡一段时间后再放出洗液。最后用自来水冲洗直至流出的水无色，滴定管内壁不挂水珠，再用去离子水淌洗 2～3 次。

3. 装液

为了避免装入后的标准溶液被稀释，应用待装入的标准溶液 5 mL～10 mL 洗涤滴定管 2～3 次。操作时，两手平端滴定管，慢慢转动，使标准溶液流遍全管，并使溶液从滴定管下端流出，以除去管内残留水分。在装入标准溶液时，应直接倒入，不得借用任何别的器皿，以免标准溶液浓度改变或造成污染。装好标准溶液后，应注意检查滴定管尖嘴内有无气泡，否则在滴定过程中，气泡逸出将影响溶液体积的准确测量。对于酸式滴定管可迅速转动活塞，使

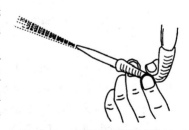
图 2-22　碱式滴定管排气泡法

溶液很快冲出，将气泡带走；对于碱式滴定管，可把橡皮管向上弯曲，挤动玻璃珠，使溶液从

尖嘴处喷出,即可排除气泡,如图 2-22 所示。排除气泡后,加入标准溶液,使之在"0"刻度之上,再调节液面在 0.00 mL 刻度处,备用。如液面不在 0.00 mL 处,则应记下初读数。

4. 读数

由于滴定管读数不准确而引起的误差,是滴定分析实验误差的主要来源之一,因此在滴定前应进行读数练习。

滴定管应垂直地夹在滴定管夹上,由于表面张力的作用,滴定管内的液面呈弯月形,无色溶液的弯月面比较清晰,而有色溶液的弯月面清晰度较差。因此,两种情况的读数方法稍有不同,为了正确读数,应遵守下列原则:

① 注入溶液或放出溶液后,需等待 1 min～2 min,使附着在内壁上的溶液流下来后才能读数。当放出溶液相当慢时,例如滴定到最后阶段,标准溶液每次只加 1 滴,则等待0.5 min～1 min 即可。

② 对于无色及浅色溶液读数时,读取与弯月面相切的刻度,如图 2-23(a),对于有色溶液,如 $KMnO_4$、I_2 溶液等,读取视线与液面两侧的最高点呈水平处的刻度,如图 2-23(b)。初读数与终读数应取同一标准。

③ 使用"蓝带"滴定管时,读数方法与上述方法不同,在这种滴定管中,液面呈现三角交叉点,读取交叉点与刻度相交之点的读数,如图 2-23(c)。

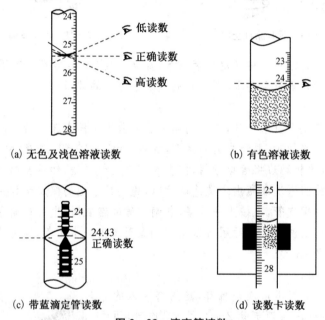

(a) 无色及浅色溶液读数　　　　　(b) 有色溶液读数

(c) 带蓝滴定管读数　　　　　(d) 读数卡读数

图 2-23　滴定管读数

④ 每次滴定前应将液面调节在刻度 0.00 mL,或接近"0"稍下的位置,这样可固定在某一段体积范围内滴定,以减少体积误差。

⑤ 读数必须读到小数点后第二位,而且要求估计到 0.01 mL。

⑥ 为了读数准确,可采用读数卡,这种方法有助于初学者练习读数。读数卡可用黑纸或涂有墨的长方形(约 3 cm×1.5 cm)的白纸制成。读数时,将读数卡放在滴定管背后,使黑色部分在弯月面下的 1 mm 处,此时可看到弯月面的反射层呈黑色,然后读与此黑色弯月

面相切的刻度,如图 2-23(d)。

5. 滴定

滴定最好在锥形瓶中进行,必要时也可以在烧杯中进行。滴定的姿势如图 2-24 所示。对于酸式滴定管,用左手控制滴定管的活塞,大拇指在前,食指和中指在后,手指略微弯曲,轻轻向内扣活塞,如图 2-24(a)。转动活塞时,要注意勿使手心顶着活塞,以防活塞被顶出,造成漏水。右手握持锥形瓶,边滴边摇动,使瓶内溶液混合均匀,反应能及时进行完全。摇动时应做同一方向的圆周运动。刚开始滴定,溶液滴出的速度可以稍快些,但也不能使溶液成流水状放出,一般流速为 10 mL/min,即 3~4 滴/s。临近终点时,滴定速度要减慢,应逐滴加入,滴一滴,摇几下,并以洗瓶吹入去离子水洗锥形瓶内壁,使附着的溶液全部流下;最后,再半滴、半滴地加入,至准确到达终点为止。半滴的滴法是将滴定活塞稍稍转动,使半滴溶液悬于管口,将锥形瓶内壁与管口相接触,使液滴流出,并以去离子水冲下。

使用碱式滴定管时,如图 2-24(b),左手拇指在前,食指在后,捏住橡皮管中的玻璃珠所在部位稍上处,向左或向右挤橡皮管,使玻璃珠旁边形成空隙,使溶液从空隙流出,如图 2-24(c)所示。但要注意不能使玻璃珠上下移动,更不能捏挤玻璃珠下方的橡皮管,否则空气进入形成气泡,产生误差。

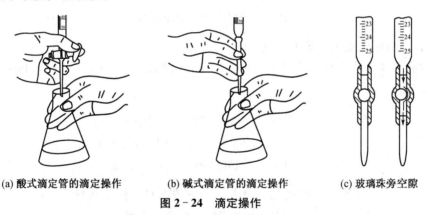

(a) 酸式滴定管的滴定操作　　　　(b) 碱式滴定管的滴定操作　　　　(c) 玻璃珠旁空隙

图 2-24　滴定操作

无论用哪种滴定管,都必须熟练掌握三种加液方法:① 逐滴加入;② 加 1 滴;③ 加半滴。实验完毕后,倒出滴定管内剩余溶液,用自来水冲洗干净,再用去离子水荡洗三次,然后倒置,备用。

二、酸碱指示剂

酸碱指示剂一般是有机弱酸或有机弱碱。当溶液的 pH 改变时,由于质子转移引起酸碱指示剂的分子或离子结构发生变化,使其在可见光范围内发生了吸收光谱的改变,因而呈现不同的颜色。例如,酚酞是一种三苯甲烷类染料,当 pH 小于 8.0 时为无色,pH 大于 9.6 时为粉红色,因此酚酞变色的 pH 范围为 8.0~9.6。又如甲基橙和甲基红是典型的偶氮类指示剂,它们在 pH 小于 7 的范围内变色。甲基橙的酸色是红色,碱色是黄色,变色的 pH 范围是 3.1~4.4。若在甲基橙磺酸基的位置上以羟基取代即为甲基红,甲基红变色的 pH 范围是 4.4~6.2。

由于各种酸碱指示剂的酸解离常数各不相同,因此指示剂的变色范围不同,变色范围的大小一般不超过 2 个 pH 单位,不小于 1 个 pH 单位。

常用的酸碱指示剂及其配制方法、变色范围见附录 5。

实验 6　粗盐的提纯

一、实验目的

(1) 学习提纯粗食盐的原理、方法及有关离子的鉴定。

(2) 巩固台秤、电子天平的使用。

(3) 练习溶解、过滤、蒸发、浓缩、结晶、干燥等基本操作。

二、实验原理

氯化钠试剂或氯碱工业用的食盐水都是以粗食盐为原料进行提纯的,粗食盐中除含有泥沙、草木屑等不溶性杂质外,还含有 SO_4^{2-}、CO_3^{2-}、Ca^{2+}、Mg^{2+}、Fe^{3+} 和 K^+ 等可溶性杂质。氯化钠的溶解度随温度的变化很小,不能用重结晶的方法纯化,而需用化学法处理,使可溶性杂质都转化成难溶物而过滤除去。

在粗食盐中加入稍微过量的 $BaCl_2$ 溶液,除去 SO_4^{2-}:

$$Ba^{2+} + SO_4^{2-} === BaSO_4 \downarrow$$

过滤,除去不溶性杂质和 $BaSO_4$ 沉淀。

在滤液中加入过量的 $NaOH$ 和 Na_2CO_3 溶液,除去 Ca^{2+}、Mg^{2+}、Fe^{3+} 和除 SO_4^{2-} 时加入的过量 Ba^{2+}:

$$Ca^{2+} + CO_3^{2-} === CaCO_3 \downarrow$$

$$Ba^{2+} + CO_3^{2-} === BaCO_3 \downarrow$$

$$Fe^{3+} + 3OH^- === Fe(OH)_3 \downarrow$$

$$2Fe^{3+} + 3CO_3^{2-} + 3H_2O === 2Fe(OH)_3 \downarrow + 3CO_2 \uparrow$$

$$Mg^{2+} + 2OH^- === Mg(OH)_2 \downarrow$$

$$4Mg^{2+} + 4CO_3^{2-} + H_2O === Mg(OH)_2 \cdot 3MgCO_3 \downarrow + CO_2 \uparrow$$

过滤除去沉淀。

在滤液中加入 HCl 溶液中和过量的 OH^-、CO_3^{2-},加热使生成的碳酸分解为 CO_2 逸出:

$$H^+ + OH^- === H_2O$$

$$2H^+ + CO_3^{2-} === H_2O + CO_2 \uparrow$$

粗食盐溶液中的 K^+ 与上述的沉淀剂都不起作用,但由于 KCl 的溶解度大于 NaCl 的溶解度,且含量较少,因此在蒸发、浓缩和冷却过程中,NaCl 先结晶出来,而 KCl 则留在母液中被除去。少量多余的盐酸在干燥 NaCl 时以氯化氢形式逸出,从而达到提纯 NaCl 的目的。

三、仪器与药品

1. 仪器

台秤或电子天平(精度 0.01 或 0.1 g),循环水式真空泵,酒精灯,石棉网,布氏漏斗,抽滤瓶,玻璃棒,量筒,烧杯,试管,长颈漏斗,蒸发皿,铁架台,铁圈,角匙等。

2. 药品

粗盐,$BaCl_2$(1 mol·L^{-1}),NaOH(2 mol·L^{-1}),Na_2CO_3(1 mol·L^{-1}),HCl(2 mol·L^{-1}),钙指示剂(或 HAc(6 mol·L^{-1})和饱和草酸铵,镁试剂)。

3. 材料

滤纸,pH 试纸,火柴等。

四、实验步骤

1. 溶解

称取 4.0 g 研细的粗食盐于 100 mL 烧杯中,加 15 mL 水,加热搅拌使其溶解,溶液中的少量不溶性杂质,留待下步过滤时一并滤去。

2. 化学处理

(1) 除去 SO_4^{2-}

加热溶液至近沸,在不断搅拌下往热溶液中滴加 1 mol·L^{-1} $BaCl_2$ 溶液至沉淀完全,为了检验沉淀是否完全,可将烧杯从热源上取下,待沉淀沉降后,沿烧杯壁在上层清液中加入 2~3 滴 $BaCl_2$ 溶液,观察澄清液中是否还有混浊现象,如果无混浊现象,说明 SO_4^{2-} 已完全沉淀,如果仍有混浊现象,则需继续滴加 $BaCl_2$ 溶液,直至上层清液在加入 1 滴 $BaCl_2$ 后,不再产生混浊现象为止。沉淀完全后,继续加热煮沸使 $BaSO_4$ 颗粒长大而易于沉淀和过滤,常压过滤除去 $BaSO_4$ 及泥沙等不溶物质,滤液转移至干净的烧杯。

(2) 除去 Ca^{2+}、Mg^{2+}、Ba^{2+}

将所得滤液加热近沸,在搅拌条件下先加入适量 2 mol·L^{-1} NaOH 溶液,再边搅拌边滴加 1 mol·L^{-1} Na_2CO_3 溶液至沉淀完全为止,加热至沸,使沉淀颗粒长大而易于沉降。减压过滤,除去 $Mg(OH)_2$、$CaCO_3$ 等沉淀,滤液移至干净的蒸发皿中。

(3) 除去多余的 CO_3^{2-}、OH^-

往滤液中滴加 2 mol·L^{-1} HCl 溶液并搅拌,调节其 pH 为 5~6,溶液经加热煮沸后 CO_3^{2-} 转化为 CO_2 逸出。

3. 蒸发、干燥

(1) 蒸发浓缩,析出纯 NaCl

加热上述溶液,当液面出现晶膜时,改用小火并不断搅拌,以免溶液溅出。当溶液蒸发至稀糊状时(**切勿蒸干!**)停止加热,冷却后减压过滤,即得 NaCl 晶体。

(2) 干燥

将 NaCl 晶体倒入蒸发皿中,小火烘炒,并不停地用玻璃棒翻动,以防结块。待无水蒸气逸出后,大火烘炒数分钟,冷却后称量,计算回收率。

4. 产品纯度的检验

取少量提纯前和提纯后的食盐分别用适量蒸馏水溶解,将粗盐溶液过滤,然后各盛于六支试管中,组成三组,对照检验它们的纯度。

(1) SO_4^{2-} 的检验

在第一组溶液中分别加入 2~3 滴 2 mol·L^{-1} HCl 溶液,使溶液呈酸性,再加入 2~3 滴 1 mol·L^{-1} $BaCl_2$ 溶液,如有白色沉淀生成,证明存在 SO_4^{2-}。

（2）Ca^{2+} 的检验

Ca^{2+} 的检验有两种方法：

① 在第二组溶液中，各加入 5 滴 6 mol·L^{-1} HAc，再分别加入 2～3 滴饱和 $(NH_4)_2C_2O_4$ 溶液，稍等片刻，观察现象。若有白色 CaC_2O_4 沉淀生成，表示有 Ca^{2+} 存在。

② 在第二组溶液中，各加入 2～3 滴 2 mol·L^{-1} NaOH 溶液，再加入少量钙指示剂，如溶液呈红色证明 Ca^{2+} 存在。

（3）Mg^{2+} 的检验

在第三组溶液中，各加入 2～3 滴 2 mol·L^{-1} NaOH 溶液，再各加入 2～3 滴"镁试剂"*，若有天蓝色沉淀生成，证明 Mg^{2+} 存在。

五、实验数据处理

产品外观：_____；产品质量（g）：_____；收率（%）：_____。

表 2 - 11   产品纯度的检验

检验项目	检验方法	实验现象	
		粗食盐	纯 NaCl
SO_4^{2-}	加入 2 mol·L^{-1}HCl 溶液和 1 mol·L^{-1}BaCl$_2$ 溶液		
Ca^{2+}	加入 2 mol·L^{-1}NaOH 溶液和少量钙指示剂		
Mg^{2+}	加入 2 mol·L^{-1}NaOH 溶液和镁试剂		
结　论			

六、注意事项

（1）粗食盐颗粒要尽量研细。

（2）溶解粗食盐时，加水不能太多，将其溶解即可。

（3）加入沉淀剂后还要继续加热煮沸，使沉淀颗粒长大，以便于沉降和过滤，但煮沸时间不宜过长，以免水分蒸发而使晶体析出。

（4）蒸发浓缩至稠粥状即可，不能蒸干，否则带入 K^+（KCl 溶解度较大且浓度低，留在母液中）。

（5）纯度检验实验中，要注意比较产品和样品溶液在加入试剂后的浑浊程度和颜色深浅。

七、问题与讨论

（1）溶盐的水量过多或过少对实验结果有什么影响？

（2）能否用 $CaCl_2$ 溶液代替毒性较大的 $BaCl_2$ 溶液来除去食盐中的 SO_4^{2-}？

（3）为什么要分两步过滤？能否先加 NaOH、Na_2CO_3 除去 Mg^{2+}、Ca^{2+}，再加 $BaCl_2$ 除去 SO_4^{2-}？

---

* 镁试剂是一种有机染料，它在酸性溶液中呈黄色，在碱性溶液中呈红色或紫色，但被 $Mg(OH)_2$ 沉淀吸附后，则呈天蓝色，因此可以用来检验 Mg^{2+} 的存在。

（4）为什么要用 HCl 溶液将 pH 调至 5～6？调至恰为中性如何？

（5）提纯后的食盐溶液浓缩时为什么不能蒸干？

（6）分析本实验收率过高或过低的原因。

知识链接

在无机制备、固体物质提纯过程中，经常用到溶解、过滤、蒸发（浓缩）、结晶（重结晶）和固液分离等基本操作，现分述如下。

一、固体的溶解

固体溶解操作的一般步骤：先用研钵将固体研细，再将固体粉末倒入烧杯中，加水，所加水量应能使固体粉末完全溶解，然后用玻璃棒搅拌，必要时还应加热促进溶解。

固体的颗粒较大时，在溶解前应先进行粉碎，固体的粉碎应在洁净和干燥的研钵中进行，研钵中所盛固体的量不要超过研钵容量的 1/3。

搅拌溶解时应手持玻璃棒并转动手腕，用微力使玻璃棒在容器中部的液体中均匀转动，使溶质和溶剂充分接触而逐渐溶解；不能手持玻璃棒沿容器壁划动；不能将液体乱加以搅动，甚至将液体溅出容器外；也不能用力过猛，以致碰破容器。

通常大多数物质的溶解度是随温度的升高而增大的，即加热可加速固体物质的溶解。因此必要时可根据被溶解物质的热稳定性，选用直接加热或水浴等间接加热的方法。热分解温度低于 100℃ 的只能用水浴加热，水浴加热常用水浴锅或自制简易水浴装置。

在试管中溶解固体时，可用振荡试管的方法加速溶解，振荡时不能上下用力甩，也不能用手指堵住管口来回振荡，而应保持膀臂不动利用手腕用力振荡。

二、固液分离

溶液和沉淀的分离方法主要有：倾析法、过滤法、离心分离法。

1. 倾析法

当沉淀物的密度较大或结晶的颗粒较大，静置后能很快沉降至容器的底部时，常用倾析法进行分离。即待沉淀已下沉至容器底部，小心地把上层澄清的溶液沿着玻璃棒倾入另一容器（图 2-25）。洗涤沉淀时，可往盛有沉淀的容器中加入少量的洗涤液，把沉淀和溶液充分搅匀，静置使沉淀下沉，倾出上层液体，如此重复两三次，则可把沉淀洗净。

图 2-25　倾析法

2. 过滤法

过滤法是固-液分离较常用的方法之一。当溶液和沉淀的混合物通过过滤器（如滤纸）时，沉淀留在滤纸上，溶液则通过过滤器，过滤后所得溶液为滤液。溶液的黏度、温度、过滤时的压力及沉淀物的性质、状态、过滤器孔径大小都会影响过滤速率。热溶液比冷溶液容易过滤；溶液的黏度越大，过滤越慢；减压过滤因产生压差故比常压下过滤快。

过滤器的孔隙大小有不同规格，应根据沉淀颗粒的大小和状态选择使用，孔隙太大，小颗粒沉淀易透过，孔隙太小，又易被小颗粒沉淀堵塞，使过滤难以继续进行。总之，要考虑各个方面的因素来选择不同的过滤方法。

常用的过滤方法有常压过滤、减压过滤和热过滤三种。

(1) 常压过滤

滤器为锥形玻璃质漏斗,过滤介质为滤纸。另一种为玻璃砂芯漏斗,不需要滤纸,其砂芯根据孔径大小分不同规格。

根据漏斗角度大小(与60°角相比),采用四折法折叠滤纸(图2-26)。先将滤纸对折并按紧,滤纸的大小应低于漏斗边缘0.5 cm～1 cm左右,然后再对折,但不要折死,打开形成圆锥体后,放入漏斗中,试其与漏斗壁是否密合。如果滤纸与漏斗不十分密合,可稍稍改变滤纸折叠的角度,直到与漏斗密合为止。

为了使漏斗与滤纸之间贴紧而无气泡,可将三层滤纸的外层折角撕下一小块(保留,作擦拭烧杯内残留的沉淀用)。用食指把滤纸按在漏斗的内壁上,用水润湿,赶尽滤纸与漏斗壁间的气泡。

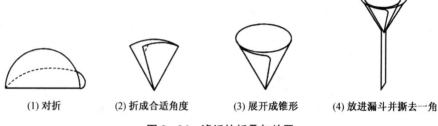

(1) 对折　　　(2) 折成合适角度　　　(3) 展开成锥形　　　(4) 放进漏斗并撕去一角

图 2-26　滤纸的折叠与放置

过滤操作采用倾斜法,如图2-27所示。过滤时先将上层清液倾入漏斗中,让沉淀尽量留在烧杯中,这样可以避免沉淀过早地堵塞滤纸空隙,影响过滤速率。倾入溶液时,应让溶液沿着玻璃棒流入漏斗中,玻璃棒直立,底端接近三层滤纸的一边,并尽可能接近滤纸,但不要与滤纸接触。再用倾斜法洗涤沉淀3～4次。

(2) 减压过滤

减压过滤也称吸滤或抽滤,此法可加速过滤,并使沉淀抽吸得较干燥,以前常用玻璃制的水泵进行吸滤,但浪费自来水过多因而现在很少用,目前多采用循环水式真空泵。

过滤前先剪好滤纸,滤纸的大小按照比布氏漏斗内径略小而又能将漏斗的孔全盖上为宜。剪滤纸前不能把滤纸在湿的漏斗上扣一下来确定滤纸的大小,因湿滤纸很难剪好;一般不要将滤纸折叠,因折叠处在减压过滤时很容易透滤。

减压过滤操作:过滤装置见图2-28。把剪好的滤纸放入布氏漏斗内,布氏漏斗与抽滤瓶相接,注意漏斗管下方的斜口要对着抽滤瓶的支嘴,用少量水润湿滤纸,打开真空

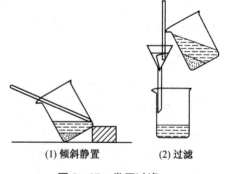

(1) 倾斜静置　　　(2) 过滤

图 2-27　常压过滤

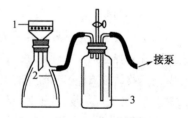

接泵

图 2-28　减压过滤装置

1. 布氏漏斗　2. 抽滤瓶
3. 缓冲瓶　4. 接真空泵

泵,使滤纸贴紧布氏漏斗。将溶液转移至布氏漏斗内,抽干后,拔掉橡皮管,加入洗涤液湿润沉淀,并用玻璃棒轻轻搅拌一下。再接上橡皮管,让洗涤液慢慢透过全部沉淀,最后尽量将沉淀抽干,如沉淀需洗涤多次则重复以上操作,直至达到要求为止。过滤后先拔下抽滤瓶的胶管,再关泵,取下布氏漏斗后用玻璃棒撬起滤纸边,取下滤纸和沉淀。瓶内的滤液从瓶口倒出,而不能从侧口倒出,以免使滤液污染。

（3）热过滤

有时在较高温度下制得的饱和溶液中含有不溶性物质,为避免溶解物质冷却过早析出晶体,往往采用热过滤法。

3. 离心分离法

当被分离的沉淀量很少时,使用上述方法过滤,沉淀会粘在滤纸上难以取下,这时可以用离心分离法。实验室常用电动离心机,见图 2-29。电动离心机使用时,将装试样的离心管放在离心机的套管中,为了使离心机旋转时保持平稳,几个离心试管放在对称的位置上,如果只有一个试样,则在对称的位置上放一支离心试管,管内装等量的水。放妥离心试管后,需盖好离心机的顶盖,开动离心机时,应由最慢速挡开始,待转动平衡后再逐步过渡到快速挡,离心机的转动速率和时间视沉淀的性状而定。受到离心作用,试管中的沉淀聚集在底部,实现固液分离,停止时应逐步减速,最后任其自行停下,决不能用手强制它停止。离心沉降后,要将沉淀和溶液分离时,左手持离心管,右手拿小滴管,把滴管伸入离心试管,末端恰好进入液面,取出清液,见图 2-30。在滴管末端接近沉淀时,要特别小心,以免沉淀也被取出,沉淀和溶液分离后,沉淀表面仍含有少量溶液,必须经过洗涤才能得到纯净的沉淀。为此,往盛沉淀的离心管中加入适量的蒸馏水或洗涤用的溶液,用玻璃棒充分搅拌后进行离心分离。用滴管将上层清液取出,再用上述方法操作 2～3 遍。

图 2-29　电动离心机　　　　　　图 2-30　用滴管吸出上层清液

三、蒸发与浓缩

1. 蒸发与浓缩

为了使溶质从溶液中析出晶体,常采用加热的方法使水分不断蒸发,溶液不断浓缩而析出晶体。

蒸发通常在蒸发皿中进行,因为它的表面积较大,有利于加速蒸发。注意加入蒸发皿中液体量不得超过其容量的 2/3,以防液体溅出。如果液体量较多,蒸发皿一次盛不下,可随水分的不断蒸发而继续添加液体。加热前要把蒸发皿外的水擦干,也不要使蒸发皿骤冷,以免炸裂。

随着水分的不断蒸发,溶液逐渐被浓缩。浓缩到什么程度,则取决于溶质溶解度的大小及结晶对浓度的要求。如果溶质的溶解度较小或其溶解度随温度变化较大,则蒸发到一定程度即可停止,如果溶解度较大则应蒸发得更浓一些。另外,如结晶时希望得到较大的晶体,就不宜浓缩到太大的浓度。

2. 结晶与重结晶

结晶是获得固态物质的重要方法之一,通常有两种方法:一种是蒸发法,即通过蒸发或气化,减少一部分溶剂使溶液达到饱和而析出晶体,它适用于温度对溶解度影响不大的物质。沿海地区"晒盐"就是利用这种方法。另一种是冷却法,即通过降低温度使溶液冷却达到饱和而析出晶体,此法主要用于溶液随温度下降而明显减小的物质。如北方地区的盐湖,夏天温度高,湖面上无晶体出现;每到冬季,气温降低,纯碱($Na_2CO_3 \cdot 10H_2O$)、芒硝($Na_2SO_4 \cdot 10H_2O$)等物质就从盐湖里析出来。有时需将这两种方法结合使用。

大多数物质的溶液蒸发到一定浓度下冷却,就会析出溶质的晶体。析出晶体的颗粒大小与结晶条件有关。如果溶液的浓度较高,溶质在水中的溶解度随温度下降而显著减小时,冷却得越快,那么析出的晶体就越细小,否则就得到较大颗粒的结晶。搅拌溶液和静止溶液,可以得到不同的效果,前者有利于细小晶体的生成,后者有利于大晶体的生成。如溶液容易发生过饱和现象,可以用摩擦器壁或投入几粒晶体(晶核)等办法,使其形成结晶中心,过量的溶质便会全部析出。

在无机制备中,为了提高制备的纯度常要求制得较小的晶体。相反,为了研究晶体的形态,则希望得到足够大的晶体。

假如第一次得到的晶体纯度不合乎要求,可将所得晶体溶于少量溶剂中,然后进行蒸发或冷却,结晶,分离,如此反复的操作过程称为重结晶。重结晶提纯法的原理是利用混合物中各组分在某种溶剂中的溶解度不同,将被提纯物质溶解在热的溶剂中达到饱和(被提纯物质溶解度一般随温度升高而增大),趁热过滤除去不溶性杂质,然后冷却时由于溶解度降低,溶液变成过饱和而使被提纯物质从溶液中析出结晶,让杂质全部或大部分仍留在溶液中,从而达到提纯目的。重结晶提纯法的一般过程为:

① 选择适宜的溶剂;

② 将样品溶于适宜的热溶剂中制成饱和溶液;

③ 趁热过滤除去不溶性杂质。如溶液的颜色深,则应先脱色,再进行热过滤;

④ 冷却溶液,或蒸发溶剂,使之慢慢析出结晶而杂质留在母液中;

⑤ 减压过滤,分出结晶;

⑥ 洗涤结晶,除去附着的母液;

⑦ 干燥结晶。

一般重结晶法只适用于提纯杂质含量在5%以下的晶体化合物,如果杂质含量大于5%时,必须先采用其他方法进行初步提纯,然后再用重结晶法提纯。

四、固体的干燥

固体的干燥方法很多,可根据重结晶所用的溶剂及结晶的性质来选择。常用的方法有如下几种:

1. 空气晾干

适用于低沸点溶液。将抽干的固体物质转移到表面皿上铺成薄薄的一层,再用一张滤纸覆盖以免灰尘沾污,然后在室温下放置,一般要经过几天后才能彻底干燥。

2. 烘干

一些对热稳定的化合物可以在低于该化合物熔点 15℃～20℃ 的温度下进行烘干。实验室中常用红外线灯、烘箱或蒸气浴进行干燥。必须注意,由于溶剂的存在,结晶可能在较其熔点低得很多的温度下就开始熔融了,因此必须十分注意控制温度并经常翻动晶体。

3. 用滤纸吸干

有时晶体吸附的溶剂在过滤时很难抽干,这时可将晶体放在二层或三层滤纸上,上面再用滤纸挤压以吸出溶剂。此法的缺点是晶体上易沾污一些滤纸纤维。

4. 干燥器干燥

适用于产品易吸水或吸水分解的情况。将产品置于表面皿上储存于盛有干燥剂的干燥器里,常用的干燥剂有浓硫酸、无水氯化钙、硅胶、生石灰和五氧化二磷等。选用何种干燥剂应视被干燥物质的性质而定。

实验 7　气体的发生、净化、干燥和铜原子量的测定

一、实验目的

(1) 通过制取纯净的氢气来学习和练习气体的发生、收集、净化和干燥的基本操作。

(2) 学习和掌握测定铜原子量的方法,测定铜的相对原子质量。

二、实验原理

用锌粒与稀盐酸反应制取氢气,来还原粉状氧化铜,从而测定铜的原子量。反应方程式为:

$$Zn + 2HCl \longrightarrow ZnCl_2 + H_2 \uparrow$$

$$CuO + H_2 \xrightarrow{\triangle} Cu + H_2O$$

当用锌粒与酸反应制备氢气时,由于锌粒中常含有硫、砷等杂质,所以在反应过程中会产生硫化氢、砷化氢等气体。硫化氢、砷化氢和酸雾可通过高锰酸钾溶液、醋酸铅溶液除去。再通过装有无水氯化钙的干燥管进行干燥。其反应化学方程式为:

$$H_2S + Pb(Ac)_2 \longrightarrow PbS \downarrow + 2HAc$$

$$AsH_3 + 2KMnO_4 \longrightarrow K_2HAsO_4 + Mn_2O_3 + H_2O$$

三、仪器与药品

1. 仪器

试管,启普气体发生器,洗气瓶,干燥管,分析天平,酒精灯,铁架台,铁夹,磁舟。

2. 药品

Pb(Ac)$_2$ 溶液(饱和),KMnO$_4$(0.1 mol·L^{-1}),HCl(6 mol·L^{-1}),锌粒,CuO,无水 CaCl$_2$。

3. 材料

导气管,橡皮管。

四、实验步骤

(1) 装配启普气体发生器。

(2) 按图 2-31 装配测定铜原子量的实验装置。

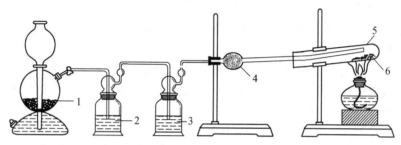

图 2-31 测定铜原子量的实验装置

1. Zn+盐酸 2. Pb(Ac)$_2$ 溶液 3. KMnO$_4$ 溶液 4. 无水氯化钙 5. 氢气 6. 氧化铜

(3) 制备氢气

在启普气体发生器中用锌粒与稀酸反应制备氢气。

(4) 氢气的纯度检验

氢气是一种可燃性气体,当它与空气(或氧气)按一定比例混合时,点火就会发生爆炸。为了实验的安全,必须首先检验氢气的纯度。检查的方法是:用一支小试管收满氢气,用中指和食指夹住试管,大拇指盖住试管口,将管口移近火焰(注意:检验氢气的火焰距离发生器应大于 1 m)。大拇指离开管口,若听到平稳的细微的"卟"声,则表明所收集的气体是纯净的氢气;若听到尖锐的爆鸣声,则表明气体不纯,还需要继续做纯度检查,直到没有尖锐的爆鸣声出现为止。**注意,每试验一次要换一支试管。**

(5) 铜原子量的测定

在分析天平上准确称量一个洁净而干燥的瓷舟,在瓷舟中放入已称量过的氧化铜,并将氧化铜铺好后,再准确称量瓷舟和氧化铜的质量,小心地把瓷舟放入一支硬质试管中并将试管固定在铁架台上。在检查了氢气的纯度以后,把导气管插入试管并置于瓷舟上方(不要与氧化铜接触)。待试管中的空气全部排出后,按试管中固体的加热方法加热试管,至黑色氧化铜全部转变为红色铜后,移开煤气灯(或酒精灯),继续通氢气。待试管冷却到室

视频 氧化铜还原成铜

温,抽出导气管,停止制气。用滤纸吸干管口冷凝的水珠。小心拿出瓷舟,再准确称量瓷舟和铜的总质量。若实验室没有瓷舟,可采用下述方法:先将硬质试管洗净后烘干,冷却后称量,然后称一定量的氧化铜放入试管中铺好,最后通过氢气还原。反应结束后,应将试管壁上的水珠小心烘干、称量。

（6）数据记录和结果处理 *

瓷舟质量_____；瓷舟加氧化铜的总质量_____；瓷舟加铜的总质量_____。

氧的质量_____；铜的质量_____；铜的原子量_____。

百分误差_____。

五、问题与讨论

（1）指出测定铜的相对原子量实验装置图中每一部分的作用，并写出相应的化学反应方程式。装置中试管口为什么要向下倾斜？

（2）下列情况对测定铜的相对原子质量实验结果有何影响？

① 氧化铜试样中有水分或瓷舟不干燥；

② 氧化铜没有全部变成铜；

③ 管口冷凝的水珠没有用滤纸吸干。

（3）你能用实验证明 $KClO_3$ 里含有氯元素和氧元素吗？

知识链接

一、气体的发生

实验中需用少量气体时，可在实验室中制备，如需大量和经常使用气体时，可从压缩气体钢瓶中直接获得气体。

1. 气体的发生

表 2 - 12　发生气体的方法和注意事项

气体发生的方法	实验装置图	适用气体	注意事项
通过加热试管中的固体制备气体	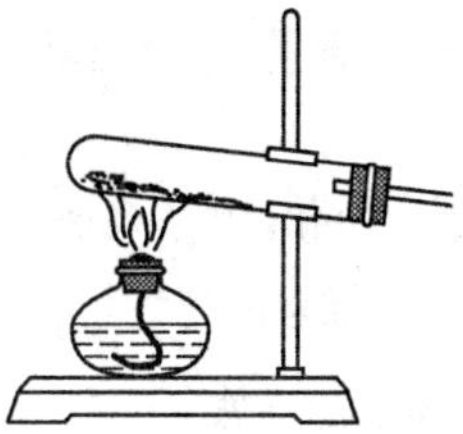	氧气、氨气、氮气等	① 试管口向下倾斜，以免可能凝结在管口的水流到灼热处炸裂试管 ② 先用小火焰均匀预热试管，然后再在有固体物质的部位加热 ③ 装置不能漏气
固体和液体试剂反应，不需加热可利用启普气体发生器制备气体		氢气、二氧化碳、硫化氢等	见 P69 启普气体发生器的构造与使用

---

* 铜原子量的计算：

① 根据杜隆-普蒂规则：各种固态单质的摩尔热容（原子量与比热容的乘积）近似等于 25.9 J。以某元素的比热容除以 25.9，即得该元素的近似原子量。铜的比热容为 $0.40 J \cdot g^{-1}$，据此可求铜的近似原子量。应当指出，这是一种近似方法，其应用范围十分有限，有兴趣的可参考统计物理学方面的参考书。

② 根据化学反应的计量关系求铜的准确原子量。

气体发生的方法	实验装置图	适用气体	注意事项
固体和液体试剂反应，如需加热可利用蒸馏烧瓶和分液漏斗制备气体		一氧化碳、二氧化硫、氯气、氯化氢等	① 分液漏斗颈应插入液体试剂中，或插入一小试管中，以保持漏斗的液面高度 ② 必要时可加热，也可加回流装置
从钢瓶直接获得气体		氮气、氧气、氢气、氨、二氧化碳、氯气、乙炔、空气等	见下段

2. 钢瓶及其使用

（1）钢瓶常识

在实验室中，常由气体钢瓶直接获得各种气体（表 2-13）。气体钢瓶是贮存压缩气体和液化气的高压容器。容积一般为 40 L～60 L，最高工作压力为 15 MPa(150 atm)，最低的也在 0.6 MPa(6 atm) 以上。标准高压气体钢瓶是按国家标准制造的，在钢瓶肩部用钢印打出下述标记：制造厂；制造日期；气瓶型号、编号；气瓶质量；气体容积；工作压力；水压试验压力；水压试验日期及下次送检日期。

由于气体钢瓶压力很高，某些气体有毒或易燃、易爆，为了确保安全，避免各种钢瓶相互混淆，按规定在钢瓶外面涂上特定的颜色，写明瓶内气体的名称。

表 2-13　各种气体钢瓶的标志

气体类别	瓶身颜色	标字颜色	字　样	腰带颜色
氮	黑	黄	氮	棕
氧	天　蓝	黑	氧	
氢	深　绿	红	氢	红
压缩空气	黑	白	压缩空气	
二氧化碳	黑	黄	二氧化碳	
氨	黄	黑	氨	
氯	草　绿	白	氯	绿

（续表）

气体类别	瓶身颜色	标字颜色	字　样	腰带颜色
石油气	灰	红	石油气	
乙炔气	白	红	乙　炔	绿
粗氩气	黑	白	粗　氩	白
纯氩气	灰	绿	纯　氩	
氮　气	棕	白	氮　气	

（2）钢瓶使用注意事项

① 各种高压气体钢瓶必须定期送有关部门检验，合格者才能充气。充一般气体的钢瓶至少三年必须送检一次，充腐蚀性气体的钢瓶至少每两年送检一次。

② 搬运钢瓶时，要戴好钢瓶帽和橡皮腰圈，轻拿轻放。不可在地上滚动钢瓶，要避免撞击、摔倒和激烈振动，以防发生爆炸。放置和使用时，必须用架子或铁丝固定牢靠。

③ 钢瓶应存放在阴凉、干燥、远离热源的地方，避免明火和阳光曝晒。钢瓶受热后，气体膨胀，瓶内压力增大，易造成漏气，甚至爆炸。可燃性气体钢瓶与氧气钢瓶必须分开存放。氢气钢瓶最好放置在实验大楼外专用的小屋内，以确保完全。

④ 使用气体钢瓶，除 CO_2、NH_3 外，一般要用减压阀。各种减压阀中，除了 N_2 和 O_2 的减压阀可相互通用外，其他的只能用于规定的气体，以防爆炸。

⑤ 可燃性气体如 H_2、C_2H_2 等钢瓶的阀门是"反扣"（左旋）螺纹，即逆时针方向拧紧；非燃性或助燃性气体如 N_2、O_2 等钢瓶的阀门是"正扣"（右旋）螺纹，即顺时针拧紧。

⑥ 绝对不可将油或其他易燃物、有机物沾在钢瓶上，特别是阀门嘴和减压阀处，也不得用棉、麻等物堵漏，以防燃烧引起事故。

⑦ 要注意保护好钢瓶阀门。开关阀门时，首先弄清方向，再缓慢旋转，否则会使螺纹受损。开启阀门时，人应站在减压阀的另一侧，以防减压阀万一被冲出受到击伤。

⑧ 可燃性气体要有防回火装置。有的减压阀已附有此装置；也可在气体导管中填装细铁丝网防止回火；在导气管路中加接液封装置也可有效地起到保护作用。

⑨ 不可将钢瓶内的气体全部用完，一定要保留 0.05 MPa（约 0.5 kgf/cm^2）以上的残留压力（减压阀表压）。可燃性气体如 C_2H_2 应剩余 0.2 MPa～0.3 MPa（约 2 kgf/cm^2 ～ 3 kgf/cm^2），H_2 应保留 2 MPa（约 20 kgf/cm^2），以防重新充气时发生危险。

二、气体的收集

收集气体时，应根据气体的性质选择合适的方法。收集气体常用的方法有排水集气法和排气集气法，其中排气集气法可分为向上排空气法和向下排空气法。向上排空气适用于收集比空气重的气体，向下排空气法适用于收集比空气轻的气体。有关实验装置和注意事项见表 2-14。

表 2 - 14　收集气体的实验装置和注意事项

收集方法	实验装置	适用范围	注意事项
排水集气法		难溶于水的气体,如氢气、氧气、氮气、一氧化碳、甲烷、乙炔、乙烯等	① 应先将集气瓶装满水,不留气泡 ② 停止收集气体时,应先拔出导管
排气集气法		比空气轻的气体,如氨、氢气等	① 气体导管应尽量接近瓶底 ② 气体密度与空气相差较小的气体,不宜用排气法 ③ 在空气中易氧化的气体(如一氧化氮),不宜用排气法
		比空气重的气体,如二氧化碳、氯化氢、二氧化硫、氯气等	

三、气体的净化和干燥

1. 气体的净化

实验室常常利用酸与其他物质在水溶液中反应制备气体,所得到的气体往往带有酸雾和水蒸气。为了得到比较纯净的气体,必须除去酸雾和水蒸气,酸雾可用水或玻璃棉除去,水蒸气可用浓硫酸、无水氯化钙或硅胶吸收。一般情况下使用洗气瓶(图 2-32)、干燥塔(图 2-33)、U 形管(图 2-34)或干燥管(图 2-35)等仪器对气体进行净化和干燥。液体(如水、浓硫酸等)装在洗气瓶内,无水氯化钙和硅胶装在干燥塔或 U 形管内,玻璃棉装在 U 形管和干燥管内。

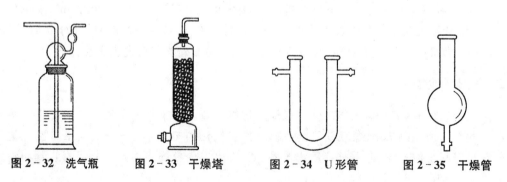

图 2-32　洗气瓶　　　图 2-33　干燥塔　　　图 2-34　U 形管　　　图 2-35　干燥管

实验室制备的气体,除了含水蒸气和酸雾外,还可能含有其他气体,应根据杂质气体的性质将其除去。不同性质的气体应根据具体情况,采用不同的洗涤液和干燥剂进行处理。表 2-15 列举了一些常见气体的制备和纯化方法。

表 2 – 15 常见气体的制备与纯化

气体	制备方法	杂质	纯化
H_2	① 锌粒与 $HCl(1:1)$ 或 $H_2SO_4(1:8)$ $Zn + 2HCl = ZnCl_2 + H_2\uparrow$ ② 电解以 H_2SO_4 酸化的水,在阴极得到纯氢	SO_2、H_2S、AsH_3、PH_3、N_2O、NO、N_2、CO_2、O_2 及碳氢化合物、酸雾、水汽	铬酸溶液或 $KMnO_4$ 的 KOH 溶液可除去酸雾、AsH_3、H_2S 等,再用浓 H_2SO_4 或 $CaCl_2$ 或 P_2O_5 干燥。如需除 O_2,可将气体通过灼热的还原铜。但除 N_2 很困难
O_2	在催化剂(如 MnO_2)的作用下,加热分解 $KClO_3$: $2KClO_3 \xrightarrow[240℃]{MnO_2} 2KCl + 3O_2\uparrow$ 注意:$KClO_3$ 中不能含有易燃性杂质,如炭、纸等,MnO_2 需灼烧除去易燃杂质	Cl_2、水汽	$NaOH$ 溶液除 Cl_2,浓 H_2SO_4 干燥
N_2	① 加热 NH_4NO_2 浓溶液: $NH_4NO_2 \xrightarrow{70℃} 2H_2O + N_2\uparrow$ ② 在圆底烧瓶中放置 50 g $(NH_4)_2SO_4$,水浴加热。从滴液漏斗中加入 $NaNO_2$ 饱和溶液。N_2 产生的速度可由加 $NaNO_2$ 的速度控制。 $(NH_4)_2SO_4 + 2NaNO_2 = 2N_2\uparrow + Na_2SO_4 + 4H_2O$ ③ 氨气通过加热的氧化铜: $2NH_3 + 3CuO \xrightarrow{\triangle} N_2\uparrow + 3H_2O + 3Cu$	NH_3、NO、O_2、水汽	H_2SO_4 溶液除 NH_3,1% $FeSO_4$ 溶液除 NO,热的 Cu 或焦性五橘子酸 10% KOH 饱和溶液或 $CrCl_3$ 酸性溶液除 O_2,$CaCl_2$ 干燥。也可用液空冷凝器使 N_2 与水汽、氮的氧化物分离
Cl_2	① 在烧瓶中放置 100 g MnO_2,由漏斗加入浓 $HCl(d=1.18 \text{ g·mL}^{-1})$,先小火加热,然后大火加热: $MnO_2 + 4HCl \xrightarrow{\triangle} MnCl_2 + Cl_2\uparrow + 2H_2O$ ② 将 10 g 研细的 $KMnO_4$ 放入烧瓶中,由漏斗滴加 60 mL~65 mL 浓 HCl: $2KMnO_4 + 16HCl = 2KCl + 2MnCl_2 + 5Cl_2\uparrow + 8H_2O$	酸雾、水汽 O_2	水洗酸雾,浓 H_2SO_4、$CaCl_2$ 或 P_2O_5 干燥
HCl	在烧瓶中放 25 份的 $NaCl$,加 45 份浓 $H_2SO_4(d=1.84 \text{ g·mL}^{-1})$: $NaCl + H_2SO_4 = NaHSO_4 + HCl\uparrow$ $NaHSO_4 + NaCl \xrightarrow{>500℃} Na_2SO_4 + HCl\uparrow$ 欲制取纯 HCl,应使用试剂级酸	水汽	浓 H_2SO_4 洗涤

气体	制备方法	杂质	纯化
H_2S	FeS 与 20% HCl 或 25% H_2SO_4 作用： $FeS + 2HCl \!=\!=\! FeCl_2 + H_2S\uparrow$ H_2S 臭且毒，制备应在通风橱中进行	AsH_3、O_2、CO_2、水汽	由 8%、5%、2.5% HCl 和蒸馏水四个洗瓶组成的洗涤系统（60℃ ～ 70℃ 水浴）除 AsH_3，或经 $CaCl_2$ 或 P_2O_5 干燥过的 I_2 的 U 形管除 AsH_3（I_2 吸收 AsH_3 形成 AsI_3）。石灰水吸收 CO_2，$CrCl_2$ 酸性溶液除 O_2，再用 P_2O_5 干燥
NH_3	① 加热工业浓 NH_3 水 ② 混合 5 份的 NH_4Cl 与 7 份新消化的工业熟石灰，加热制备，或将 NH_4Cl 与 CaO 的混合物加热： $2NH_4Cl + CaO \xrightarrow{\triangle} 2NH_3\uparrow + CaCl_2 + H_2O$	水汽	水洗气体，固体 KOH 干燥
CO_2	大理石或石灰石与 HCl（1∶1）反应： $CaCO_3 + 2HCl \!=\!=\! CaCl_2 + H_2O + CO_2\uparrow$	HCl、水汽	水洗气体，浓 H_2SO_4 干燥
SO_2	加热 100 g Cu 屑与 55 mL 浓 H_2SO_4，当反应加剧时，停止加热。逐滴加入 H_2SO_4，调节气体流出速度： $Cu + 2H_2SO_4 \xrightarrow{\triangle} CuSO_4 + SO_2\uparrow + 2H_2O$ 操作应在通风橱中进行	水汽	水洗气体，$CaCl_2$ 干燥
NO	在烧瓶中放入 Cu 屑，从滴液漏斗慢慢加入 HNO_3（$d=1.1\sim1.15$）。如反应物发热，可用冷水冷却烧瓶，以防生成其他氮氧化物： $3Cu + 8HNO_3 \!=\!=\! 3Cu(NO_3)_2 + 2NO\uparrow + 4H_2O$	HNO_3、高价的氮氧化物、N_2	5%NaOH 溶液除去 HNO_3 和高价氮氧化物，并在水面上收集气体，NO_2 溶于水除去，最后用干燥剂干燥
NO_2	将研细的干燥 $Pb(NO_3)_2$ 放在瓷蒸发皿中，边搅拌，边加热，直到停止发出爆裂声并放出红棕色气体，在干燥器中冷却后，再与等质量的预先灼烧过的石英砂混合，加热： $2Pb(NO_3)_2 \xrightarrow{\triangle} 4NO_2\uparrow + 2PbO + O_2\uparrow$ 注意：(a) 操作应在通风橱中进行；(b) 接收器应装 $CaCl_2$ 干燥管，并用冰盐浴冷却；(c) 仪器的连接部分采用磨口玻璃，不可用橡皮塞或橡皮管	O_2、水汽	$CaCl_2$ 干燥，冰盐浴使 NO_2 与其他气体分离（NO_2 在 22.4℃ 时凝结为红棕色液体与氧分离，并且液体的颜色逐渐变浅，最后变为无色）

（续表）

气体	制备方法	杂质	纯化
CO	① 在烧瓶中加入浓 H_2SO_4，加热至 100℃，从滴液漏斗中滴加 25 mL～30 mL 85％的甲酸（工业品）。由滴加甲酸的速度控制气流速度，当流速减缓时，小火加热，使反应平稳地进行到底。反应在通风橱中进行： $HCOOH \xrightarrow{浓 H_2SO_4} CO\uparrow + H_2O$ ② 将 500 g 浓 H_2SO_4 与 100 g $H_2C_2O_4 \cdot 2H_2O$ 的混合物加热： $H_2C_2O_4 \xrightarrow{\triangle} CO\uparrow + CO_2\uparrow + H_2O$ 注意：(a) 因反应激烈，气体一旦产生，立即停止加热；(b) 反应在通风橱中进行	水汽 CO_2、H_2O、空气	$CaCl_2$、浓 H_2SO_4 或 P_2O_5 干燥 两只 30％ KOH 洗瓶，一根 40 cm 长的玻璃管，内装一半粒状石灰和固体 KOH 除 CO_2；$Na_2S_2O_4$ 溶液除 O_2；$CaCl_2$、浓 H_2SO_4 或 P_2O_5 干燥
C_2H_2	碳化钙与水剧烈反应： $CaC_2 + H_2O \longrightarrow Ca(OH)_2 + C_2H_2\uparrow$	NH_3、PH_3、H_2S 等	铬酸洗液除杂质，再用 20％ NaOH 溶液和水洗涤气体，碱石灰干燥

2. 气体干燥剂的选择

表 2-16 列出了无机化学实验中可能制备的气体及可选择的干燥剂，供参考。

表 2-16　一些气体可选择的干燥剂

气　体	干燥剂	气　体	干燥剂
H_2	$CaCl_2$、P_2O_5、H_2SO_4（浓）	H_2S	$CaCl_2$
O_2	$CaCl_2$、P_2O_5、H_2SO_4（浓）	NH_3	CaO、CaO+KOH 混合物
Cl_2	$CaCl_2$	NO	$Ca(NO_3)_2$
N_2	$CaCl_2$、P_2O_5、H_2SO_4（浓）	HCl	$CaCl_2$
O_3	$CaCl_2$	HBr	$CaBr_2$
CO	$CaCl_2$、P_2O_5、H_2SO_4（浓）	HI	CaI_2
CO_2	$CaCl_2$、P_2O_5、H_2SO_4（浓）	SO_2	$CaCl_2$、P_2O_5、H_2SO_4（浓）

四、可燃性气体的爆炸极限

当可燃性气体与氧化剂（如氧气、空气等）以适当的比例混合后，就有发生爆炸的危险性。当混合物中可燃气体的含量太低或太高时，无论供给的能量再大也不会发生爆炸，只有在一定浓度范围内，可燃气体混合物才能发生爆炸。可燃气体发生爆炸的最低浓度（通常用体积百分数表示）称为爆炸下限，可燃气体发生爆炸的最高浓度称为爆炸上限。爆炸下限和爆炸上限称为爆炸极限，又称为爆炸范围。任何可燃性气体都有一个爆炸范围，爆炸范围愈宽，危险性愈大。例如，乙炔的爆炸下限为 2.5％、爆炸上限为 80％，爆炸范围为 2.5％～

80%；乙烷的爆炸下限为 3.2%，爆炸上限为 12.5%，爆炸范围为 3.2%～12.5%。乙炔的爆炸范围是乙烷爆炸范围的 8.4 倍，这意味着乙炔发生爆炸的危险性比乙烷大 8.4 倍。

实验室经常使用溶剂，由于溶剂的蒸发，蒸气与空气混合仍然可形成爆炸混合物，因而同样存在着发生爆炸的危险性。表 2-17 列出了实验室可能遇到的一些气体和蒸气的爆炸极限。

表 2-17　一些气体和蒸气在空气中的爆炸极限(%)

化合物	爆炸下限	爆炸上限	化合物	爆炸下限	爆炸上限
CO	12.5	75	乙　炔	2.5	80
H_2	4.1	75	甲　醇	6.7	36.5
H_2S	4.3	45.4	乙　醇	3.3	19.0
NH_3	15.7	27.4	乙　醚	1.8	36.5
CH_4	5.0	15	乙　酸	5.4	—
乙　烷	3.2	12.5	丙　酮	2.5	12.8
乙　烯	2.7	27.6	乙酸乙酯	2.1	11.4

五、实验装置气密性的检查

实验装置的密封性可根据气体热胀冷缩的原理进行检查。例如，要检查图 2-36 的装置是否漏气，可把导管的一端浸入水中，用手掌紧贴烧瓶的外壁数分钟，使烧瓶内的气体受热膨胀，如果装置不漏气，导管口就有气泡冒出。把手移开后，烧瓶内的气体逐渐冷却，水就会沿玻璃管上升，形成一段水柱，见图 2-36(b)。天气较冷时，这种现象不明显，可改用热水浸湿的毛巾覆盖在烧瓶的外壁，检验实验装置的密封性。

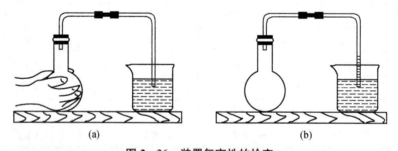

(a)　　　　　　　　　　(b)

图 2-36　装置气密性的检查

六、启普气体发生器的构造与使用

1. 构造

启普气体发生器是由一个葫芦状的玻璃容器、球形漏斗、旋塞导管、塞子等组成(图 2-37)。葫芦状的容器(由球体和半球体构成)底部有一液体出口，平常用玻璃塞(有的用橡皮塞)塞紧。球体的上部有一气体出口，与带有玻璃旋塞的导气管相连(图 2-38)。

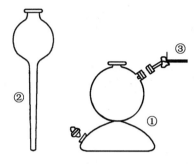

① 葫芦状容器 ② 球形漏斗 ③ 旋塞导管

图 2-37 启普气体发生器分部图

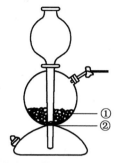

① 固体药品 ② 玻璃棉（或橡皮垫圈）

图 2-38 启普气体发生器装置

2. 使用

实验室中常常利用启普气体发生器制备 H_2、CO_2、H_2S 等气体。启普气体发生器不能受热，适用于块状固体（或颗粒较大固体）与液体不需加热的反应。移动时，应用两手握住球体下部，切勿只握住球形漏斗，以免葫芦状容器落下而打碎。

使用启普气体发生器时，应按以下步骤进行。

（1）装配：在球形漏斗颈和玻璃旋塞磨口处涂一薄层凡士林油，插好球形漏斗和玻璃旋塞转动几次，使装配严密。

（2）检查气密性：开启旋塞，从球形漏斗口注水至充满半球体时，关闭旋塞。继续加水，待水从漏斗管上升到漏斗球体内，停止加水。在水面处做一记号，静置片刻，如水面不下降，证明不漏气，可以使用。

（3）加试剂：在葫芦状容器的球体下部先放些玻璃棉（或橡皮垫圈），然后由气体出口加入固体药品。玻璃棉（或橡皮垫圈）的作用是避免固体掉入半球体底部。加入固体的量不宜过多，以不超过中间球体容积的 1/3 为宜，否则固液反应激烈，酸液很容易被气体从导管冲出。再从球形漏斗加入适量稀酸。

（4）发生气体：使用时，打开旋塞，由于中间球体内压力降低，酸液即从底部通过狭缝进入中间球体与固体接触而产生气体。停止使用时，关闭旋塞，由于中间球体内产生的气体增大压力，就会将酸液压回到球形漏斗中，使固体与酸液不再接触而停止反应。下次再用时，只要打开旋塞即可。使用非常方便，还可通过调节旋塞来控制气体的流速。

（5）添加或更换试剂：发生器中的酸液会随着使用逐渐变稀，当酸变得较稀反应缓慢时应换酸。换酸液时，可先用塞子将球形漏斗上口塞紧，然后把液体出口的塞子拔下，让废酸缓缓流出后，再塞紧塞子，向球形漏斗中加入新的酸液。需要更换或添加固体时，可先把导气管旋塞关好，让酸液压入半球体后，用塞子将球形漏斗上口塞紧，再把装有玻璃旋塞的橡皮塞取下，更换或添加固体。

（6）发生器的保管：实验结束后，将废酸倒入废液缸或回收，剩余固体（如锌粒、碳酸钙等）倒出洗净回收。仪器洗涤后，在球形漏斗与球形容器连接处以及在液体出口和玻璃塞之间夹一纸条，以免时间过久，磨口黏结一起而拔不出来。

3. 启普气体发生器的代用装置

当制备少量气体或无启普气体发生器时,可用图 2-39 的装置代替。

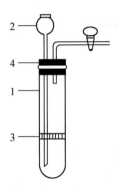

图 2-39 启普气体发生器的代用装置

1. 大试管   2. 长颈漏斗   3. 多孔瓷板   4. 橡皮塞

实验 8   二氧化碳相对分子质量的测定

一、实验目的

(1) 掌握利用理解理想气体状态方程式和阿伏伽德罗定律测定气体相对分子质量的原理和方法。

(2) 了解启普发生器的构造和原理,掌握其使用方法。

(3) 学会使用大气压力计。

(4) 熟悉气体的发生、净化和干燥等基本操作。

二、实验原理

根据阿伏伽德罗定律:相同温度 T、压强 p 下,同体积 V 的气体物质的量相等。理想气体状态方程式:

$$pV = nRT = \frac{m}{M}RT$$

对相同 T、p 下,相同 V 的空气(air)和二氧化碳(CO_2)有:

$$\frac{m_{air}}{M_{air}} = \frac{m_{CO_2}}{M_{CO_2}}$$

式中:m、M 分别为空气(或者是二氧化碳)的质量和摩尔质量。当物质的摩尔质量用 $g \cdot mol^{-1}$ 作单位时,其数值就等于其相对分子质量。则:

$$M_{CO_2} = \frac{m_{CO_2}}{m_{air}} \times M_{air} = \frac{m_{CO_2}}{m_{air}} \times 29.0$$

取空气的平均分子量为 29.0,只要测得相同 T、p 下,相同 V 的空气(air)和二氧化碳(CO_2)的质量,就可根据上式求出二氧化碳的相对分子质量。

三、仪器与药品

1. 仪器

台秤，分析天平（电子天平），启普气体发生器，洗气瓶（或具支试管），250 mL 锥形瓶（或 250 mL 碘量瓶），干燥管，升降台，木块等。

2. 药品

石灰石(s)，无水 $CaCl_2$(s)，HCl($6\ mol \cdot L^{-1}$)，$NaHCO_3$($1\ mol \cdot L^{-1}$)，$CuSO_4$($1\ mol \cdot L^{-1}$)。

3. 材料

玻璃棒，玻璃导管，橡皮塞（4、6、8～12 号），橡皮管，玻璃棉，火柴等。

四、实验步骤

1. CO_2 的制备

按图 2－40 连接好制取 CO_2 的装置。

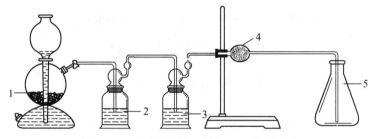

图 2－40　净化、干燥和制取 CO_2 的装置图

1. 石灰石＋稀盐酸　2. $CuSO_4$ 溶液　3. $NaHCO_3$ 溶液　4. 无水 $CaCl_2$　5. 锥形瓶

2. 称量

（1）取一只干燥的 250 mL 锥形瓶，称量锥形瓶＋橡皮塞＋空气的质量（在橡皮塞上用笔做上记号，以后每次塞入同一位置进行称量！为什么？）。先用台秤粗称，再用分析天平准确称量至 0.1 mg，记为 m_1。若用 250 mL 碘量瓶，则不必用笔在塞上做记号。

（2）按图 2－40 所示，装好试剂，检查装置的气密性，制备 CO_2 气体。用已称过的 250 mL 锥形瓶收集 CO_2 气体，并验满（收集约 3 min～5 min，将燃着的火柴放在瓶口上方，若火焰立即熄灭，则表示可能收集满了。如何确证二氧化碳气体已集满锥形瓶？）。

（3）收集 CO_2 并称量锥形瓶＋橡皮塞＋CO_2 的质量。用分析天平准确称量至 0.1 mg，记为 m_2。重复 2 次，直到恒重（为什么？），取其平均值。

（4）将锥形瓶装满水，塞上橡皮塞（塞至原记号处，塞子下面不要留有气泡！），称量锥形瓶＋橡皮塞＋H_2O 的质量。用台秤称准至 0.1 g，记为 m_3（m_3 要不要用分析天平准确称量至 0.1 mg？为什么？）。

五、实验数据处理

1. 数据记录与处理

室温 $T =$ ＿＿＿＿＿＿K；气压 $p =$ ＿＿＿＿＿＿Pa。

m_1（空气＋瓶＋塞子）＝＿＿＿＿＿＿g（精确至 0.1 mg）；

第一次称 $m_2(CO_2+瓶+塞子)=$＿＿＿＿＿g(精确至 0.1 mg);

第二次称 $m_2(CO_2+瓶+塞子)=$＿＿＿＿＿g(精确至 0.1 mg);

平均 $m_2=$＿＿＿＿＿g(精确至 0.1 mg)。

$m_3(H_2O+瓶+塞)=$＿＿＿＿＿g(精确至 0.1 g);

瓶子体积 $V=(m_3-m_1)/1.00=$＿＿＿＿＿mL＝＿＿＿＿＿m^3。

(这一步为近似计算,忽略了空气质量。为什么?)

瓶内空气的质量:

$$m_{空气}=\frac{MpV}{RT}=$$＿＿＿＿＿g(精确至 0.1 mg);

$(瓶+塞)m_4=m_1-m_{空气}=$＿＿＿＿＿g(精确至 0.1 mg);

$m_{CO_2}=m_2-m_4=$＿＿＿＿＿g(精确至 0.1 mg);

$$M_{CO_2}=\frac{m_{CO_2}}{m_{空气}}\times 29.0=$$＿＿＿＿＿(保留 3 位有效数字)。

2. 计算误差

$$绝对误差(E)=测定值(x)-真实值(x_T)$$

$$相对误差=\frac{绝对误差}{真实值}\times 100\%$$

误差越小(大),准确度越高(低);结果偏高(低),正(负)误差。

六、注意事项

(1) 温度计和气压计要正确读数,温度计读数读至 0.1℃,气压计读数读至 0.1 hPa。

(2) 正确使用电子天平。先调水平、调零,再关门称量。

(3) 制气装置装配好后,在装试剂之前和之后(开始反应前)均要检漏。确保气密性要好。

(4) 启普气体发生器中的石灰石(碳酸钙)以及盐酸不要加太多,以防酸过多把导气管口淹没。盐酸最后加入,一般加至中间球体容积的 1/3 即可。

(5) 洗气液不宜装太多,太多了液压过大,不利于气体导出。一般以进气管口插入洗气瓶液面以下 1 cm 为宜。

(6) 收集 CO_2 气体的锥形瓶必须干燥,收集 CO_2 气体的导管要插入瓶底,每一次操作都要保持塞子塞入瓶中的体积相同,并多次称量(不要用手直接接触锥形瓶)直至恒量。确保 CO_2 要集满。最后称量水+瓶子+塞子的质量,在台秤上称量即可。

(7) 用同一台电子天平称量。

七、问题与讨论

(1) 为什么 CO_2 气体+瓶子+塞子的质量要称量至 0.1 mg,而水+瓶子+塞子的质量可在台秤上称量? 两者的要求有何不同?

(2) 为什么橡皮塞要塞入相同的位置?

(3) 为什么要重复称量 CO_2 气体+瓶子+塞子的质量? 为什么恒重时即认为瓶中充满了 CO_2 气体? 如果你的称量结果忽高忽低,这又是什么原因?

(4) 分析正、负误差产生的原因?

知识链接

一、大气压力计的使用方法

1. 福廷式水银气压计

福廷式水银气压计的结构见图2-41。其使用方法如下：

（1）首先观察附属温度计,记录温度。

（2）调节水银槽中的水银面。旋转调节螺旋使槽内水银面升高,这时利用水银槽后面白磁片的反光,可以看到水银面与象牙针的间隙,再调节螺旋至间隙恰好消失为止(象牙尖与水银槽中凸液面相切)。

（3）调节游标。转动控制游标的螺旋,使游标的底部恰与水银柱凸面顶端相切。

（4）读数方法。读数标尺上的刻度单位为hPa。整数部分的读法:先看游标的零线在刻度标尺上的位置,如恰与标尺上某一刻度相吻合,则该刻度即为气压计读数。例如,游标零线与标尺上1161相吻合,气压读数即为1161.0 hPa,如果游标零线在1161与1162之间,则气压计读数的整数部分即为1161,再由游标确定小数部分。小数部分的读法:从游标上找出一根与标尺上某一刻度相吻合的刻度线,如游标上5与大标尺某一刻度相对,

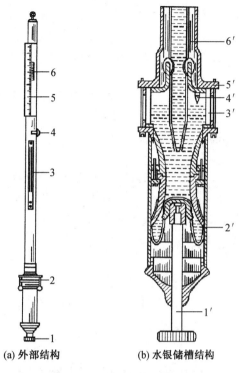

图 2-41　福廷式气压计结构图

1、1′. 调节螺栓　2. 水银储槽　3. 温度计
4. 游标调节螺栓　5. 刻度尺　6. 游标尺
2′. 羚羊皮水银储囊　3′. 玻璃筒　4′. 象
牙针　5′. 本质套管　6′. 细玻璃管

此游标读数即为小数部分,读数即为1 161.5 hPa。

（5）读数后转动气压计底部的调节螺旋,使水银面下降到与象牙针完全脱离。

（6）对大气压要求较高时,应做仪器误差、温度、海拔高度和纬度等项校正。

2. 其他气压计

福廷式水银气压计操作相对较复杂,为了便于测量气压、降低汞的污染,目前较多采用数字式压力计,如APM-2C/2D型数字式气压表、DPC-2B/2C型数字式低真空测压仪。此类气压计均可以取代水银U形管气压计和福廷式气压计,只要打开电源,预热稳定后,即能直接读数。使用的条件为:220 V～240 V(50 Hz)电源、环境温度-20℃～+40℃、量程为101.3 Pa～20.0 kPa,最小测量单位为1 Pa。

二、温度计、温控头等的使用

实验室或工业生产中常用温度计或温控头等测量体系的温度。温度计或温控头有各种不同的规格,常见的有:水银温度计、贝克曼温度计、热电偶温度计、金属电阻温度计、气体温度计、接点温度计等。使用时要轻拿轻放,不能骤冷或骤热,更不能把温度计当作搅拌棒使用。用过以后要及时清洗并擦拭干净,妥善保存。

关于不同仪器的构造、原理、操作方法及注意事项详见有关仪器的使用说明书。

实验 9　气体常数 R 的测定

一、实验目的

(1) 掌握理想气体状态方程式和气体分压定律的应用。

(2) 练习测量气体体积的操作、巩固气压计的使用。

(3) 巩固分析天平的使用。

二、实验原理

根据理想气体状态方程式 $pV = nRT$,若经实验测定 p、V、n、T,则可计算出气体常数 R。

本实验采用定量镁与过量稀硫酸作用产生氢气,通过测定氢气的体积计算得到气体常数 R,反应方程式为:

$$Mg + H_2SO_4 =\!\!= MgSO_4 + H_2 \uparrow$$

在实验中,氢气的体积可以由量气管测出,氢气的物质的量可以由镁的质量计算得到,温度 T 和压力 p 可分别由温度计和气压计读出。由于氢气是在水面上收集,故混有水蒸气(实验温度下水的饱和蒸气压可查相关资料),根据分压定律,氢气的分压可以表示为:

$$p(H_2) = p - p(H_2O)$$

由于氢气的体积、压力、物质的量以及实验温度均已确定,根据理想气体状态方程 $pV = nRT$,即可求出 R。

三、仪器和药品

1. 仪器

分析天平,量气管(50 mL),滴定管夹,橡皮管,试管,长颈漏斗,铁架台(带铁圈)。

2. 药品

镁条,稀硫酸(6 mol·L^{-1}),蒸馏水。

四、实验步骤

1. 镁条的称取

用分析天平准确称取三份已擦去表面氧化物的镁条,每份质量在 0.0250 g~0.0300 g 范围内,记下镁条质量 m。

2. 装置的安装

按图 2-42 所示将仪器装配完毕。打开试管的橡胶塞,由漏斗往量气管内注水至略低于"0"的位置,上下移动漏斗以赶尽附着在橡胶管和量气管内壁的气泡,然后塞紧试管的橡胶塞。

3. 气密性的检查

将漏斗上移或下移一段距离,使漏斗内液面略高或略低于量气管内液面,若量气管内液面只在开始时上升或下降以后,随即维持恒定,则说明装置气密性好;若量气管内液面有明显的上升和下降,则说明漏气,这时应检查各接口是否严密,设法矫正后重复试验,直至不漏气为止。

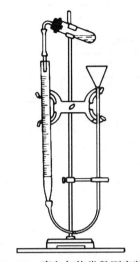

图 2-42 摩尔气体常数测定装置

4. 气体常数 R 的测定

(1) 取下试管,用长颈漏斗将 3 mL 6 mol·L^{-1} H$_2$SO$_4$ 注入试管中,注意切勿使酸沾污试管壁,用少量水将镁条沾在试管内壁上部,以确保镁条不与酸接触。装好试管,塞紧橡胶塞,再一次检查装置的气密性。

(2) 调节漏斗位置,使漏斗液面和量气管液面保持在同一水平面上,记下量气管液面位置 V_1。略微抬高试管底部,使酸和镁接触并反应产生氢气,氢气进入量气管后使水被压入漏斗中,为避免量气管内压力过大,可相应向下移动漏斗,使两边液面大体保持在同一水平。

(3) 反应完毕后,将试管冷却至室温,再次调节漏斗位置,使两边液面处于同一水平,记录量气管内液面位置 V_2。3 min 后,再次记录液面位置,若两次读数一致,则表明管中气体温度与室温相同。

(4) 用温度计和气压计分别读出室温 T 和大气压 p,并从相关资料中查出室温 T 时水的饱和蒸气压 $p(\text{H}_2\text{O})$。

(5) 用另一份镁条重复一次实验。

五、实验数据处理

将实验得到的数据填入表 2-18 中:

表 2-18 实验记录

次 数	第一次	第二次	第三次
镁条的质量 m/g			
反应前量气管液面读数 V_1/mL			
反应后量气管液面读数 V_2/mL			
室温 T/K			
大气压 p/Pa			
室温 T 时水的饱和蒸气压 $p(\text{H}_2\text{O})$/Pa			

由以上测得的数据通过计算可以得到:

表 2-19　计算记录

次　数	第一次	第二次	第三次
氢气的体积 $V(H_2)$/mL			
氢气的分压 $p(H_2)$/Pa			
氢气的物质的量 $n(H_2)$/mol			

由此可通过 $R = p(H_2)V(H_2)/n(H_2)T$，可以计算出 R，并计算相对误差（理论值为 8.314 J/(K·mol)）。

表 2-20　不同温度下水的饱和蒸气压

温度/℃	压强/Pa	温度/℃	压强/Pa	温度/℃	压强/Pa	温度/℃	压强/Pa
10	1 228	16	1 817	22	2 643	28	3 779
11	1 312	17	1 937	23	2 809	29	4 005
12	1 402	18	2 063	24	2 984	30	4 242
13	1 497	19	2 197	25	3 167	31	4 492
14	1 598	20	2 338	26	3 361	32	4 754
15	1 705	21	2 486	27	3 565	33	5 030

六、问题与讨论

(1) 检查实验装置是否漏气的操作原理是什么？

(2) 如果装置的气密性不好，会造成怎样的误差？

(3) 怎样判断试管中的反应是否完毕？

(4) 根据实验结果，试讨论实验误差产生的原因。

(5) 根据本实验所用的参数方程，还可以测量哪些物理量？能否设计测量方案？

实验 10　弱酸解离度和解离常数的测定

一、实验目的

(1) 学习溶液的配制方法及移液管、吸量管、容量瓶的使用，巩固滴定操作。

(2) 学习醋酸的解离度和解离常数的测定方法。

(3) 学习 pH 计的使用方法。

二、实验原理

醋酸（CH_3COOH 或 HAc）是弱电解质，在水溶液中存在如下解离平衡：

$$HAc \rightleftharpoons H^+ + Ac^-$$

其平衡关系式为：

$$K_a^{\circ} = \frac{([H^+]/c^{\circ})[Ac^-]/c^{\circ})}{[HAc]/c^{\circ}}$$

若 c 为 HAc 的起始浓度，$[H^+]$、$[Ac^-]$、$[HAc]$ 分别为 H^+、Ac^-、HAc 的平衡浓度，c° 为标准浓度（即 $1\ mol \cdot L^{-1}$），α 为解离度，K_a° 为解离平衡常数。

在单纯的 HAc 溶液中，$[H^+]=[Ac^-]=c\alpha$，$[HAc]=c(1-\alpha)$，则

$$\alpha = \frac{[H^+]}{c} \times 100\%$$

$$K_a^{\circ} = \frac{([H^+]/c^{\circ})([Ac^-]/c^{\circ})}{[HAc]/c^{\circ}} = \frac{([H^+]/c^{\circ})^2}{(c-[H^+])/c^{\circ}}$$

当 $\alpha < 5\%$ 时，$c-[H^+] \approx c$，故 $K_a^{\circ} = \frac{([H^+]/c^{\circ})^2}{c/c^{\circ}}$。

根据以上关系，通过测定已知浓度的 HAc 溶液的 pH，就知道其 $[H^+]$，从而可计算该醋酸溶液的解离度和解离平衡常数。

本实验中，量取二份相同体积、相同浓度的某一元弱酸溶液，在其中一份中滴加 NaOH 溶液至恰好中和（以酚酞为指示剂），然后加入另一份该弱酸溶液，即得到等浓度的 HA - NaA 缓冲溶液，测其 pH 即可得到 $pK_a^{\circ}(HA)$ 及 $K_a^{\circ}(HA)$。

根据酸性缓冲溶液 pH 的计算公式：

$$pH = pK_a^{\circ}(HA) - \lg\frac{c(HA)}{c(A^-)} = pK_a^{\circ}(HA) - \lg\frac{c_0(HA)}{c_0(NaA)}$$

则有：

$$pH = pK_a^{\circ}(HA)$$

三、仪器与药品

1. 仪器

pH 酸度计（含电极），移液管（25 mL）1 支，干燥烧杯（50 mL）4 个，洗耳球 1 个，酸碱式滴定管（50 mL）各 1 支，锥形瓶（250 mL）2 只。

2. 药品

醋酸溶液（$0.1\ mol \cdot L^{-1}$），NaOH 标准溶液（约 $0.10\ mol \cdot L^{-1}$），酚酞（1%），pH= 4.00 和 pH=6.86 标准缓冲溶液，吸水纸。

四、实验步骤

1. 醋酸解离常数和解离度的测定

（1）醋酸溶液浓度的标定

用移液管移取 25.00 mL $0.1\ mol \cdot L^{-1}$ 的 HAc 溶液于 250 mL 锥形瓶中，加 1 滴酚酞，用已知准确浓度的 NaOH 溶液标定 HAc 的准确浓度，重复滴定 3 次，把结果填入下表 2-21。

表 2-21　滴定的原始数据

滴定序号		I	II	III
NaOH 溶液浓度/(mol·L^{-1})				
HAc 溶液的用量/mL			25.00	
NaOH 溶液的用量/mL				
HAc 溶液浓度/(mol·L^{-1})	测定值			
	平均值			

（2）不同浓度醋酸溶液的配制

向干燥的 4 个烧杯中,按表 2-22 所列数据,用 2 支滴定管分别准确加入一定体积的、已知准确浓度的 HAc 溶液和去离子水,混合均匀。

（3）不同浓度 HAc 溶液 pH 的测定

用 pH 计按 1～4 号烧杯(由稀到浓)的顺序,在 pH 计上分别测定它们的 pH,并记录实验数据和室温。计算解离度和解离常数,将相关数据填入下表 2-22。

2. 未知弱酸解离常数的测定

取 10.00 mL 未知一元弱酸的稀溶液,加入 1 滴酚酞溶液后用滴管滴入 0.10 mol·L^{-1} NaOH 溶液至酚酞变色,半分钟内不褪色为止。然后,再取出 10.00 mL 该弱酸溶液加入其中,混合均匀,测定混合溶液的 pH。计算该弱酸的解离常数。

五、实验数据处理

1. 醋酸解离常数和解离度的测定

表 2-22　标准醋酸溶液浓度/mol·L^{-1}　　　　　　　　　室温_____℃

烧杯编号	HAc 标准溶液的体积/mL	去离子水的体积/mL	配制的 HAc 溶液的浓度/mol·L^{-1}	pH	α	解离平衡常数 $K_a^\ominus$	
						测定值	平均值
1	5.00	45.00					
2	10.00	40.00					
3	25.00	25.00					
4	50.00	0.00					

实验测定的 $K_a^\ominus$ 在 $(1.0\sim2.0)\times10^{-5}$ 范围内合格(25℃的文献值为 1.76×10^{-5})。

2. 未知弱酸解离常数的测定

pH _____,p$K_a^\ominus$ _____,$K_a^\ominus$ _____。

六、注意事项

（1）理论上由四个不同浓度的 HAc 溶液通过测量其 pH 而计算出的 $K_a^\ominus$ 值应相同,但因实验总是存在一定的误差,要求四个 $K_a^\ominus$ 值的相对误差不得超过 10%,否则需重新配制溶液或重测数据。

（2）当酸度计进行了高浓度溶液的 pH 测量后,又需对低浓度溶液进行测量时,须对电极进行正确处理后方可继续使用。方法是将电极放入纯水中浸泡一段时间后(如果不断搅拌溶液,可缩短浸泡时间),再用标准 pH 溶液重新标定,才可进行溶液 pH 的测量。

七、问题与讨论

(1) 本实验的关键是 HAc 溶液的浓度要测定准确,pH 要读准,为什么?

(2) 测定 HAc 溶液的 pH 时,为什么要按 HAc 浓度由稀到浓的顺序进行?

(3) 改变所测醋酸的浓度和温度,则解离度、解离常数有无变化? 若有变化,会有怎样的变化?

(4) 下列情况能否用 $K_a^\ominus = \dfrac{([H^+]/c^\ominus)^2}{c/c^\ominus}$ 求解离常数?

① 所测 HAc 溶液浓度极稀;

② 在 HAc 溶液中加入一定量的固体 NaAc(假设溶液的体积不变);

③ 在 HAc 溶液中加入一定量的固体 NaCl(假设溶液的体积不变)。

(5) 由测定等浓度的 HA 和 NaA 混合溶液的 pH,来确定 HA 的 $pK_a^\ominus$ 的基本原理是什么?

(6) 根据 HAc - NaAc 缓冲溶液中[H$^+$]的计算公式[H$^+$]$=K_a^\ominus\dfrac{[HAc]}{[Ac^-]}$,测定 $K_a^\ominus$ 时是否一定要知道 HAc 与 NaAc 的浓度,为什么? 请你设计测定方案。

(7) 实验所用烧杯、移液管(或吸量管)各用哪种 HAc 溶液润洗? 为什么?

(8) 用 pH 计测定溶液的 pH 时,各用什么标准溶液定位?

知识链接

酸度计的使用

1. 基本原理

酸度计测 pH 方法是电位测定法,它除了测量溶液的酸度外,还可以测量电池电动势。酸度计主要是由参比电极(饱和甘汞电极)、测量电极(玻璃电极)和精密电位计三部分组成,而现在常使用的是将参比电极和测量电极组合在一起的复合电极。

(1) 饱和甘汞电极

它由金属汞、氯化亚汞和饱和氯化钾溶液组成,它的电极反应是:

$$Hg_2Cl_2 + 2e^- =\!=\!= 2Hg + 2Cl^-$$

饱和甘汞电极的电极电势不随溶液的 pH 变化而变化,在一定的温度和浓度下是一定值,在 25℃ 时为 0.245 V。

(2) 玻璃电极

玻璃电极的电极电势随溶液的 pH 的变化而变化。它的主要部分是头部的玻璃球泡,它由特殊的敏感玻璃膜构成。薄玻璃膜对氢离子有敏感作用,当它浸入被测溶液内,被测溶液的氢离子与电极玻璃球泡表面水化层进行离子交换,玻璃球泡内层也同样产生电极电势。由于内层氢离子浓度不变,而外层氢离子浓度在变化,所以内外层的电势差也在变化。因此,该电极电势随待测溶液的 pH 不同而改变。

$$\varphi_{玻} = \varphi_{玻}^{\ominus} + 0.0592 \lg[H^+] = \varphi_{玻}^{\ominus} - 0.0592\, pH$$

将玻璃电极和饱和甘汞电极一起浸在被测溶液中组成电池,并连接精密电位计,即可测定电池电动势 E。在 25℃时,

$$E = \varphi_{正} - \varphi_{负} = \varphi_{甘汞} - \varphi_{玻} = 0.245 - \varphi_{玻}^{\ominus} + 0.0592\, pH$$

整理上式得:

$$pH = \frac{E + \varphi_{玻}^{\ominus} - 0.245}{0.0592}$$

$\varphi_{玻}$ 可以用一个已知 pH 的缓冲溶液代替待测溶液而求得。

由上所述可知,酸度计的主体是精密电位计,用来测量电池的电动势,为了省去计算手续,酸度计把测得的电池电动势直接用 pH 刻度值表示出来。因而从酸度计上可以直接读出溶液的 pH。

2. 注意事项

(1) 仪器的输入端(即复合电极插口),必须保持清洁,不使用时应将短路插头插入,使仪器输入处于短路状态,这样能防止灰尘进入,并能保护仪器不受静电影响。

(2) 仪器可长时间连续使用,当仪器不用时,拔出电极插头,关掉电源开关。

(3) 甘汞电极不用时要用橡皮套将下端套住,用橡皮塞将上端小孔塞住,以防饱和 KCl 流失。当饱和 KCl 流失较多时,则通过电极上端小孔进行补加。玻璃电极不用时,应长期浸在去离子(或蒸馏)水中。

(4) 玻璃电极球泡切勿接触污物,如有污物可用医用棉花轻擦球泡部分或用 0.1 mol·L^{-1} HCl 溶液清洗。

(5) 玻璃电极球泡有裂缝或老化,应更换电极。新玻璃电极或放置不用的玻璃电极在使用前应在去离子(或蒸馏)水中浸泡 24~48 h。

(6) 复合电极的测量端保护挡不要拧下,以免损坏电极。复合电极前端的敏感玻璃球泡,不能与硬物接触,任何玻璃和擦毛都会使电极失效。因此测量前和测量后都应用纯净水洗净。

(7) 复合电极使用后要用纯水清洗,放在装有保护液(饱和 KCl 溶液)的塑料套管中拧紧。

实验 11　解离平衡与沉淀平衡

一、实验目的

(1) 掌握缓冲溶液的配制方法并了解其特性。
(2) 了解同离子效应、盐效应和盐类水解作用。
(3) 认识沉淀的生成、溶解和相互转化的条件。
(4) 掌握试管、离心试管、离心机操作及 pH 试纸的使用方法。

二、实验原理

弱电解质的解离平衡和难溶性强电解质的沉淀平衡是两大类化学平衡,遵循有关化学

平衡的基本原理。

在弱电解质的解离平衡体系中,加入含有与弱电解质相同离子的易溶强电解质时,解离平衡向着生成弱电解质的方向移动,使电离程度减小,这称为同离子效应。

弱酸及其盐(共轭碱)的混合液在一定的程度上可抵抗外来的少量的酸、碱或稀释作用,使溶液的 pH 改变很小,这种溶液称为缓冲溶液。缓冲溶液酸度的计算公式为:

$$\mathrm{pH} = \mathrm{p}K_a^{\ominus} - \lg \frac{c(酸)}{c(碱)}$$

盐类水解是由组成盐的离子与水解离出来的离子作用,生成弱酸(碱)的过程。水解反应的结果使溶液呈碱(酸)性。水解过程也是一个可逆过程,水解程度取决于盐的本性及温度、浓度等条件。水解生成的弱酸(碱)越弱,或水解产物的溶解度越小,则盐越易水解,升高温度或稀释溶液都可增加其水解度,由于盐的水解致使不同盐的水溶液具有不同的酸碱性,利用水解反应可进行化合物的合成及物质的分离。

在难溶电解质(以 A_nB_m 表示)的饱和溶液中,未溶解的难溶电解质和溶液中相应的离子之间建立了多项离子平衡:

$$A_nB_m(s) \rightleftharpoons nA^{m+}(aq) + mB^{n-}(aq)$$

其平衡常数的表达式为 $K_{sp}^{\ominus} = [A^{m+}]^n[B^{n-}]^m$($[A^{m+}]$ 和 $[B^{n-}]$ 为两离子的平衡浓度),称为溶度积常数。如果知道两离子的起始浓度 $c(A^{m+})$ 和 $c(B^{n-})$,则根据溶度积规则可判断沉淀的生成和溶解。

① 若 $c(A^{m+})^n \cdot c(B^{n-})^m > K_{sp}^{\ominus}$,溶液过饱和,有沉淀析出;

② 若 $c(A^{m+})^n \cdot c(B^{n-})^m = K_{sp}^{\ominus}$,饱和溶液;

③ 若 $c(A^{m+})^n \cdot c(B^{n-})^m < K_{sp}^{\ominus}$,溶液未饱和,无沉淀析出。

使一种难溶电解质转化为另一种难溶电解质,即把一种沉淀转化为另一种沉淀的过程称为沉淀的转化。对于同一种类型的沉淀,溶度积常数大的难溶电解质易转化为溶度积常数小的难溶电解质。对于不同类型的沉淀,能否进行转化,要具体计算溶解度。

在溶液中含有数种离子,加入的试剂可产生几种沉淀时,不同离子会依次先后沉淀出来,这种现象叫分步沉淀。由溶度积规则可知,体系中离子积先达到其溶度积的先沉淀出来。因此适当控制条件,可利用分步沉淀的方法进行离子的分离。

三、仪器与药品

1. 仪器

离心机,试管,离心试管,角匙,烧杯,量筒,酒精灯,酸度计(含复合电极),洗瓶。

图文 仪器介绍

2. 药品

HAc($0.1\ \mathrm{mol \cdot L^{-1}}$,$1\ \mathrm{mol \cdot L^{-1}}$),HCl($0.1\ \mathrm{mol \cdot L^{-1}}$,$6\ \mathrm{mol \cdot L^{-1}}$),HNO$_3$($6\ \mathrm{mol \cdot L^{-1}}$),NaOH($0.1\ \mathrm{mol \cdot L^{-1}}$),NH$_3 \cdot$H$_2$O($6\ \mathrm{mol \cdot L^{-1}}$),NaAc(s,$0.1\ \mathrm{mol \cdot L^{-1}}$,$1\ \mathrm{mol \cdot L^{-1}}$),NaCl($0.1\ \mathrm{mol \cdot L^{-1}}$,$1\ \mathrm{mol \cdot L^{-1}}$),PbI$_2$(饱和),KI($0.001\ \mathrm{mol \cdot L^{-1}}$,$0.1\ \mathrm{mol \cdot L^{-1}}$),NH$_4$Cl($0.1\ \mathrm{mol \cdot L^{-1}}$),NH$_4$Ac($0.1\ \mathrm{mol \cdot L^{-1}}$),NaH$_2PO_4$($0.1\ \mathrm{mol \cdot L^{-1}}$),Na$_2HPO_4$($0.1\ \mathrm{mol \cdot L^{-1}}$),Na$_3PO_4$($0.1\ \mathrm{mol \cdot L^{-1}}$),Fe(NO$_3$)$_3$(s),SbCl$_3$(s),Pb(NO$_3$)$_2$($0.001\ \mathrm{mol \cdot L^{-1}}$,

$0.1\ mol \cdot L^{-1}$)，K_2CrO_4($0.05\ mol \cdot L^{-1}$，$0.5\ mol \cdot L^{-1}$)，$AgNO_3$($0.1\ mol \cdot L^{-1}$)，$BaCl_2$($0.5\ mol \cdot L^{-1}$)，$(NH_4)_2C_2O_4$(饱和)，Na_2S($0.1\ mol \cdot L^{-1}$)，酚酞指示剂，甲基橙指示剂，pH 试纸。

四、实验步骤

1. 同离子效应

（1）同离子效应和解离平衡

在试管中加入 1 mL $0.1\ mol \cdot L^{-1}$ HAc 溶液，用 pH 试纸测定溶液的 pH 并加入 1 滴甲基橙指示剂，观察溶液颜色；再加入少量固体 NaAc，振荡使固体全部溶解，观察溶液颜色的变化，说明原因。

（2）同离子效应和沉淀平衡

在试管中加入 1 mL 饱和 PbI_2 溶液，然后滴加 $0.1\ mol \cdot L^{-1}$ KI 溶液 4～5 滴，振荡试管，观察现象，说明为什么？

2. 缓冲溶液

（1）取 2 mL $0.1\ mol \cdot L^{-1}$ NaCl 溶液，用 pH 试纸测其 pH，然后将溶液分为两份，分别滴加 2 滴 $0.1\ mol \cdot L^{-1}$ HCl 溶液和 $0.1\ mol \cdot L^{-1}$ NaOH 溶液，摇匀后，分别测其 pH。

（2）按表 2-23 中试剂用量配制三种缓冲溶液，并用 pH 计分别测定其 pH，与计算值进行比较。

表 2-23　三种缓冲溶液的 pH 计算值与测定值

编　号	配制缓冲溶液	pH 计算值	pH 测定值
1	10.0 mL 1 mol $\cdot$ L^{-1} HAc - 10.0 mL 1 mol $\cdot$ L^{-1} NaAc		
2	10.0 mL 0.1 mol $\cdot$ L^{-1} HAc - 10.0 mL 1 mol $\cdot$ L^{-1} NaAc		
3	10.0 mL 0.1 mol $\cdot$ L^{-1} HAc 中加入 1 滴酚酞，滴加 0.1 mol $\cdot$ L^{-1} NaOH 溶液至酚酞变红，半分钟不消失，再加入 10.0 mL 0.1 mol $\cdot$ L^{-1} HAc		

（3）在 1 号缓冲溶液中加入 0.5 mL(约 10 滴)$0.1\ mol \cdot L^{-1}$HCl 溶液摇匀，用 pH 计测其 pH；再加入 1 mL(约 20 滴)$0.1\ mol \cdot L^{-1}$NaOH 溶液，摇匀，测定其 pH，并与计算值比较。

根据上述实验结果，说明缓冲溶液的作用。

3. 盐类水解

（1）用精密 pH 试纸测定浓度各为 $0.1\ mol \cdot L^{-1}$ 的 NH_4Cl、NH_4Ac、$NaAc$、$NaCl$、NaH_2PO_4、Na_2HPO_4、Na_3PO_4 溶液的 pH，解释酸性强弱的原因。对各溶液 pH 进行理论计算，并与实验值对比。

（2）取少许固体硝酸铁，加水约 5 mL，溶解，观察溶液的颜色。将溶液分成三份，一份留作比较，第二份在小火上加热煮沸，在第三份中加几滴 $6\ mol \cdot L^{-1}$ 硝酸，观察现象，写出反应方程式，解释实验现象。

（3）取芝麻大 $SbCl_3$ 固体加 2 mL～3 mL 水，溶解，有何现象？测定该溶液的 pH。然后滴加 $6 mol \cdot L^{-1}$ HCl，振荡试管，有何现象？取澄清的溶液滴入 3 mL～4 mL 水中，又有何现象？写出反应方程式并解释实验现象。

4．沉淀平衡

（1）沉淀溶解平衡

在离心试管中加 10 滴 $0.1 mol \cdot L^{-1}$ $Pb(NO_3)_2$ 溶液，然后加 5 滴 $1.0 mol \cdot L^{-1}$ NaCl 溶液，振荡试管，待沉淀完全后，离心分离。在溶液中滴加 $0.5 mol \cdot L^{-1}$ K_2CrO_4 溶液，有何现象？解释此现象。

（2）溶度积规则应用

① 在试管中加入 1 mL $0.1 mol \cdot L^{-1}$ $Pb(NO_3)_2$ 溶液，加入等体积 $0.1 mol \cdot L^{-1}$ KI 溶液，观察有无沉淀生成？

② 用 $0.001 mol \cdot L^{-1}$ $Pb(NO_3)_2$ 和 $0.001 mol \cdot L^{-1}$ KI 溶液进行实验，观察现象。

试用溶度积规则解释以上实验。

（3）分步沉淀

取 0.5 mL $0.1 mol \cdot L^{-1}$ NaCl 和 0.5 mL $0.05 mol \cdot L^{-1}$ K_2CrO_4 溶液，逐滴加入 $0.1 mol \cdot L^{-1}$ $AgNO_3$ 溶液，边加边振荡试管，观察沉淀颜色变化，根据沉淀颜色变化及溶度积计算，说明先后生成的沉淀各是什么，可得出什么结论。

（4）沉淀的溶解和转化

① 取 5 滴 $0.5 mol \cdot L^{-1}$ $BaCl_2$ 溶液加 3 滴饱和 $(NH_4)_2C_2O_4$ 溶液，观察沉淀的生成。离心分离，弃去溶液，在沉淀物上加数滴 $6 mol \cdot L^{-1}$ HCl 溶液有什么现象？写出反应方程式，说明为什么。

② 取 5 滴 $0.1 mol \cdot L^{-1}$ $AgNO_3$ 溶液加 2 滴 $1 mol \cdot L^{-1}$ NaCl 溶液，观察现象，再逐滴加入 $6 mol \cdot L^{-1}$ 氨水，有什么变化？

③ 取 $0.1 mol \cdot L^{-1}$ 的 $AgNO_3$ 溶液 3 滴，加入 $0.1 mol \cdot L^{-1}$ NaCl 溶液 4 滴，观察沉淀生成。离心分离，弃去清液，往沉淀中滴加 $0.1 mol \cdot L^{-1}$ Na_2S 溶液，观察现象并解释。

五、注意事项

（1）离心机开动之前，注意机内离心管分布要平衡。离心机的使用、注意事项、使用范围参见本书 P57 页。

（2）进行分步沉淀等实验时，注意控制滴加速度，要边滴加边振荡试管。

六、问题与讨论

（1）如何配制 $SnCl_2$、$Bi(NO_3)_3$、$SbCl_3$ 及 Na_2S 溶液？

（2）氢硫酸的酸性比铬酸弱，铬酸又比盐酸弱，$CuCrO_4$ 可溶于 HCl，而 CuS 不溶，为什么？

（3）在定性分析中，常用生成 CaC_2O_4 白色沉淀来鉴定 Ca^{2+}，试问沉淀剂用草酸还是草酸铵好？

（4）把 $BaSO_4$ 转化为 $BaCO_3$ 与把 Ag_2CrO_4 转化为 AgCl 相比，哪一种易转化？为什么？

知识链接

试纸的分类与使用

在无机化学实验中常用试纸来定性检验一些溶液的酸碱性或某些物质(气体)是否存在,操作简单,使用方便。

试纸的种类很多,无机化学实验中常用的有:石蕊试纸、pH 试纸、醋酸铅试纸和碘化钾-淀粉试纸等。

1. 石蕊试纸

用于检验溶液的酸碱性,有红色石蕊试纸和蓝色石蕊试纸两种。红色石蕊试纸用于检验碱性溶液(或气体)(遇碱时变蓝),蓝色石蕊试纸用于检验酸性溶液(或气体)(遇酸时变红)。

(1) 制备方法

用热的酒精处理市售石蕊以除去夹杂的红色素。倾去浸液,1 份残渣与 6 份水浸煮并不断摇荡,滤去不溶物。将滤液分成两份:1 份加稀 H_3PO_4 或 H_2SO_4 至变红;另一份加稀 NaOH 至变蓝。然后将滤纸分别浸入这两种溶液中,取出后在避光且没有酸、碱蒸气的房中晾干,剪成纸条即可。

(2) 使用方法

用镊子取一小块试纸放在干燥清洁的点滴板或表面皿上,用蘸有待测液的玻璃棒点试纸的中部,观察被润湿试纸颜色的变化。如果检验的是气体,则先将试纸用去离子水润湿,再用镊子夹持横放在试管口上方,观察试纸颜色的变化。

2. pH 试纸

(1) pH 试纸的分类

用以检验溶液的 pH 试纸分两类:一类是广范 pH 试纸,变色范围为 pH=1～14,用来粗略检验溶液的 pH;另一类是精密 pH 试纸,这种试纸在溶液变化较小时就有颜色变化,因而可较精确地估计溶液的 pH。根据其颜色变化范围可分为多种,如变色范围 pH 为 2.7～4.7、3.8～5.4、5.4～7.0、6.9～8.4、8.2～10.0、9.5～13.0 等。可根据待测溶液的酸碱性,选用某一变色范围的试纸。

(2) pH 试纸的用途

① 检查溶液的酸碱性:将 pH 试纸剪成小块,放在洁净干燥的表面皿或白瓷板上。用玻璃棒蘸取待测溶液与 pH 试纸接触,根据 pH 试纸颜色,找出与标准色板上色调相近者即为待测溶液的 pH。

② 检查气体的酸碱性:将 pH 试纸用蒸馏水润湿,贴在玻璃棒上置于试管口(不能与试管接触),根据 pH 试纸变色(变红还是变蓝)情况,确定逸出的气体是酸性的还是碱性的,这种方法不能用来测 pH。

(3) 使用方法

与石蕊试纸使用基本方法相同。不同之处在于 pH 试纸变色后要和标准色板进行比较,方能得出 pH 或 pH 范围。

3. 醋酸铅试纸

用于定性检验反应中是否有 H_2S 气体产生(即溶液中是否有 S^{2-} 存在)。

（1）制备方法

将滤纸浸入 3% $Pb(Ac)_2$ 溶液中，取出后在无 H_2S 处晾干，裁剪成条。

（2）使用方法

将试纸用去离子水润湿，加酸于待测液中，将试纸横置于试管口上方，如有 H_2S 逸出，遇润湿 $Pb(Ac)_2$ 试纸后，即有黑色（亮灰色）PbS 沉淀生成，使试纸呈黑褐色并有金属光泽：

$$Pb(Ac)_2 + H_2S \Longrightarrow PbS(黑色) + 2HAc$$

4. 碘化钾-淀粉试纸

用于定性检验氧化性气体（如 Cl_2、Br_2 等）。其原理是：

$$2I^- + Cl_2(Br_2) \Longrightarrow I_2 + 2Cl^-(2Br^-)$$

I_2 和淀粉作用呈蓝色。如气体氧化性很强，且浓度较大，还可进一步将 I_2 氧化成 IO_3^-（无色），使蓝色褪去：

$$I_2 + 5Cl_2 + 6H_2O \Longrightarrow 2HIO_3 + 10HCl$$

（1）制备方法

将 3 g 淀粉与 25 mL 水搅匀，倾入 225 mL 沸水中，加 1 g KI 及 1 g $Na_2CO_3 \cdot 10H_2O$，用水稀释至 500 mL，将滤纸浸入，取出放在无氧化性气体处晾干，裁成纸条即可。

（2）使用方法

先将试纸用去离子水润湿，将其横在试管口的上方，如有氧化性气体（Cl_2、Br_2）则试纸变蓝。

使用试纸时，要注意节约，除把试纸剪成小条外，用时不要多取，用多少取多少。取用后，马上盖好瓶盖，以免试纸被污染变质。用后的试纸要放在废液缸（桶）内，不要丢在水槽内，以免堵塞下水道。

实验 12　氧化还原反应和氧化还原平衡

一、实验目的

（1）掌握电极的本性、电对的氧化型或还原型物质的浓度、介质的酸度等因素对电极电势以及对氧化还原反应方向、产物和速率的影响。

（2）学会装配原电池并测量原电池的电动势。

（3）了解新型化学电源的开发和应用。

（4）了解金属的腐蚀及其防护。

二、实验原理

参加反应的物质间有电子转移或偏离的化学反应称为氧化还原反应。在氧化还原反应中，还原剂失去电子被氧化，元素的氧化值增大；氧化剂得到电子被还原，元素的氧化值降低。物质的氧化还原能力的大小可以根据相应电对电极电势的大小来判断：电极电势愈大，电对中的氧化型物质的氧化能力愈强；电极电势愈小，电对中的还原型物质的还原能力愈强。

根据电极电势的大小可以判断氧化还原反应的方向。当氧化剂电对的电极电势大于还原剂电对的电极电势,即电池电动势 $E_{MF} = \varphi_{氧化剂} - \varphi_{还原剂} > 0$ 时,反应能正向自发进行。当氧化剂电对的标准电极电势与还原剂电对的标准电极电势相差较大,即:$E_{MF}^{\ominus} > 0.2$ V 时,通常可以用标准电池电动势($E_{MF}^{\ominus}$)判断反应的方向。

由电极反应的能斯特(Nernst)方程式可以看出浓度对电极电势的影响,298.15 K 时:

$$\varphi = \varphi^{\ominus} + \frac{0.0592}{z} \lg \frac{c_{氧化型}}{c_{还原型}}$$

例如:$MnO_4^- + 8H^+ + 5e \Longrightarrow Mn^{2+} + 4H_2O$

$$\varphi_{MnO_4^-/Mn^{2+}} = \varphi_{MnO_4^-/Mn^{2+}}^{\ominus} + \frac{0.0592}{5} \lg \frac{[MnO_4^-][H^+]^8}{[Mn^{2+}]}$$

溶液的 pH 会影响某些电对的电极电势或氧化还原反应的方向。介质的酸碱性也会影响某些氧化还原反应的产物。

例如:在酸性、近乎中性、强碱性溶液中,MnO_4^- 的还原产物分别为 Mn^{2+}、MnO_2 和 MnO_4^{2-}。

原电池是利用氧化还原反应将化学能转变为电能的装置。以饱和甘汞电极为参比电极,与待测电极组成原电池,用电位差计(或酸度计)可以测定原电池的电动势,然后计算出待测电极的电极电势。同样也可以用酸度计测量铜-锌原电池的电动势。当有沉淀或配合物生成时,会引起电极电势和电池电动势的改变。

三、仪器与药品

1. 仪器

低压电源,盐桥,伏特计(或酸度计),烧杯,试管,表面皿等。

2. 药品

$NH_4F(s)$,H_2SO_4(1 mol·L^{-1}),HAc(6 mol·L^{-1}),$KMnO_4$(0.01 mol·L^{-1}),NaOH(6 mol·L^{-1}),$NH_3 \cdot H_2O$(浓),$CuSO_4$(0.01 mol·L^{-1}、0.5 mol·L^{-1}),$ZnSO_4$(0.5 mol·L^{-1}),Na_2SO_3(0.1 mol·L^{-1}),Na_2SO_4(1 mol·L^{-1}),KI(0.1 mol·L^{-1}),KBr(0.1 mol·L^{-1}),$FeCl_3$(0.1 mol·L^{-1}),$FeSO_4$(0.1 mol·L^{-1}、1 mol·L^{-1}),$Fe_2(SO_4)_3$(0.1 mol·L^{-1}),H_2O_2(3%),KIO_3(0.1 mol·L^{-1}),KCl(饱和),氯水(饱和),溴水,碘水,CCl_4,酚酞指示剂(0.1%),淀粉溶液(0.2%)。

3. 材料

导线,砂纸,滤纸,电极(铜片、锌片),回形针等。

四、实验步骤

1. 氧化还原反应和电极电势

(1) 在试管中加入 0.5 mL 0.1 mol·L^{-1} KI 溶液和 2 滴 0.1 mol·L^{-1} $FeCl_3$ 溶液,摇匀后加入 0.5 mL CCl_4,充分振荡,观察 CCl_4 层的颜色有无变化。

(2) 用 0.1 mol·L^{-1} KBr 溶液代替 KI 溶液进行同样的实验,观察现象。

(3) 往 3 支试管中分别加入 5 滴氯水、溴水和碘水,然后各加入约 0.5 mL 0.1 mol·

L^{-1} $FeSO_4$ 溶液,摇匀后加入 0.5 mL CCl_4,充分振荡,观察 CCl_4 层的颜色有无变化。

思考:根据以上实验结果,定性比较 Cl_2/Cl^-、Br_2/Br^-、I_2/I^- 和 Fe^{3+}/Fe^{2+} 这几个电对电极电势的高低。

2. 浓度对电极电势的影响

(1) 在两只 50 mL 小烧杯中,分别注入 10 mL 0.5 mol·L^{-1} $ZnSO_4$ 和 0.5 mol·L^{-1} $CuSO_4$,在 $ZnSO_4$ 中插入 Zn 片,$CuSO_4$ 中插入 Cu 片,中间以盐桥相通,用导线将 Zn 片、Cu 片分别与伏特表的负极和正极相接。测量两电极之间的电压(亦可用酸度计来测量,酸度计测电动势的操作见 pH 计使用说明书)。Cu-Zn 原电池装置见图 2-43。

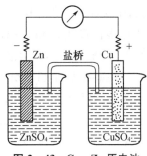

图 2-43 Cu-Zn 原电池

在 $CuSO_4$ 溶液中加入浓 $NH_3·H_2O$ 至生成的沉淀溶解,形成深蓝色溶液为止:

$$Cu^{2+} + 4NH_3 =\!=\!= [Cu(NH_3)_4]^{2+}$$

测量电压,观察有何变化。

再在 $ZnSO_4$ 溶液中加浓 $NH_3·H_2O$ 至生成的沉淀溶解,变成无色溶液为止:

$$Zn^{2+} + 4NH_3 =\!=\!= [Zn(NH_3)_4]^{2+}$$

测量电压,观察又有何变化。

利用能斯特(Nernst)方程式来解释上述的实验现象。

(2) 设计并测定下列浓差电池电动势,将实验值与计算值比较。

$$(-)\ Cu\ |\ CuSO_4(0.01\ mol·L^{-1})\ \|\ CuSO_4(0.5\ mol·L^{-1})\ |\ Cu\ (+)$$

在浓差电池的两极各连一个回形针,然后在表面皿上放一小块滤纸,滴加 1 mol·L^{-1} Na_2SO_4 溶液,使滤纸完全湿润,再加入酚酞 2 滴。将两极的回形针压在纸上,使其相距约 1 mm,稍等片刻,观察所压处哪一端出现红色。

思考:

(1) 利用浓差电池作电源电解 Na_2SO_4 水溶液,实质是什么物质被电解?使酚酞出现红色的一极是什么极?为什么?

(2) 酸度对 Cl_2/Cl^-、Br_2/Br^-、I_2/I^-、Fe^{3+}/Fe^{2+}、Cu^{2+}/Cu、Zn^{2+}/Zn 电对的电极电势有无影响?为什么?

(3) 如何测铜、锌电极的电极电势?

3. 酸度和浓度对氧化还原反应产物的影响

(1) 酸度的影响

在三支均盛有 5 滴 0.1 mol·L^{-1} Na_2SO_3 溶液的试管中,分别加入 5 滴 1 mol·L^{-1} H_2SO_4 溶液、5 滴蒸馏水和 5 滴 6 mol·L^{-1} NaOH 溶液,摇匀后再各滴入 2 滴 0.01 mol·L^{-1} $KMnO_4$ 溶液,观察三支试管中溶液颜色的变化有何不同。写出有关反应方程式。

另取一支试管,向其中加入 5 滴新制 0.1 mol·L^{-1} KI 和 2 滴 0.1 mol·L^{-1} KIO_3 溶液,再加入 2 滴淀粉溶液,混合后观察溶液颜色有无变化。然后再加入 2~3 滴 1 mol·L^{-1} H_2SO_4 溶液酸化混合液,观察有什么变化。最后再滴加几滴 6 mol·L^{-1} NaOH 使混合液显碱性,又有什么变化。写出有关反应方程式。

思考:酸度对氧化还原反应的影响。

（2）浓度的影响

往盛有 H_2O、CCl_4 和 $0.1\ mol\cdot L^{-1}\ Fe_2(SO_4)_3$ 各 0.5 mL 的试管中加入 5 滴 $0.1\ mol\cdot L^{-1}\ KI$ 溶液,振荡后观察 CCl_4 层的颜色。

往盛有 CCl_4、$1\ mol\cdot L^{-1}\ FeSO_4$ 和 $0.1\ mol\cdot L^{-1}\ Fe_2(SO_4)_3$ 各 0.5 mL 的试管中加入 5 滴 $0.1\ mol\cdot L^{-1}\ KI$ 溶液,振荡后观察 CCl_4 层的颜色。与上一实验中 CCl_4 层的颜色有何区别? 往盛有 CCl_4、$1\ mol\cdot L^{-1}\ FeSO_4$ 和 $0.1\ mol\cdot L^{-1}\ Fe_2(SO_4)_3$ 各 0.5 mL 的试管中,先加入少许 NH_4F 固体,振荡,再加入 5 滴 $0.1\ mol\cdot L^{-1}\ KI$ 溶液,振荡后观察 CCl_4 层的颜色。与上一实验中 CCl_4 层的颜色有何区别?

思考:浓度对氧化还原反应的影响。

4. 酸度对氧化还原反应速率的影响

在两支各盛 5 滴 $0.1\ mol\cdot L^{-1}\ KBr$ 溶液的试管中,分别加入 5 滴 $1\ mol\cdot L^{-1}\ H_2SO_4$ 和 $6\ mol\cdot L^{-1}\ HAc$ 溶液,然后各加入 2 滴 $0.01\ mol\cdot L^{-1}\ KMnO_4$ 溶液,观察两支试管中紫红色溶液颜色褪去的快慢。分别写出有关反应方程式。

思考:这个实验是否说明 $KMnO_4$ 溶液在酸度较高时氧化性较强,为什么?

5. 物质的氧化还原性

（1）在试管中加入 5 滴 $0.1\ mol\cdot L^{-1}\ KI$ 和 $2\sim3$ 滴 $1\ mol\cdot L^{-1}\ H_2SO_4$,再加入 $1\sim2$ 滴 3% H_2O_2,观察试管中溶液颜色的变化。

（2）在试管中加入 2 滴 $0.01\ mol\cdot L^{-1}\ KMnO_4$ 溶液,再加入 3 滴 $1\ mol\cdot L^{-1}\ H_2SO_4$ 溶液,摇匀后滴加 2 滴 3% H_2O_2,观察试管中溶液颜色的变化。

思考:为什么 H_2O_2 既有氧化性又有还原性? 试从电极电势予以说明。

五、注意事项

（1）实验中加入 CCl_4 后要充分振荡试管,再静置片刻后观察溶液上、下层颜色的变化情况。

（2）氯水、溴水的安全操作,相关的实验必须在通风橱中完成。

（3）测量电动势时要注意观察并记录伏特表的偏向及数值的大小。

（4）使用盐桥时,应检查 U 形管内是否充满琼脂胶状物,若有断裂或明显大气泡应更换盐桥。使用后要用自来水冲洗干净,并将 U 形管的管口朝下浸在饱和 KCl 溶液中。

六、问题与讨论

（1）介质对 $KMnO_4$ 的氧化性有何影响? 用本实验事实及电极电势说明为什么 $KMnO_4$ 能氧化盐酸中的 Cl^- 而不能氧化氯化钠中的 Cl^-?

（2）根据实验结果讨论氧化还原反应和哪些因素有关?

（3）电解硫酸钠溶液为什么得不到金属钠?

（4）什么叫浓差电池? 写出实验步骤 2(2)的电池符号,电池反应式,并计算电池的电动势。

（5）为何要用盐桥? 有无其他简单的方法来制作盐桥或替代盐桥?

（6）你是如何理解"电极的本性对电极电势的影响"的? 如何测铜、锌电极的电极电势?

知识链接

一、盐桥的制备

在 500 mL 冷水中加 5 g～6 g 琼脂，浸泡数小时，煮沸使琼脂溶化，加 KCl 至饱和，趁热装入 U 形管中，振动 U 形管赶走气泡，充满即可。

更为简便的方法可用 KCl 饱和溶液装满 U 形管，两管口用小棉花球塞住（管内不要留有气泡），作为盐桥使用。

二、电极的处理

用作电极的锌片、铜片要用砂纸擦干净，以免增大电阻。

三、金属的腐蚀及其防护

众所周知，金属对人类社会的发展功不可没。很难想象，如果没有金属，我们今天的生活会是什么样子。然而，金属的腐蚀又是一个十分普遍的现象，由此而造成的经济损失更是难以估计。了解金属腐蚀的原理及防护意义十分重大。

1. 金属的腐蚀

当金属与周围的介质接触时，由于发生化学作用或电化学作用而引起金属的破坏叫作金属的腐蚀。单纯的化学作用引起的腐蚀叫作化学腐蚀，化学腐蚀一般发生在高温或非电解质环境中。当金属与电解质溶液接触时，形成微电池，通过电化学作用而引起的腐蚀叫作电化学腐蚀，电化学腐蚀有吸氧腐蚀、析氢腐蚀和浓差腐蚀等。详细的化学原理请参见有关教材或专著。

2. 金属的防护

金属防护的方法很多，日常生活和工业生产中常采用：

(1) 研制合金材料，改变其性质。如：添加锰、锡、稀土等。

(2) 隔离介质。在金属的表面增加涂层或镀层。如：涂漆、搪瓷、镀锌、镀锡等。

(3) 表面发蓝（黑）。

(4) 介质处理。在表面进行防腐处理时，在腐蚀介质中加防腐缓蚀剂。常用的防腐缓蚀剂有：铬酸盐、重铬酸盐、磷酸盐、聚磷酸盐、偏磷酸盐、碳酸盐、乌洛托品、若丁等。

(5) 阴极保护法。常见的有：牺牲阴极保护法和外加电流保护法。

但是，金属的腐蚀也有它有用的一面，如用 $FeCl_3$ 溶液腐蚀印刷线路板：

$$2FeCl_3 + Cu =\!=\!= 2FeCl_2 + CuCl_2$$

四、有关氯气的安全操作

氯气是有刺激性气味的黄绿色气体，剧毒，少量吸入会刺激鼻、喉部，引起咳嗽和喘息，大量吸入会导致死亡。空气中允许的氯气最高浓度是 0.001 mg·L^{-1}，超过这个浓度就会引起人体中毒。做氯气实验时，必须在通风橱内进行，且室内要通风。不可直接对着管口或瓶口闻氯气，应当用手轻轻将氯气煽向自己的鼻孔。

五、有关溴的安全操作

溴蒸气对气管、肺部、眼、鼻、喉等器官都有强烈的刺激作用。做有关溴的实验时应在通风橱内进行。不慎吸入溴蒸气时,可吸入少量稀薄的氨气和新鲜空气解毒。液体溴具有强烈的腐蚀性,能灼伤皮肤。倒液溴时要带上胶皮手套。溴水也有腐蚀性,但比液溴弱,使用时不允许直接倒,要用滴管移取。如果不慎把溴水溅在皮肤上,应立即用水冲洗,再用碳酸氢钠溶液或稀硫代硫酸钠溶液冲洗。

六、电池

1. 燃料电池

随着科技的发展和人们生活水平的提高,除了家用电器和电子产品之外,移动电话、笔记本电脑、电动汽车等新型产品上配套用电池的需求量与日俱增。用过的废旧电池因其中含有汞、镉、铅、镍等有害化学元素,处理不当会严重污染环境,给人类健康带来危害,并造成资源的极大浪费。而燃料电池由于其高效、环境友好的特征,成为人们孜孜不倦追求的一种理想的能量转化方式。质子交换膜燃料电池更是未来电动汽车、潜艇的最佳候选电源,且可广泛用作通信中型站后备电源、移动式电源、家用电站、单兵电源,并且可用于航天、航空、水下领域,产品投资收益大,具有广阔的市场应用前景。通过互联网我们可以更加详细地了解到有关燃料电池的知识,掌握最新发展动态、研究开发成果及产品信息。

（1）从搜索引擎输入关键词“燃料电池”进行搜索。

（2）通过大型图书馆网站查找图书或相关的文章。

（3）访问有关网站相应栏目查找最新进展。如:访问“悠游”网站http://www. goyoyo. com. ,在其“科学技术”栏目下的“十万个为什么”子目录下有分门别类的学科资源,如“化学”、“人体科学”、“环境科学”等。

请上网查找有关燃料电池及电池回收和再利用方面的资源。

2. 其他化学电源

银锌电池;铅酸蓄电池;碱性蓄电池;氢镍电池;镉镍电池;锂电池;锂-铬酸银电池;金属空气电池等。

3. 太阳能光伏电池

同学可自己上网查找相关内容。

实验 13　$I_3^- \rightleftharpoons I_2 + I^-$ 平衡常数的测定

一、实验目的

（1）测定 $I_3^- \rightleftharpoons I_2 + I^-$ 的平衡常数,进一步理解化学平衡的原理。

（2）巩固滴定操作和滴定管、移液管的使用。

二、实验原理

碘溶于碘化钾溶液中形成 I_3^-,并建立如下平衡:

$$I_3^- \rightleftharpoons I_2 + I^-$$

在一定温度下,其平衡常数可表示为:

$$K = \frac{\alpha_{I_2} \alpha_{I^-}}{\alpha_{I_3^-}} = \frac{\gamma_{I_2} \gamma_{I^-}}{\gamma_{I_3^-}} \cdot \frac{c_{I_2} c_{I^-}}{c_{I_3^-}}$$

式中,α 为活度,γ 为活度系数,c 为物质的量浓度。在离子强度不大的溶液中,由于 $\frac{\gamma_{I_2} \gamma_{I^-}}{\gamma_{I_3^-}} \approx 1$,故有:

$$K \approx \frac{c_{I_2} c_{I^-}}{c_{I_3^-}} \tag{1}$$

为了测定 $I_3^- \rightleftharpoons I_2 + I^-$ 平衡体系中各组分浓度,可将已知浓度 c 的 KI 溶液与过量固态碘一起摇荡,待达到平衡后,取其上层清液,用标准 $Na_2S_2O_3$ 溶液滴定,可得到进入 KI 溶液中碘的总浓度 $c_{总}(c(I_3^-) + c(I_2))$,其中 $c(I_2)$ 可用碘和水处于平衡时溶液中的碘的浓度来代替。将过量碘与蒸馏水一起摇荡,平衡后取其上层清液,用标准 $Na_2S_2O_3$ 溶液滴定,就可以确定 $c(I_2)$,同时也确定了 $c(I_3^-)$,即:

$$c(I_3^-) = c_{总} - c(I_2)$$

由于形成一个 I_3^- 需要一个 I^-,所以平衡时 I^- 的浓度为:

$$c(I^-) = c - c(I_3^-)$$

将 $c(I_2)$、$c(I_3^-)$ 和 $c(I^-)$ 代入(1)式中,即可求得此温度下反应的平衡常数 K。
$Na_2S_2O_3$ 溶液的滴定反应如下:

$$2Na_2S_2O_3 + I_2 \Longrightarrow 2NaI + Na_2S_4O_6$$

三、仪器和药品

1. 仪器

托盘天平,量筒,碘量瓶(100 mL、250 mL),移液管(10 mL),滴定管(50 mL),锥形瓶(250 mL),吸耳球,磁力搅拌器。

2. 药品

固态碘,KI 溶液($0.0100\ mol \cdot L^{-1}$、$0.0200\ mol \cdot L^{-1}$),淀粉溶液(质量分数为 0.2%),$Na_2S_2O_3$ 标准溶液($0.0100\ mol \cdot L^{-1}$)。

四、实验步骤

(1) 取两只干燥的 100 mL 碘量瓶和 1 只 250 mL 碘量瓶,标记为 1、2 和 3 号。用量筒分别量取 50 mL $0.0100\ mol \cdot L^{-1}$ 的 KI 溶液注入 1 号瓶;量取 50 mL $0.0200\ mol \cdot L^{-1}$ 的 KI 溶液注入 2 号瓶;量取 180 mL 蒸馏水注入 3 号瓶中;最后,在每个瓶中各加入 0.2 g~0.3 g 研细的固态碘,盖好瓶塞。

(2) 将三只碘量瓶在室温下在磁力搅拌器上搅拌 15 min 后,静置 10 min,直到过量的固态碘完全沉于瓶底后,才可取上层清液进行滴定。

（3）用移液管吸取 1 号瓶中上层清液 10 mL 于 250 mL 锥形瓶中，加入 40 mL 蒸馏水，用标准 $Na_2S_2O_3$ 溶液滴定至淡黄色时，加入 2 mL 0.2% 的淀粉溶液，继续滴定至蓝色刚好消失，记下消耗 $Na_2S_2O_3$ 溶液的体积 V_1。再次吸取 1 号瓶内上层清液 10 mL，重复同样操作，记录下消耗 $Na_2S_2O_3$ 溶液的体积 V_2，直到两次所用的 $Na_2S_2O_3$ 溶液的体积相差不超过 0.05 mL 为止。

（4）用上述方法对 2 号瓶中 10 mL 的上层清液和 3 号瓶中 50 mL 的上层清液进行处理。

五、实验数据处理

将实验数据填入表 2 - 24。

表 2 - 24　数据记录

瓶　　号		1	2	3
取样体积/mL				
$Na_2S_2O_3$ 溶液的体积/mL	V_1			
	V_2			
	$V_平$			
$Na_2S_2O_3$ 溶液的浓度/mol·L^{-1}				
$c(I_3^-)$ 和 $c(I_2)$ 的总浓度 $c_总$/mol·L^{-1}				—
水溶液中碘的平衡浓度 $c(I_2)$/mol·L^{-1}		—	—	
平衡时的 I_3^- 浓度 $c(I_3^-)$/mol·L^{-1}				—
平衡时的 I^- 浓度 $c(I^-)$/mol·L^{-1}				—
K				
$K_平$				

用标准 $Na_2S_2O_3$ 溶液滴定时，相应的碘的浓度计算方法如下：

$$c = \frac{c_{Na_2S_2O_3} V_{Na_2S_2O_3}}{2V_样}$$

式中：$c_{Na_2S_2O_3}$ 为 $Na_2S_2O_3$ 的物质的量的浓度；$V_{Na_2S_2O_3}$ 为消耗 $Na_2S_2O_3$ 标准溶液的体积；$V_样$ 为移取待测溶液的体积。

本实验测定的 K 值在 $1.0 \times 10^{-3} \sim 2.0 \times 10^{-3}$ 范围内为合格（文献值 $K = 1.5 \times 10^{-3}$）。

六、问题与讨论

（1）由于碘具有挥发性，故在实验中操作时应注意什么？

（2）为什么刚开始滴定时要到溶液显示淡黄色时才加入淀粉溶液？

（3）如果碘量瓶没有充分振荡，对实验结果有什么影响？

（4）为什么碘必须过量？

（5）试讨论实验得到的结果与理论值产生误差的主要原因有哪些？

实验 14　反应速率和活化能的测定

一、实验目的

（1）了解反应物浓度、温度和催化剂对化学反应速率的影响。

（2）测定过二硫酸铵和碘化钾反应的平均速率，并计算不同反应条件下的反应速率常数。

（3）通过反应速率常数，计算反应的活化能。

二、实验原理

在水溶液中，过二硫酸铵和碘化钾发生如下反应：

$$(NH_4)_2S_2O_8 + 3KI = (NH_4)_2SO_4 + K_2SO_4 + KI_3$$

离子反应方程式为：

$$S_2O_8^{2-} + 3I^- = 2SO_4^{2-} + I_3^- \tag{1}$$

其反应速率方程可表示为：

$$v = kc_{S_2O_8^{2-}}^m c_{I^-}^n$$

式中：v 是此条件下反应的瞬时速率；k 是速率常数；m 和 n 之和为反应级数。

若能测定在一段时间内的平均速率，则可近似地用平均速率代替起始速率：

$$v_0 = \frac{\Delta c_{S_2O_8^{2-}}}{\Delta t} = kc_{S_2O_8^{2-}}^m c_{I^-}^n$$

式中：Δt 为反应时间；$\Delta c_{S_2O_8^{2-}}$ 为 Δt 时间内物质的量浓度的改变值。为了能够测出反应在 Δt 时间内 $S_2O_8^{2-}$ 浓度的改变值，需要在混合 $(NH_4)_2S_2O_8$ 和 KI 溶液的同时，注入一定体积已知浓度的 $Na_2S_2O_3$ 溶液和淀粉溶液，这样在反应（1）进行的同时还进行着下面的反应：

$$2S_2O_3^{2-} + I_3^- = S_4O_6^{2-} + 3I^- \tag{2}$$

这个反应进行得非常快，几乎瞬时完成，而（1）反应却慢得多，因此，由反应（1）生成的 I_3^- 即与 $S_2O_3^{2-}$ 反应，生成 $S_4O_6^{2-}$ 和 I^-，所以在反应开始阶段看不到碘与淀粉反应而显示的蓝色，随着 $Na_2S_2O_3$ 耗尽，I_3^- 就可与淀粉反应显示出蓝色。

从反应（1）和（2）的关系可以看出，$S_2O_8^{2-}$ 浓度的减少量等于 $S_2O_3^{2-}$ 减少量的一半，即：

$$\Delta c_{S_2O_8^{2-}} = \frac{\Delta c_{S_2O_3^{2-}}}{2}$$

由于从反应开始到蓝色出现标志着 $S_2O_3^{2-}$ 全部耗尽，所以在这段时间 Δt 里，$\Delta c_{(S_2O_3^{2-})}$ 实际上就是 $Na_2S_2O_3$ 的起始浓度。

三、仪器和药品

1. 仪器

烧杯，量筒，秒表，恒温水浴槽，温度计。

2. 药品

$(NH_4)_2S_2O_8(0.20\ mol \cdot L^{-1})$，$KI(0.20\ mol \cdot L^{-1})$，$Na_2S_2O_3(0.010\ mol \cdot L^{-1})$，$KNO_3(0.20\ mol \cdot L^{-1})$，$(NH_4)_2SO_4(0.20\ mol \cdot L^{-1})$，$Cu(NO_3)_2(0.20\ mol \cdot L^{-1})$，淀粉溶液$(0.2\%)$。

四、实验步骤

本实验对试剂的要求较高。碘化钾溶液应为**无色透明溶液**，不宜使用有碘析出的浅黄色溶液；过二硫酸铵溶液要用**新购药品配制**，因为时间过长过二硫酸铵易分解。

1. 浓度对化学反应速率的影响

在室温条件下进行表2-25中编号1的实验。用量筒分别量取4.0 mL 0.20 mol · L^{-1} KI溶液、2 mL 0.010 mol · L^{-1} $Na_2S_2O_3$溶液和1 mL 0.2% 淀粉溶液，全部注入烧杯中，混合均匀。然后用量筒量取4 mL 0.20 mol · L^{-1} $(NH_4)_2S_2O_8$溶液，迅速倒入上述混合液中，同时启动秒表。不断搅动，当溶液刚出现蓝色时，立即按停秒表，记录反应时间和室温。

用同样的方法对表2-25中其他编号进行实验，并完成表2-25。

2. 温度对化学反应速率的影响

按表2-25编号4的药品用量，将装有碘化钾、硫代硫酸钠、硝酸钾和淀粉混合溶液的烧杯和装有过二硫酸铵溶液的烧杯放在恒温水浴槽中加热，维持反应温度高于室温10℃，将过二硫酸铵溶液迅速加到碘化钾等混合溶液中，同时计时并不断搅动，当溶液刚出现蓝色时，记下反应时间。

同样方法在热水浴中进行高于室温20℃的实验。将实验数据计入表2-26中。

3. 催化剂对化学反应速率的影响

按表2-25编号4的药品用量，在装有碘化钾、硫代硫酸钠、硝酸钾和淀粉混合溶液的烧杯中再加入2滴0.020 mol · L^{-1}硝酸铜溶液，搅匀，然后迅速加入过二硫酸铵溶液，同时计时并不断搅动，当溶液刚出现蓝色时，记下反应时间。将实验数据计入表2-27中。

五、实验数据处理

1. 完成数据记录表格

表2-25　浓度对反应速率的影响

	编　号	1	2	3	4	5
试剂用量/mL	$0.20\ mol \cdot L^{-1}(NH_4)_2S_2O_8$	20.0	10.0	5.0	20.0	20.0
	$0.20\ mol \cdot L^{-1}KI$	20.0	20.0	20.0	10.0	5.0
	$0.010\ mol \cdot L^{-1}Na_2S_2O_3$	10.0	10.0	10.0	10.0	10.0
	0.2%淀粉溶液	5.0	5.0	5.0	5.0	5.0
	$0.20\ mol \cdot L^{-1}KNO_3$	0	0	0	10.0	15.0
	$0.20\ mol \cdot L^{-1}(NH_4)_2SO_4$	0	10.0	15.0	0	0

续表

编　号		1	2	3	4	5
混合液中反应物起始浓度 /mol·L^{-1}	$(NH_4)_2S_2O_8$					
	KI					
	$Na_2S_2O_3$					
反应时间 $\Delta t/s$						
$\Delta c(S_2O_8^{2-})/mol·L^{-1}$						
反应速率 v						

表 2-26　温度对反应速率的影响

编　号	4	6	7
反应温度/℃			
反应时间 $\Delta t/s$			
反应速率 v			

表 2-27　催化剂对反应速率的影响

编　号	0.020 mol·L^{-1}硝酸铜滴数	反应时间 $\Delta t/s$	反应速率 v
4	0		
8	5		

2. 反应级数和反应速率常数的计算

将反应速率表达式 $v = kc(S_2O_8^{2-})^m c(I^-)^n$ 两边取对数，得到：

$$\lg v = m \lg c(S_2O_8^{2-}) + n \lg c(I^-) + \lg k$$

当 $c(I^-)$ 不变时（编号 1、2、3），以 $\lg v$ 对 $\lg c(S_2O_8^{2-})$ 作图，可得一直线，斜率即为 m；同理，当 $c(S_2O_8^{2-})$ 不变时（编号 1、4、5），以 $\lg v$ 对 $\lg c(I^-)$ 作图，可求得 n。反应级数为 $m+n$。

将求得的 m 和 n 代入 $v = kc(S_2O_8^{2-})^m c(I^-)^n$ 即可求得反应速率常数 k，将数据填入表 2-28 中。

表 2-28　数据记录与处理

编　号	1	2	3	4	5
$\lg v$					
$\lg c(S_2O_8^{2-})$					
$\lg c(I^-)$					
m					
n					
反应速率常数 k					

3. 反应活化能的计算

由阿累尼乌斯公式 $\lg k = A - E_a/(2.30RT)$ 可知,只要测定反应速率常数 k,就能计算得到反应活化能 E_a。(R 为气体常数,T 为热力学温度)测出不同温度时的 k 值,以 $\lg k$ 对 $1/T$ 作图,可得一直线,由直线斜率($-E_a/(2.30R)$)可求得反应的活化能 E_a。将数据填入表 2-29 中。

表 2-29　数据记录和处理

编　号	4	6	7
反应速率常数 k			
$\lg k$			
$1/T$			
反应的活化能 E_a			

本实验活化能测定值的误差应在 10% 以内(文献值为 $51.8\ \mathrm{kJ \cdot mol^{-1}}$)。

六、问题与讨论

(1) 为什么在有的编号溶液里要加入 KNO_3 或 $(NH_4)_2SO_4$ 溶液?

(2) $Na_2S_2O_3$ 溶液的用量对反应有怎样的影响?

(3) 若不用 $S_2O_8^{2-}$,而用 I^- 或 I_3^- 的浓度变化来表示反应速率,则反应速率常数是否一致?

(4) 根据实验结果,说明浓度、温度和催化剂如何影响反应速率?

实验 15　配合物的生成和性质

一、实验目的

(1) 比较配合物与简单化合物和复盐的区别。

(2) 掌握配位平衡与沉淀反应、氧化还原反应、溶液酸碱性的关系。

(3) 了解螯合物的形成条件。

(4) 了解利用配合物的掩蔽效应鉴别离子的方法。

二、实验原理

1. 配合物

中心原子或离子与一定数目的中性分子或阴离子以配位键结合形成配位个体。配位个体处于配合物的内界,若带有电荷就称为配离子,带正电荷称为配阳离子,带负电荷称为配阴离子。配离子与带有相同数目的相反电荷的离子(外界)组成配位化合物,简称配合物。

配合物与复盐的区别在于:在水溶液中解离出来的配离子很稳定,只有一部分解离出简单离子,而复盐则全部解离为简单离子。例如:

配合物:　$[Cu(NH_3)_4]SO_4 =\!=\!= [Cu(NH_3)_4]^{2+} + SO_4^{2-}$(完全解离)

$$[Cu(NH_3)_4]^{2+} \rightleftharpoons Cu^{2+} + 4NH_3（部分解离）$$

复盐：　　　$NH_4Fe(SO_4)_2 \rightleftharpoons NH_4^+ + Fe^{3+} + 2SO_4^{2-}（完全解离）$

$[Cu(NH_3)_4]^{2+}$ 称为配离子（内界），其中 Cu^{2+} 为中心离子，NH_3 为配位体，SO_4^{2-} 为外界。配位化合物中的内界和外界可以用实验来确定。

简单金属离子在形成配离子后，其颜色、酸碱性、溶解性及氧化还原性往往都会发生变化。例如，$AgCl$ 难溶于水，但 $[Ag(NH_3)_2]Cl$ 易溶于水，因此可以通过 $AgCl$ 与氨水的配位反应使 $AgCl$ 溶解。

每种配离子在溶液中同时存在着配位和离解两个相反的过程，即存在着配位平衡，例如：

$$Co^{3+} + 6NH_3 \rightleftharpoons [Co(NH_3)_6]^{3+}$$

$$K_稳 = \frac{[Co(NH_3)_6^{3+}]}{[Co^{3+}][NH_3]^6}$$

$K_稳$ 称为稳定常数。不同配离子具有不同的稳定常数，对于同种配位构型的配离子，$K_稳$ 愈大，表示配离子愈稳定。

根据平衡移动原理，改变中心离子或配位体的浓度会使配位平衡发生移动，如加入沉淀剂、改变溶液的浓度，以及改变溶液的酸度等，配位平衡将发生移动。

2. 螯合物

螯合物也称内配合物，它是中心离子与多齿配体生成的配合物，因为配体与中心离子之间键合形成封闭的环，因而成为螯合物。多齿配体即螯合剂多为有机配体。螯合物的稳定性与它的环状结构有关，一般来说五元环、六元环比较稳定，形成环的数目越多越稳定。

3. 常用配位反应来分离和鉴定某些离子

配位反应常用来分离和鉴定某些离子。例如，欲使 Cu^{2+}、Fe^{3+}、Ba^{2+} 混合离子完全分离，过程如下：

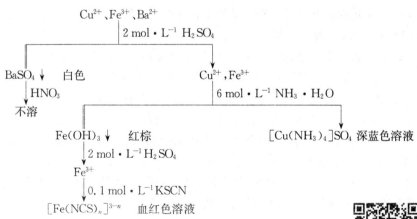

三、仪器与药品

1. 仪器

试管，离心机，离心试管，烧杯，白瓷点滴板，滴管等。

图文〉仪器介绍＋$[Cu(NH_3)_4]SO_4$
溶液与晶体

2. 药品

$H_2SO_4(1 \ mol \cdot L^{-1}$、$2 \ mol \cdot L^{-1})$，$HNO_3(2 \ mol \cdot L^{-1})$，$NaOH(1 \ mol \cdot L^{-1}$、$2 \ mol \cdot L^{-1}$、$6 \ mol \cdot L^{-1})$，$NH_3 \cdot H_2O(0.1 \ mol \cdot L^{-1}$、$2 \ mol \cdot L^{-1}$、$6 \ mol \cdot L^{-1})$，$NiSO_4(0.2 \ mol \cdot L^{-1})$，$CuSO_4(1 \ mol \cdot L^{-1})$，$BaCl_2(0.1 \ mol \cdot L^{-1})$，$Fe(NO_3)_3(0.1 \ mol \cdot L^{-1})$，$AgNO_3(0.1 \ mol \cdot L^{-1})$，$NaCl(0.1 \ mol \cdot L^{-1})$，$KBr(0.1 \ mol \cdot L^{-1})$，$KI(0.1 \ mol \cdot L^{-1})$，$NH_4F(2 \ mol \cdot L^{-1})$，$KSCN(0.1 \ mol \cdot L^{-1})$，$(NH_4)_2C_2O_4$(饱和)，$Na_2S_2O_3(0.5 \ mol \cdot L^{-1})$，$K_3[Fe(CN)_6](0.1 \ mol \cdot L^{-1})$，$NH_4Fe(SO_4)_2(0.1 \ mol \cdot L^{-1})$，$(NH_4)_2Fe(SO_4)_2(0.1 \ mol \cdot L^{-1})$，$Na_3[Co(NO_2)_6]$，EDTA$(0.1 \ mol \cdot L^{-1})$，邻菲罗啉(0.25%)，丁二酮肟(1%)，无水乙醇，四氯化碳。

四、实验步骤

1. 配合物与简单化合物和复盐的区别

(1) 在试管中加入 1 mL 1 mol·L^{-1} $CuSO_4$ 溶液，滴加 2 mol·L^{-1} 氨水至产生沉淀后，继续滴加氨水直到溶液呈深蓝色。将此溶液分为五份，在一、二两份中分别滴加少量 1 mol·L^{-1} NaOH 溶液、0.1 mol·L^{-1} $BaCl_2$ 溶液，有何现象？将此现象与 $CuSO_4$ 溶液中分别滴加 NaOH 溶液、$BaCl_2$ 溶液的现象进行比较，并解释这些现象。

在第三份中加入 5～10 滴无水乙醇，观察现象。第四、五份留待备用。

(2) 在两支试管中分别加入 1 mL 0.1 mol·L^{-1} $K_3[Fe(CN)_6]$ 溶液和 0.1 mol·L^{-1} $NH_4Fe(SO_4)_2$ 溶液，然后分别滴加 1 滴 0.1 mol·L^{-1} KSCN 溶液，观察颜色的变化并解释。

比较上述实验的结果，讨论配合物与简单化合物、复盐有什么区别？

2. 配位平衡的移动

(1) 配离子之间的转化

取 4 滴 0.1 mol·L^{-1} $Fe(NO_3)_3$ 溶液于试管中，滴加 2 滴 0.1 mol·L^{-1} KSCN 溶液，溶液呈何颜色？然后滴加 2 mol·L^{-1} NH_4F 至溶液变为无色，再滴加饱和 $(NH_4)_2C_2O_4$ 溶液至溶液变为淡黄色。写出反应方程式并加以说明。

(2) 配位平衡与沉淀溶解平衡

向离心试管中加入 2～3 滴 0.1 mol·L^{-1} $AgNO_3$ 溶液和 2～3 滴 0.1 mol·L^{-1} NaCl 溶液，离心分离，弃去清液。用蒸馏水洗涤沉淀两次，然后加入 2 mol·L^{-1} 氨水至沉淀刚好溶解为止。向溶液中加 1 滴 0.1 mol·L^{-1} NaCl 溶液，是否有 AgCl 沉淀生成？再加入 1 滴 0.1 mol·L^{-1} KBr 溶液，有无沉淀生成？沉淀是什么颜色？继续加入 KBr 溶液至不再产生 AgBr 沉淀为止。离心分离，弃去清液，并用少量蒸馏水洗涤沉淀两次，然后加入 0.5 mol·L^{-1} $Na_2S_2O_3$ 溶液直到沉淀溶解为止。向溶液中加 1 滴 0.1 mol·L^{-1} KBr 溶液，有无 AgBr 沉淀生成？再加 1 滴 0.1 mol·L^{-1} KI 溶液，有什么现象？根据难溶物的溶度积常数和配离子的稳定常数解释上述一系列现象，并写出反应方程式。

(3) 配位平衡和氧化还原反应

取两支试管各加入 2～5 滴 0.1 mol·L^{-1} $Fe(NO_3)_3$ 溶液，然后向一支试管中加入 5 滴饱和 $(NH_4)_2C_2O_4$ 溶液，另一试管中加 5 滴蒸馏水，再向两支试管中各加 5 滴 0.1 mol·L^{-1} KI 溶液和 5 滴 CCl_4，充分振荡，观察两支试管中四氯化碳层的颜色。解释实验现象。

（4）配位平衡和酸碱反应

在实验步骤 1(1) 保留的第四份溶液中，逐滴加入 $1\ mol \cdot L^{-1} H_2SO_4$ 溶液，溶液颜色有何变化？是否有沉淀产生？继续滴加 H_2SO_4 直至溶液呈酸性，观察现象，并解释溶液酸碱性对配位平衡的影响。

取 5 滴 $Na_3[Co(NO_2)_6]$ 溶液，逐滴加入 $6\ mol \cdot L^{-1} NaOH$ 溶液，振荡试管，加热，有何现象？解释溶液酸碱性对配位平衡的影响。

3. 螯合物的形成

（1）分别在实验步骤 1(1) 保留的第五份溶液和 5 滴硫氰酸铁溶液（自己制备）中滴加 $0.1\ mol \cdot L^{-1}$ EDTA 溶液，各有何现象产生？解释发生的现象。

（2）Fe^{2+} 与邻菲罗啉在微酸性溶液中反应，生成橘红色的配离子。

在点滴板上滴 1 滴 $0.1\ mol \cdot L^{-1} (NH_4)_2Fe(SO_4)_2$ 溶液和 2~3 滴 0.25% 邻菲罗啉溶液，观察现象。

（3）Ni^{2+} 与二乙酰二肟（丁二酮肟）反应生成鲜红色的内络盐沉淀。

H^+ 浓度过大不利于 Ni^{2+} 生成内络盐，而 OH^- 的浓度也不宜太高，否则会生成氢氧化镍沉淀。合适的酸度是 pH 为 5~10。

在白色点滴板上滴 1 滴 $0.2\ mol \cdot L^{-1} NiSO_4$ 溶液，1 滴 $0.1\ mol \cdot L^{-1}$ 氨水和 1 滴 1% 二乙酰二肟溶液，观察有什么现象。

4. 混合离子分离鉴定

取 Ba^{2+}、Cu^{2+}、Fe^{3+} 的混合溶液 15 滴，参照实验原理 3 进行离子分离鉴定。

五、注意事项

（1）NH_4F 试剂对玻璃有腐蚀作用，用塑料瓶贮藏。

（2）制备 $[Cu(NH_3)_4]SO_4$ 时，加过量氨水至生成深蓝色溶液，否则影响下面的实验。

（3）为了便于观察沉淀是否溶解，最好取少量沉淀来做实验。

（4）实验中得到的 AgBr 一般为白色，当离子浓度较高，得到的沉淀较多时，能得到淡黄色沉淀。

（5）在 Fe^{3+} 溶液中加入 KSCN 溶液后，可形成 $n = 1 \sim 6$ 的各种配离子，即 $Fe^{3+} + nSCN^- \Longrightarrow [Fe(NCS)_n]^{(3-n)}$；在此溶液中加入 NH_4F 溶液后，同样能形成 $[FeF_n]^{(3-n)}$ ($n=1\sim6$)，如果加入量较多，主要形成 $[FeF_6]^{3-}$，且能形成 $(NH_4)_3[FeF_6]$ 白色沉淀。

六、问题与讨论

（1）总结本实验中所观察到的现象，说明有哪些因素影响配位平衡。

（2）Fe^{3+} 可以将 I^- 氧化为 I_2，而自身被还原成 Fe^{2+}，但 Fe^{2+} 的配离子 $[Fe(CN)_6]^{4-}$ 又可以将 I_2 还原成 I^-，而自身被氧化成 $[Fe(CN)_6]^{3-}$，如何解释此现象？

（3）根据实验结果比较配体 SCN^-、F^-、$C_2O_4^{2-}$、EDTA 等对 Fe^{3+} 的配位能力。

实验 16 硫氰酸铁配位离子配位数的测定

一、实验目的

（1）初步了解利用分光光度法测定溶液中配位离子组成的原理和方法。
（2）学习有关实验数据的处理方法。
（3）练习使用分光光度计，了解分光光度计的基本原理。

二、实验原理

当一束有一定波长的单色光通过一定厚度的有色溶液时，根据朗伯-比尔定律，有色物质对光的吸收程度（用吸光度表示）与有色物质的浓度、液层厚度成正比：

$$A = \varepsilon bc$$

式中：A 为吸光度；ε 为摩尔吸光系数；b 为比色皿厚度；c 为有色物质的量浓度。

用分光光度法测定配离子组成时，常用的方法有两种：一种是等摩尔系列法，另一种是摩尔比法。

本实验用等摩尔系列法测定 pH＝2 时 SCN^- 与 Fe^{3+} 形成的配位离子的组成。

采用等摩尔系列法，要求溶液中的中心离子与配体都是无色的，而形成的配合物是有色的。这样，溶液的吸光度只与配合物本身的浓度成正比。本实验中硫氰酸钾是无色的，Fe^{3+} 溶液的浓度很稀，也接近无色。

等摩尔系列法：就是在保持中心离子的浓度（c_m）与配位体的浓度（c_x）之和不变（即总摩尔数不变）的前提，改变 c_m 与 c_x 的相对量，配制一系列溶液。显然在这一系列溶液中，有些是中心离子过量，有一些是配位体过量。在这两部分溶液中，配位离子的浓度都不可能达到最大值。只有当溶液中中心离子与配位体的摩尔数之比与配位离子的组成一定时，配位离子的浓度才能达到最大值，对应的吸光度亦最大。具体操作时，取物质的量浓度相等的中心离子溶液与配位体溶液，按照不同的体积比（即摩尔数之比）配成一系列溶液，在一定波长的单色光条件下，测定这一系列溶液的吸

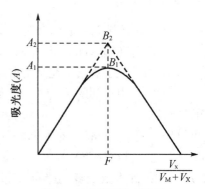

图 2-44 等摩尔系列法

光度。以吸光度（A）为纵坐标，以体积分数 $(F)\left(\dfrac{V_M}{V_M + V_x}\right.$ 或 $\dfrac{V_x}{V_M + V_x}$，即摩尔分数$\left.\right)$ 为横坐标，得一曲线（图2-44），曲线上与吸光度极大值相对应的摩尔分数比就是该有色配合物中中心离子与配体的组成之比。

图 2-44 表示一个典型的低稳定性的配合物 MX 的摩尔分数比与吸光度曲线，将曲线两边的直线部分延长相交于 B_2，B_2 点的吸光度 A_2 最大，此时 M 与 X 全部结合。但由于配位离子有一部分离解，其实际浓度要稍小一些，所以实验测得的最大吸光度只能是在 B_1 点所对应的 A_1 值。由 B_1 点的横坐标 F 可计算配离子中中心离子与配位体的摩尔比，即可求

出配离子 MX_n 中配位体的数目 n 值。

例如,若 $F = 0.5$,则 $\dfrac{V_M}{V_M + V_x} = 0.5$,即 $\dfrac{n_M}{n_M + n_x} = 0.5$。

整理可得 $\dfrac{n_x}{n_M} = 1$,即金属离子与配位体的比是 $1:1$,所以该配位离子中配位体的数目 n 为 1。

本实验测定硫氰酸根(SCN^-)与 Fe^{3+} 形成的配位离子中配位体的数目。其反应为:

$$Fe^{3+} + nSCN^- \longrightarrow [Fe(NCS)_n]^{3-n}$$

由于形成的配位离子的组成随溶液 pH 的不同而改变,故本实验在 pH $\approx$ 2 的条件下进行测定。在实验中用 pH = 2 的 0.5 mol·L^{-1} KNO_3 溶液作为溶剂配制 $Fe(NO_3)_3$ 和 KSCN 溶液,其主要目的就是保证测定溶液的 pH 和基本恒定的离子强度,并抑制 Fe^{3+} 的水解。

三、仪器与药品

1. 仪器

7200 型分光光度计,1 cm 比色皿。

视频　7200 型
分光光度计

2. 试剂

固体 $Fe(NO_3)_3 \cdot 9H_2O$,KSCN 固体,pH = 2 的 0.5 mol·L^{-1} KNO_3。

四、实验步骤

1. 5.000×10^{-3} mol·L^{-1} $Fe(NO_3)_3$ 和 5.000×10^{-3} mol·L^{-1} KSCN 溶液的配制

(1) 计算配制 250.00 mL 5.000×10^{-3} mol·L^{-1} $Fe(NO_3)_3$ 溶液所需 $Fe(NO_3)_3 \cdot 9H_2O$ 的量和配制 250.00 mL 5.000×10^{-3} mol·L^{-1} KSCN 溶液所需 KSCN 的量。

(2) 根据计算结果称取所需 $Fe(NO_3)_3 \cdot 9H_2O$ 及 KSCN 的量,准确到 0.0001 g。

(3) 取 250 mL 容量瓶两个,分别用 pH = 2 的 0.5 mol·L^{-1} KNO_3 溶液(该溶液由实验室提供)作溶剂配制 5.000×10^{-3} mol·L^{-1} $Fe(NO_3)_3$ 溶液和 5.000×10^{-3} mol·L^{-1} KSCN 溶液各 250.00 mL。

2. 测定硫氰酸铁系列溶液的吸光度

(1) 配制系列溶液

① 取 50 mL 酸式滴定管两支,一支盛 5.000×10^{-3} mol·L^{-1} $Fe(NO_3)_3$ 溶液,另一支盛 5.000×10^{-3} mol·L^{-1} KSCN 溶液。

② 取干燥、洁净小烧杯(50 mL)9 只进行编号,按表 2-30 中的用量,以由小到大的次序分别量取 $Fe(NO_3)_3$ 和 KSCN 溶液,将溶液均匀混合后待用。

表 2-30　硫氰酸铁配合物的组成及吸光度的测定

混合液	1	2	3	4	5	6	7	8	9
5.000×10^{-3} mol·L^{-1} $Fe(NO_3)_3$ 体积/mL	1.00	2.00	3.00	4.00	5.00	6.00	7.00	8.00	9.00

混合液	1	2	3	4	5	6	7	8	9
$5.000 \times 10^{-3} \text{mol} \cdot \text{L}^{-1}$ KSCN 体积/mL	9.00	8.00	7.00	6.00	5.00	4.00	3.00	2.00	1.00
体积比 $= \dfrac{V(Fe^{3+})}{V(Fe^{3+}) + V(R)}$	0.100	0.200	0.300	0.400	0.500	0.600	0.700	0.800	0.900
总体积/mL	10.00	10.00	10.00	10.00	10.00	10.00	10.00	10.00	10.00
混合液吸光度 A									

（2）测定等物质的量系列溶液的吸光度

用 7200 型分光光度计，在 $\lambda = 550 \text{ nm}, b = 1 \text{ cm}$ 的比色皿条件下，以 5.000×10^{-3} $\text{mol} \cdot \text{L}^{-1}$ KSCN 为空白液，测定一系列混合物溶液的吸光度 A，并记录于表中。注意比色皿要先用蒸馏水冲洗，再用待测溶液洗 2～3 次。然后装好溶液；用擦镜纸擦净比色皿光面外的液滴（液滴较多时，应先用滤纸吸去大部分液体，再用擦镜纸擦净）。

五、实验数据处理

（1）以体积比 $\dfrac{V_{Fe^{3+}}}{V_{Fe^{3+}} + V_R}$ 为横坐标，对应的吸光度 A 为纵坐标作图。

（2）从图上的有关数据，确定在本实验条件下，Fe^{3+} 与 SCN^- 形成的配合物的配位数，并写出硫氰酸铁配位离子的化学式。

六、问题与讨论

（1）使用分光光度计时，在操作上应注意什么？

（2）若入射光不是单色光，能否准确测出配合物的组成？

（3）用等摩尔系列法测定配位离子组成时，为什么溶液中中心离子的物质的量与配位体的物质的量比正好与配合物组成相同时，配合物的浓度最大？

（4）本实验中，为何能用体积比 $\dfrac{V_{Fe^{3+}}}{V_{Fe^{3+}} + V_R}$ 代替物质的量比为横坐标作图？

（5）在测定溶液的吸光度时，如果未用擦镜纸将比色皿光面外的水擦干，对测定的吸光度值有什么影响？取用比色皿时应注意什么问题？

（6）为什么要用 pH＝2 的 $0.5 \text{ mol} \cdot \text{L}^{-1}$ KNO_3 溶液作为溶剂来配制 5.000×10^{-3} $\text{mol} \cdot \text{L}^{-1}$ $Fe(NO_3)_3$ 和 $5.000 \times 10^{-3} \text{ mol} \cdot \text{L}^{-1}$ KSCN 溶液？能否直接用蒸馏水来配制 $Fe(NO_3)_3$ 或 KSCN 溶液？为什么？

知识链接

分光光度计

分光光度计是一种固定狭缝宽度的单光束仪器，主要测量的波长为 360 nm～800 nm。

1. 仪器的原理

光通过有色溶液后有一部分被有色物质的质点吸收。如果 I_0 为入射光的强度，I_t 为透射光的强度,则 I_t/I_0 是透光率,将 $\lg(I_0/I_t)$ 定义为吸光度 A,实验证明,当一束单色光通过厚度 b 的有色溶液时,有色溶液的吸光度 A 与溶液中有色物质的浓度 c 符合朗伯-比尔定律:

$$A = \varepsilon bc$$

式中:A 为吸光度;ε 为摩尔吸光系数;b 为比色皿厚度;c 为有色物质的量浓度。其中摩尔吸光系数(ε)与入射光的波长以及溶液的性质有关。当入射光的波长一定时,ε 即为溶液中有色物质的一个特征常数。

有色物质对光的吸收具有选择性,通常用光的吸收曲线(A-λ)来描述有色溶液对光的吸收情况。选用最大吸收峰处对应的单色光波长 λ_{max} 的光进行测量,光的吸收程度最大,测定的灵敏度最高。在样品测定前,先要做工作曲线(A-c),测出试样的 A 值后,就可以从工作曲线上求出相应的浓度。

2. 仪器使用注意事项

(1)读完读数要立即打开样品盖,以免因光电管的"疲劳"而造成吸光度读数漂移。

(2)比色皿的透射比是经过配对测试的,未经过配对处理的比色皿将影响样品的测试精度。

3. 比色皿使用注意事项

(1)拿取比色皿时,应用手捏住比色皿的毛面,切勿触及透光面,以免光面被玷污或磨损。

(2)待测液以装至比色皿约 3/4 高度处为宜。

(3)在测定一系列溶液的吸光度时,通常都是按从稀到浓的顺序进行。使用的比色皿必须先用待测溶液润洗 2~3 次。

(4)比色皿外壁的液体应用吸水纸吸干。

(5)清洗比色皿时,一般用水冲洗。如比色皿被有机物玷污,宜用盐酸-乙醇混合物浸泡,再用水冲洗。不能用碱液或强氧化性洗涤液清洗,也不能用毛刷刷洗,以免损伤比色皿。

第三章　元素性质实验

实验 17　p 区非金属元素(一)(卤素、氧、硫)

一、实验目的

通过实验掌握卤素、次氯酸盐、氯酸盐、H_2O_2、亚硫酸盐、硫代硫酸盐等的重要性质。

二、仪器与药品

1. 仪器

离心机,试管,烧杯。

2. 药品

$NaCl(s)$,$KBr(s)$,$KI(s)$,$K_2S_2O_8(s)$,盐酸(浓、6 mol·L^{-1}、2 mol·L^{-1}),硫酸(浓、3 mol·L^{-1}、1 mol·L^{-1}),浓硝酸,$KClO_3$(0.1 mol·L^{-1}),KI(0.1 mol·L^{-1}),$KMnO_4$(0.01 mol·L^{-1}),$K_2Cr_2O_7$(0.1 mol·L^{-1}),Na_2S(0.1 mol·L^{-1}),$Na_2S_2O_3$(0.2 mol·L^{-1}),$CuSO_4$(0.2 mol·L^{-1}),$MnSO_4$(0.1 mol·L^{-1}),$Pb(NO_3)_2$(0.1 mol·L^{-1}),$AgNO_3$(0.1 mol·L^{-1}),硫代乙酰胺(0.1 mol·L^{-1}),3% H_2O_2,氯水,溴水,碘水,四氯化碳,乙醚,品红。

3. 材料

pH 试纸,滤纸。

三、实验步骤

1. Cl_2、Br_2、I_2 的氧化性和 Cl^-、Br^-、I^- 的还原性

(1) 用所给试剂设计实验,验证卤素单质的氧化性顺序。

(2) 卤化氢还原性的比较

取三支试管,在第一支试管中加入 NaCl 晶体数粒,再滴入数滴浓硫酸,微热。观察试管中的颜色有无变化,并用湿润的 pH 试纸、淀粉-KI 试纸和醋酸铅试纸试验试管中的气体。在第二支试管中加入 KBr 晶体数粒,在第三支试管中加入 KI 晶体数粒,分别进行与第一支试管相同的实验。根据实验结果,比较 HCl、HBr 和 HI 还原性(实验要在通风橱中进行)。

根据上述实验现象写出反应方程式,查出有关的标准电极电势,说明卤素单质的氧化性顺序和卤离子的还原性强弱顺序。

2. **卤素含氧酸盐的性质**

(1) 次氯酸钠的氧化性

取四支试管分别注入 0.5 mL 次氯酸钠溶液。

第一支试管中加入 4～5 滴 0.1 mol·L^{-1} KI 溶液,2 滴 1 mol·L^{-1} 的 H$_2$SO$_4$ 溶液。

第二支试管加入 4～5 滴 0.1 mol·L^{-1} 的 MnSO$_4$ 溶液。

第三支试管中加入 4～5 滴浓盐酸。

第四支试管加入 2 滴品红溶液。

观察以上实验现象,写出有关的反应方程式。

(2) 氯酸钾的氧化性

在试管中加 5～6 滴 0.1 mol·L^{-1}KI 溶液,滴入几滴 0.1 mol·L^{-1} KClO$_3$ 溶液,观察有何现象。再用 3 mol·L^{-1} H$_2$SO$_4$ 酸化,加热,观察溶液颜色的变化,继续往该溶液中滴加 KClO$_3$ 溶液,又有何变化,解释实验现象,写出相应的反应方程式。

根据实验,总结氯元素含氧酸盐的性质。

3. **H$_2$O$_2$ 的性质**

(1) 设计实验

用 3% H$_2$O$_2$、0.1 mol·L^{-1} Pb(NO$_3$)$_2$、0.01 mol·L^{-1} KMnO$_4$、0.1 mol·L^{-1} Na$_2$S、3 mol·L^{-1} H$_2$SO$_4$、0.1 mol·L^{-1} KI、MnO$_2$(s)设计一组实验,验证 H$_2$O$_2$ 的分解和氧化还原性。

(2) H$_2$O$_2$ 的鉴定反应

在试管中加入 2 mL 3% H$_2$O$_2$ 溶液、0.5 mL 乙醚、1 mL 1 mol·L^{-1} H$_2$SO$_4$ 和 3～4 滴 0.1 mol·L^{-1} 的 K$_2$Cr$_2$O$_7$ 溶液,振荡试管,观察溶液和乙醚层的颜色有何变化。

现象 H$_2$O$_2$ 的鉴定

4. **硫的化合物的性质**

(1) 硫化物的溶解性

取三支离心试管分别加入 0.1 mol·L^{-1} MnSO$_4$、0.1 mol·L^{-1} Pb(NO$_3$)$_2$、0.2 mol·L^{-1} CuSO$_4$ 溶液各 0.5 mL,然后各滴加 0.1 mol·L^{-1} Na$_2$S 溶液,观察现象。离心分离,弃去溶液,洗涤沉淀。试验这些沉淀在 2 mol·L^{-1} 盐酸、浓盐酸和硝酸中的溶解情况(在通风橱中进行)。

(2) 亚硫酸盐的性质

往试管中加入 2 mL 0.5 mol·L^{-1} Na$_2$SO$_3$ 溶液,用 3 mol·L^{-1} H$_2$SO$_4$ 酸化,观察有**无气体产生(在通风橱中进行!)**。用湿润的 pH 试纸移近管口,有何现象?然后将溶液分为两份,一份滴加 0.1 mol·L^{-1} 硫代乙酰胺溶液,另一份滴加 0.1 mol·L^{-1} K$_2$Cr$_2$O$_7$ 溶液,观察现象,说明亚硫酸盐具有什么性质,写出有关的反应方程式。

(3) 硫代硫酸盐的性质

用氯水、碘水、0.2 mol·L^{-1} Na$_2$S$_2$O$_3$ 溶液、3 mol·L^{-1} H$_2$SO$_4$、0.2 mol·L^{-1} AgNO$_3$ 设计实验并验证:

① Na$_2$S$_2$O$_3$ 在酸中的不稳定性;

② Na$_2$S$_2$O$_3$ 的还原性和氧化剂强弱对 Na$_2$S$_2$O$_3$ 氧化产物的影响;

③ Na$_2$S$_2$O$_3$ 的配位性。

由以上实验总结硫代硫酸盐的性质,写出反应方程式。

（4）过二硫酸盐的氧化性

在试管中加入 3 mL 1 mol · L⁻¹ H_2SO_4 溶液、3 mL 蒸馏水、3 滴 0.002 mol · L⁻¹ $MnSO_4$ 溶液，混合均匀后分为两份。

在第一份中加入少量过二硫酸钾固体。第二份中加入 1 滴硝酸银溶液和少量过二硫酸钾固体。将两支试管同时放入同一只热水浴中加热，溶液的颜色有何变化？写出反应方程式。

比较以上实验结果并解释之。

四、问题与讨论

（1）硫代硫酸钠溶液与硝酸银溶液反应时，为何有时为硫化银沉淀，有时又为 $[Ag(S_2O_3)_2]^{2-}$ 配离子？

（2）鉴别：硫酸钠、亚硫酸钠、硫代硫酸钠、硫化钠。

实验 18 p 区非金属元素（二）（氮族、硅、硼）

一、实验目的

（1）试验并掌握氮的不同氧化态化合物的主要性质。

（2）试验磷酸盐的酸碱性和溶解性。

（3）掌握硅酸盐、硼酸及硼砂的主要性质，练习硼砂珠的有关实验操作。

二、仪器与药品

1. 仪器

试管，烧杯，布氏漏斗，抽滤瓶，蒸发皿。

2. 药品

氯化铵，硫酸铵，重铬酸铵，硝酸钠，硝酸铜，硝酸银，硝酸钴，硫酸铜，硫酸镍，硫酸锰，硫酸锌，硫酸亚铁，氯化钙，三氯化铁，三氯化铬，硼酸，硼砂，锌片，硫粉，盐酸（浓、6 mol · L⁻¹、2 mol · L⁻¹），硝酸（浓、0.5 mol · L⁻¹），硫酸（浓、3 mol · L⁻¹），磷酸（0.1 mol · L⁻¹），醋酸（2 mol · L⁻¹），$KMnO_4$（0.01 mol · L⁻¹），KI（0.1 mol · L⁻¹），$AgNO_3$（0.1 mol · L⁻¹），KNO_3（0.1 mol · L⁻¹），$CuSO_4$（0.2 mol · L⁻¹），$NaNO_2$（饱和、0.5 mol · L⁻¹），$Na_4P_2O_7$（0.1 mol · L⁻¹），Na_3PO_4（0.1 mol · L⁻¹），Na_2HPO_4（0.1 mol · L⁻¹），NaH_2PO_4（0.1 mol · L⁻¹），$CaCl_2$（0.5 mol · L⁻¹），$NH_3 · H_2O$（2 mol · L⁻¹），$NaOH$（40%），20% Na_2SiO_3，无水乙醇，饱和硼砂溶液，饱和氯化铵溶液，甘油。

3. 材料

pH 试纸，滤纸，铂丝（或镍铬丝）。

三、实验步骤

1. 铵盐的热分解

在一支干燥的硬质试管中放入约 0.5 g 氯化铵，将试管垂直固定、加热，并用湿润的 pH 试纸横放在管口，观察试纸颜色的变

现象 重铬酸铵热分解、棕色环实验、微溶性硅酸盐生成、硼酸鉴定

化。在试管壁上部有何现象发生？解释现象，写出反应方程式。

分别用硫酸铵和重铬酸铵代替氯化铵重复以上实验，观察并比较它们的热分解产物，写出反应方程式。

根据实验结果总结铵盐热分解产物与阴离子的关系。

2. 亚硝酸和亚硝酸盐

（1）亚硝酸的生成和分解

在试管中加入 0.5 mL 饱和 $NaNO_2$ 溶液并置于冰水冷却，加入 0.5 mL H_2SO_4 溶液，观察反应情况和产物的颜色。将试管从冰水中取出，放置片刻，观察有何现象发生，写出相应的反应方程式。

（2）亚硝酸的氧化性和还原性

在试管中加入 $1\sim2$ 滴 0.1 mol $\cdot$ L^{-1} KI 溶液，用 3 mol $\cdot$ L^{-1} H_2SO_4 酸化，然后滴加 0.5 mol $\cdot$ L^{-1} $NaNO_2$ 溶液，观察现象，写出反应方程式。

用 0.01 mol $\cdot$ L^{-1} $KMnO_4$ 溶液代替 KI 溶液重复上述实验，观察溶液的颜色有何变化，写出反应方程式。

总结亚硝酸的性质。

3. 硝酸和硝酸盐

（1）硝酸的氧化性

分别往两支各盛少量锌片的试管中加入 1 mL 浓 HNO_3 和 1 mL 0.5 mol $\cdot$ L^{-1} HNO_3 溶液，观察两者反应速率和反应产物有何不同。将两滴锌和稀硝酸反应的溶液滴到一只表面皿上，再将润湿的红色石蕊试纸贴于另一只表面皿凹处。向装有溶液的表面皿中加一滴 $40\%NaOH$ 浓液，迅速将贴有试纸的表面皿倒扣其上并且放在热水浴上加热。观察红色石蕊试纸是否变为蓝色。此法称为气室法检验 NH_4^+。

（2）硝酸盐的热分解

分别试验固体硝酸钠、硝酸铜、硝酸银的热分解，观察反应的情况和产物的颜色，检验反应生成的气体，写出反应方程式。

总结硝酸盐的热分解与阳离子的关系。

（3）NO_3^- 的鉴定

取 0.5 mL 0.1 mol $\cdot$ L^{-1} KNO_3 于小试管中，加入 2 小粒 $FeSO_4$ 晶体，振荡试管使晶体溶解。斜持试管，沿试管壁缓慢滴加 $5\sim10$ 滴浓 H_2SO_4（不要振荡试管）。观察浓 H_2SO_4 和溶液两个液层交接处有无棕色环出现。

4. 磷酸盐的性质

（1）酸碱性

用 pH 试纸分别测定 0.1 mol $\cdot$ L^{-1} 的 Na_3PO_4、Na_2HPO_4、NaH_2PO_4 溶液的 pH。

分别往三支试管中注入 0.5 mL 0.1 mol $\cdot$ L^{-1} 的 Na_3PO_4、Na_2HPO_4、NaH_2PO_4 溶液，再各滴入适量的 0.1 mol $\cdot$ L^{-1} $AgNO_3$ 溶液，是否有沉淀产生？试验溶液的酸碱性有无变化？解释原因，写出有关的反应方程式。

（2）溶解性

分别取 0.1 mol $\cdot$ L^{-1} 的 Na_3PO_4、Na_2HPO_4、NaH_2PO_4 溶液各 0.5 mL，加入等量的 0.5 mol $\cdot$ L^{-1} $CaCl_2$ 溶液，观察有何现象，用 pH 试纸测定它们的 pH。滴加 2 mol $\cdot$ L^{-1} 氨

水,各有何变化? 再滴加 2 mol·L^{-1}盐酸,又有何变化?

比较磷酸钙、磷酸氢钙、磷酸二氢钙的溶解性,说明它们之间相互转化的条件,写出反应方程式。

(3) 配位性

在试管中加入 2 滴 0.2 mol·L^{-1}的 CuSO$_4$ 溶液,逐渐滴加 0.1 mol·L^{-1}焦磷酸钠溶液,观察沉淀的生成。继续滴加焦磷酸钠溶液,沉淀是否溶解? 写出相应的反应方程式。

5. 硅酸和硅酸盐

(1) 硅酸水凝胶的生成

在试管中加入 2 mL 20% 硅酸钠溶液,滴加 6 mol·L^{-1}盐酸,振荡,静置,观察产物的颜色、状态。

(2) 微溶性硅酸盐的生成

在 50 mL 的小烧杯中加入约 30 mL 20% 的硅酸钠溶液,然后把氯化钙、硝酸钴、硫酸锰、硫酸亚铁、三氯化铁固体各一小粒投入杯内(注意各固体之间保持一定间隔),放置一段时间后观察有何现象发生。

6. 硼酸及硼酸的焰色鉴定反应

(1) 硼酸的性质

取 5~10 滴饱和硼酸溶液,用精密 pH 试纸测其 pH。在硼酸溶液中滴入 3~4 滴甘油,再测溶液的 pH。

该实验说明硼酸具有什么性质?

(2) 硼酸的鉴定反应

在蒸发皿中放入少量硼酸晶体、1 mL 乙醇和几滴浓硫酸。混合后点燃,观察火焰的颜色有何特征?

7. 硼砂珠实验

(1) 硼砂珠的制备

用 6 mol·L^{-1}盐酸清洗铂丝(或镍铬丝),然后将其置于氧化焰中灼烧片刻,取出再浸入酸中,如此重复数次直至铂丝在氧化焰中灼烧不产生离子特征的颜色,表示铂丝已经洗干净了。将这样处理过的铂丝蘸上一些硼砂固体,在氧化焰中灼烧并熔融成圆珠。观察硼砂珠的颜色和状态。

(2) 用硼砂珠鉴定钴盐和铬盐

用烧热的硼砂珠分别沾上微量硝酸钴和三氯化铬固体,熔融之。冷却后观察硼砂珠的颜色,写出相应的反应方程式。

四、问题与讨论

(1) 总结铵盐热分解产物与其阴离子的关系,总结硝酸盐的热分解与其阳离子的关系。

(2) 设计三种区别硝酸钠和亚硝酸钠的方法。

(3) 为什么装有水玻璃的试剂瓶长期敞开瓶口后水玻璃会变混浊?

附：常见金属硼砂珠颜色

表3-1　常见金属硼砂珠颜色表

金属元素	氧化焰		还原焰	
	热　时	冷　时	热　时	冷　时
铬	黄　色	黄绿色	绿　色	绿　色
锰	紫　色	紫红色	无色～灰色	无色～灰色
铁	黄色～淡褐色	黄色～褐色	绿　色	淡绿色
钴	青　色	青　色	青　色	青　色
镍	紫　色	黄褐色	无色～灰色	无色～灰色
铜	绿　色	青绿色～淡青色	灰色～绿色	红　色
钼	淡黄色	无色～白色	褐　色	褐　色

实验19　碱金属和碱土金属

一、实验目的

（1）试验并比较碱金属、碱土金属的活泼性。

（2）试验并比较碱土金属氢氧化物和盐类的溶解性。

（3）练习焰色反应并熟悉使用金属钾、钠的安全措施。

二、实验原理

钠、钾在空气中燃烧分别生成过氧化钠和超氧化钾。碱土金属（M）在空气中燃烧时，生成正常氧化物 MO，同时生成相应的氮化物 M_3N_2，这些氮化物遇水时能生成氢氧化物，并放出氨气。碱金属、碱土金属密度较小，易与空气和水反应，保存时要浸在煤油或液体石蜡中以隔绝空气和水。

碱金属、碱土金属（除铍以外）都能与水反应生成氢氧化物，同时放出氢气。反应的激烈程度随金属性增强而加剧，实验时必须十分注意安全，防止钠、钾与皮肤接触。因为钠、钾与皮肤上的湿气作用所放出的热可能引燃金属而烧伤皮肤。

碱金属的盐类绝大多数均易溶于水，碱土金属的碳酸盐均难溶于水。锂、镁的氟化物和磷酸盐也难溶于水。

碱金属和碱土金属盐类的焰色反应特征颜色见表3-2。

表3-2　一些s区金属离子火焰的颜色

盐　类	Li^+	Na^+	K^+	Rb^+	Cs^+	Ca^{2+}	Sr^{2+}	Ba^{2+}
特征颜色	红	黄	紫	紫红	紫红	橙红	洋红	黄绿
谱线的波长(nm)	670.8	589.0	404.4	420.2	455.5	612.2	687.8	553.6

三、仪器与药品

1. 仪器

烧杯,试管,小刀,镊子,坩埚,坩埚钳,离心机等。

2. 药品

$Na(s)$,$K(s)$,Mg 条(s),$HCl(6\ mol \cdot L^{-1})$,$H_2SO_4(2\ mol \cdot L^{-1})$,$NaOH(2\ mol \cdot L^{-1}$ 新配、$6\ mol \cdot L^{-1})$,$NH_3 \cdot H_2O(0.5\ mol \cdot L^{-1})$,$NaCl(1\ mol \cdot L^{-1})$,$KCl(1\ mol \cdot L^{-1})$,$MgCl_2(0.5\ mol \cdot L^{-1})$,$CaCl_2(0.5\ mol \cdot L^{-1})$,$BaCl_2(0.5\ mol \cdot L^{-1})$,$SrCl_2(0.5\ mol \cdot L^{-1})$,$NH_4Cl(饱和)$,$KMnO_4(0.01\ mol \cdot L^{-1})$,酚酞试剂$(0.1\%)$。

3. 材料

铂丝(或镍铬丝),pH 试纸,钴玻璃片,滤纸,砂纸等。

四、实验步骤

1. 钠、钾、镁的性质

(1) 钠与空气中氧的作用

用镊子取一小块金属钠(绿豆大),用滤纸吸干其表面煤油,除去表面氧化膜,立即置于坩埚中加热。当钠开始燃烧时,停止加热。观察反应情况和产物的颜色、状态。冷却后,往坩埚中加入 2 mL 蒸馏水使产物溶解,然后把溶液转移到一支试管中,用 pH 试纸测定溶液的酸碱性。再用 $2\ mol \cdot L^{-1}\ H_2SO_4$ 酸化,滴加 $1 \sim 2$ 滴 $0.01\ mol \cdot L^{-1}\ KMnO_4$ 溶液。观察紫色是否褪去。由此说明水溶液中是否有 H_2O_2 存在,从而推知钠在空气中燃烧是否有 Na_2O_2 生成。写出以上有关反应方程式。

(2) 钠、钾、镁与水的作用

用镊子取一小块(绿豆大)金属钾和金属钠,用滤纸吸干其表面煤油,除去表面氧化膜,立即将它们分别放入盛水的烧杯中(**可将事先准备好的合适漏斗倒扣在烧杯上,以确保安全!**),观察两者与水反应的情况,并进行比较。反应终止后,滴入 $1 \sim 2$ 滴酚酞试剂,检验溶液的酸碱性。根据反应进行的剧烈程度,说明钠、钾的金属活泼性。写出反应方程式。

取一小段镁条,用砂纸擦去表面的氧化物,放入一支试管中,加入少量冷水,观察有无反应。然后将试管加热,观察反应情况。加入几滴酚酞,检验水溶液的酸碱性,写出反应方程式。

2. 镁、钙、钡的氢氧化物的溶解性

(1) 在三支试管中,分别加入 10 滴 $0.5\ mol \cdot L^{-1}$ 的 $MgCl_2$、$CaCl_2$、$BaCl_2$ 溶液,再各加入 10 滴 $2\ mol \cdot L^{-1}$ 新配制的 $NaOH$ 溶液,观察沉淀的生成。然后把沉淀分成两份,分别加入 $6\ mol \cdot L^{-1}\ HCl$ 溶液和 $6\ mol \cdot L^{-1}\ NaOH$ 溶液,观察沉淀是否溶解,写出反应方程式。

(2) 在试管中加入 5 滴 $0.5\ mol \cdot L^{-1}\ MgCl_2$ 溶液,再加入 5 滴 $0.5\ mol \cdot L^{-1}\ NH_3 \cdot H_2O$,观察沉淀的颜色和状态。往有沉淀的试管中加入 NH_4Cl 饱和溶液,又有何现象?为什么?写出反应方程式。

3. 碱金属、碱土金属元素的焰色反应

取一支铂丝(或镍铬丝),铂丝的尖端弯成小环状,蘸取 $6\ mol \cdot L^{-1}\ HCl$ 溶液(置小试管中),在氧化焰中灼烧片刻,再浸入盐酸中,再灼烧,如此重复,直至火焰无色。依照此法,分

别蘸取 $1.0\ mol\cdot L^{-1}$ 的 NaCl、KCl 溶液以及 $0.5\ mol\cdot L^{-1}$ 的 $CaCl_2$、$SrCl_2$、$BaCl_2$ 溶液在氧化焰中灼烧,观察火焰的颜色。观察钾盐的焰色时,为消除钠对钾焰色的干扰,一般需用蓝色钴玻璃片滤去钠盐的颜色后观察。

五、注意事项

（1）金属钾、钠在空气中会立即被氧化,遇水有可能会引起爆炸,通常将它们保存在煤油或液体石蜡中,并置于阴凉处。取用时要用镊子夹取,不要与皮肤接触,未用完的不能乱丢,要尽量回收并保存好。

（2）金属钾与水的反应十分剧烈,钾的取用量一定要严格控制,观察反应时人要离远点。

（3）铂丝（或镍铬丝）最好不要混用,每进行完一种溶液的焰色反应后,均需蘸盐酸溶液灼烧至火焰近无色后,再进行另一种溶液的焰色反应。

六、问题与讨论

（1）如何保存碱金属和碱土金属单质？它们的活泼性是如何递变的？

（2）若实验室中发生镁燃烧的事故,可否用水或二氧化碳来灭火？如果不能,应用何种方法灭火？

（3）试设计实验方案,分离并鉴别 NH_4^+、K^+、Na^+、Ca^{2+}、Mg^{2+}、Ba^{2+} 混合离子。

（4）为什么 $Mg(OH)_2$、$MgCO_3$ 沉淀均可溶于饱和 NH_4Cl 溶液中？

（5）实验步骤 2(1)中为什么要用新配制的 NaOH 溶液？

（6）焰色是由金属离子引起的,与非金属离子有关吗？

知识链接

一、碱金属阴离子

也许有人认为碱金属原子在反应中总是失去一个电子成为 $+1$ 价阳离子。事实并非如此。碱金属之所以在化合物中一般都成 $+1$ 价,是因为同它们反应的元素有较大的电子亲合能,这些元素会把碱金属原子的外层电子夺过去。但就碱金属原子本身来说,也有获得一个电子使其外层的 s 轨道达到全满结构的倾向。这可从它们的电子亲合能都是正值得到验证。目前碱金属阴离子 K^-、Rb^-、Cs^- 的化合物也都已制得。它们都是些大环配合物。

二、锂和精神健康

研究发现,锂（Li^+）对狂躁型抑郁症患者特别有效,如今 Li_2CO_3 已成为治疗狂躁型抑郁症最安全、最有效的药物之一。Li^+ 的治病机理尚未弄得十分清楚,可能是它会影响到体内 Na^+-K^+ 和 $Mg^{2+}-Ca^{2+}$ 的平衡。

三、焰火的制作

常见的各色焰火一般按下列（表 3-3）比例（质量比）进行配制：

表 3-3 各色焰火的配比（质量比）

	红色	绿色	蓝色	黄色	白色
氯酸钾	4	9	7		
硫磺	11	10	5	12	3
木炭	2			2	2
硝酸钡		31			
硝酸钾			7	30	12
蔗糖			2		
硝酸钠				5	
镁粉					1

按上述比例将分别研细的药品放在易燃的纸上,小心地混合均匀,在药品的中间放一根导火索,把纸卷紧并用线扎牢。点燃导火线,药品燃烧时即放出灿烂的光芒。

导火线的制作:将细棉线用 5% NaOH 溶液煮过以除去油脂,再用水洗净后放在 3% KNO_3 溶液中,浸透后取出晾干即成。

四、焰色反应

碱金属及 Ca、Sr、Ba 的挥发性化合物在高温火焰中,原子中的电子被激发,电子接受了能量,从较低的能级跃迁到较高的能级。但在较高能级的电子不稳定,当电子从较高的能级回到较低的能级时,便发射出一定波长的光来,使火焰呈现特征的颜色。一些 s 区金属离子火焰的颜色见表 3-2。

实验 20　p 区金属元素（铝、锡、铅、锑、铋）

一、实验目的

(1) 试验金属铝与非金属(氧、硫、碘)以及与水的反应。

(2) 试验铝(Ⅲ)、锑(Ⅲ)化合物的水解性。

(3) 试验并比较铝、锡、铅、锑、铋氢氧化物的酸碱性和盐类的溶解性。

(4) 试验并掌握锡(Ⅱ)、铅(Ⅳ)和铋(Ⅲ、Ⅴ)的氧化还原性。

(5) 了解由铝热法制取金属铁的方法。

二、实验原理

铝是第三周期第ⅢA族元素,其原子的价层电子构型为 $3s^2 3p^1$,属中等活泼金属,能与非金属(氧、硫、碘)以及水反应形成氧化值为+3 的化合物。锡、铅是周期系第ⅣA族元素,其原子的价层电子构型为 $ns^2 np^2$,它们能形成氧化值为+2 和+4 的化合物。锑、铋是周期系第ⅤA族元素,其原子的价层电子构型为 $ns^2 np^3$,它们能形成氧化值为+3 和+5 的化合物。

$Al(OH)_3$、$Sn(OH)_2$、$Pb(OH)_2$、$Sb(OH)_3$ 都是两性氢氧化物，$Bi(OH)_3$ 呈碱性，α-H_2SnO_3 既能溶于酸也能溶于碱，而 β-H_2SnO_3 既不溶于酸也不溶于碱。

Al^{3+}、Sn^{2+}、Pb^{2+}、Sb^{3+} 在水溶液中发生显著的水解反应，加入相应的酸可以抑制它们的水解。

锡（Ⅱ）的化合物具有较强的还原性。Sn^{2+} 与 $HgCl_2$ 的反应可用于鉴定 Sn^{2+} 或 Hg^{2+}；碱性溶液中，$[Sn(OH)_4]^{2-}$（或 SnO_2^{2-}）与 Bi^{3+} 反应可用于鉴定 Bi^{3+}。

铅（Ⅳ）和铋（Ⅴ）的化合物都具有强氧化性。PbO_2 和 $NaBiO_3$ 都是强氧化剂，在酸性溶液中它们都能将 Mn^{2+} 氧化为 MnO_4^-。Sb^{3+} 可以被 Sn 还原为单质 Sb，这一反应可用于鉴定 Sb^{3+}。

SnS、SnS_2、PbS、Sb_2S_3、Bi_2S_3 都难溶于水和稀盐酸，但能溶于较浓的盐酸。SnS_2 和 Sb_2S_3 还能溶于 $NaOH$ 溶液或 Na_2S 溶液。锡（Ⅳ）和锑（Ⅲ）的硫代酸盐遇酸分解为 H_2S 和相应的硫化物沉淀。

铅的许多盐难溶于水，$PbCl_2$ 能溶于热水中。利用 Pb^{2+} 和 CrO_4^{2-} 的反应可以鉴定 Pb^{2+}。

三、仪器与药品

1. 仪器

烧杯，试管，蒸发皿，坩埚，量筒，镊子，铁架台，铁圈，角匙，酒精灯，坩埚钳，石棉网等。

2. 药品

铝片，铝粉，硫粉，镁条，镁粉，碘，过氧化钡，四氧化三铁，二氧化铅，铋酸钠（s），醋酸钠（s），HCl（1 mol·L^{-1}、6 mol·L^{-1}、浓），HNO_3（2 mol·L^{-1}、6 mol·L^{-1}、浓），$NaOH$（2 mol·L^{-1} 新配、6 mol·L^{-1}），$HgCl_2$（0.1 mol·L^{-1}），$AlCl_3$（0.5 mol·L^{-1}），$SnCl_2$（0.5 mol·L^{-1} 新配），$SnCl_4$（0.5 mol·L^{-1}），$Pb(NO_3)_2$（0.5 mol·L^{-1}），$SbCl_3$（0.5 mol·L^{-1}），$Bi(NO_3)_3$（0.5 mol·L^{-1}），$(NH_4)_2S$（0.5 mol·L^{-1}），$(NH_4)_2S_x$（0.5 mol·L^{-1}），KI（0.1 mol·L^{-1}），K_2CrO_4（0.1 mol·L^{-1}），Na_2SO_4（0.1 mol·L^{-1}），$MnSO_4$（0.2 mol·L^{-1}），酚酞指示剂（0.1%），硫代乙酰胺（0.1 mol·L^{-1}）。

3. 材料

砂纸，棉花，滤纸，砂子，搪瓷盘，火柴，pH 试纸，淀粉-碘化钾试纸等。

四、实验步骤

1. 金属铝与非金属（氧、硫、碘）以及与水反应

（1）铝在空气中氧化以及与水的反应

取一小块铝片，用砂纸擦去其表面的氧化物，放入试管中，加入少量冷水，观察反应现象。加热煮沸，观察又有何现象，用酚酞指示剂检验产物酸碱性。写出反应方程式。

另取一小片铝片，用砂纸擦去其表面的氧化物，然后在其上滴 1 滴 0.1 mol·L^{-1} $HgCl_2$ 溶液，观察产物的颜色和状态。用棉花或纸将液体擦干后，将此金属置于空气中，观察铝片上长出的白色铝毛。再将铝片置于盛水的试管中，观察氢气的放出，如反应缓慢，可将试管加热，观察反应现象。写出有关反应方程式。

（2）铝与碘在水存在下的反应（**在通风橱中进行！**）

将 0.1 g 铝粉和 1.2 g 碘的干燥混合物，放在蒸发皿中心，堆成一小堆，加几滴水。解释

观察到的现象。

2. 铝热法制取金属铁(选做)

铝与氧化合时有大量的热放出,因此,把金属氧化物和铝粉混合灼烧时,铝能从氧化物中还原出金属单质,反应剧烈并放出大量的热。例如:

$$2Al + Fe_2O_3 \stackrel{}{=\!\!=\!\!=} 2Fe + Al_2O_3 \quad \Delta H^{\circ} = -827.6 \ kJ \cdot mol^{-1}$$

$$8Al + 3Fe_3O_4 \stackrel{}{=\!\!=\!\!=} 9Fe + 4Al_2O_3 \quad \Delta H^{\circ} = -3\ 323 \ kJ \cdot mol^{-1}$$

此反应在小容器内进行,可达到很高的温度(3000~3500℃),能使分离出来的金属铁熔化为液体。铝粉与金属氧化物的混合物统称为铝热剂。此法可用来制取铁、铬、锰、钒等金属。

(1) 将 2 g 过氧化钡和 0.5 g 镁粉混合均匀,用作引燃剂。

(2) 将 1 g 铝粉和 3 g 四氧化三铁粉混合均匀。取两张圆形滤纸重叠后对折,然后再折上一个小角,从中间打开,使滤纸呈一个扁平的漏斗形,放在用铁架台架起的铁圈上。将混合好的铝粉和四氧化三铁粉倒在折好的滤纸中,再用角匙在中间挖一小坑,用引燃剂填满,上面插上长约 8~10 cm 的 S 形镁条。用少量水将滤纸四周稍微浸湿。铁圈下面放一个沙盘。

(3) 用点燃的沾有酒精的棉花球将镁条引燃。反应剧烈进行,产生耀眼白光,反应产生的铁水滴入砂盘中,冷却后成铁块。

本实验因反应猛烈,反应装置要远离人群和附近易燃物。

3. 铝、锡、铅、锑、铋的氢氧化物的酸碱性

在 5 支试管中,分别加入浓度均为 0.5 mol·L^{-1}的 AlCl$_3$、SnCl$_2$、Pb(NO$_3$)$_2$、SbCl$_3$、Bi(NO$_3$)$_3$ 溶液各 0.5 mL,均加入等体积新配制的 2 mol·L^{-1}NaOH 溶液(为什么?),观察沉淀的生成,并写出反应方程式。

把以上沉淀均分成两份,选用适当的试剂(如何选用?),分别试验它们的酸碱性,注意观察沉淀是否溶解,并写出反应方程式。保留亚锡酸钠溶液,供下面的实验步骤 5(1)用。

4. 锡、铅、锑、铋的难溶盐的溶解性

(1) 硫化亚锡、硫化锡的生成和性质

在 2 支试管中分别加入 5 滴 0.5 mol·L^{-1} SnCl$_2$ 溶液和 SnCl$_4$ 溶液,再分别滴加 0.1 mol·L^{-1} 硫代乙酰胺*溶液,有何现象?为什么?若无沉淀生成,再滴加几滴 2 mol·L^{-1} NaOH 溶液,观察沉淀的颜色有何不同。

分别试验沉淀物与 1 mol·L^{-1} HCl、0.5 mol·L^{-1} (NH$_4$)$_2$S 和 0.5 mol·L^{-1} (NH$_4$)$_2$S$_x$ 溶液的反应。通过硫化亚锡、硫化锡的生成和性质实验得出什么结论? 写出有关的反应方程式。

(2) 铅、锑、铋的硫化物

在三支试管中分别加入 0.5 mL 0.5 mol·L^{-1} Pb(NO$_3$)$_2$、SbCl$_3$、Bi(NO$_3$)$_3$ 溶液,再分别滴加 0.1 mol·L^{-1}硫代乙酰胺溶液,观察沉淀的颜色有何不同。

分别试验沉淀物与浓 HCl、2 mol·L^{-1} NaOH、0.5 mol·L^{-1} (NH$_4$)$_2$S、0.5 mol·L^{-1}

---

　　* 硫代乙酰胺为有机物,分子式为 CH$_3$CSNH$_2$ (TAA)。在酸性条件下相当于 H$_2$S,在碱性条件下相当于 Na$_2$S,在氨性条件下相当于(NH$_4$)$_2$S,主要是提供 S^{2-}。

$(NH_4)_2S_x$ 和浓 HNO_3 溶液的反应。

（3）氯化铅

在 0.5 mL 蒸馏水中滴加 5 滴 0.5 mol·L^{-1} $Pb(NO_3)_2$ 溶液，再滴入 3～5 滴 1 mol·L^{-1} HCl，即有白色氯化铅沉淀生成。将沉淀与溶液一起加热，观察沉淀是否溶解？再把溶液冷却，又有何变化？说明氯化铅的溶解度与温度的关系。取以上沉淀少许，加入浓盐酸，观察沉淀溶解情况。

（4）碘化铅

取 5 滴 0.5 mol·L^{-1} $Pb(NO_3)_2$ 溶液用水稀释至 1 mL 后，滴加 0.1 mol·L^{-1} KI 溶液，生成橙黄色碘化铅沉淀，试验它在热水和冷水中的溶解情况。

（5）铬酸铅

取 1 滴 0.5 mol·L^{-1} $Pb(NO_3)_2$ 溶液，再加入几滴 0.1 mol·L^{-1} K_2CrO_4 溶液。观察 $PbCrO_4$ 沉淀的生成。试验它在 6 mol·L^{-1} HNO_3 和 6 mol·L^{-1} NaOH 溶液中的溶解情况。写出有关反应方程式。

（6）硫酸铅

在 1 mL 蒸馏水中滴加 5 滴 0.5 mol·L^{-1} $Pb(NO_3)_2$ 溶液，再滴入几滴 0.1 mol·L^{-1} Na_2SO_4 溶液，得白色 $PbSO_4$ 沉淀。加入少许固体 NaAc，微热，并不断搅拌，观察沉淀是否溶解？解释上述现象，写出有关反应方程式。

5. 锡（Ⅱ）、铅（Ⅳ）和铋（Ⅲ、Ⅴ）的氧化还原性

（1）在实验 3 制得的亚锡酸钠溶液中滴入几滴 0.5 mol·L^{-1} $Bi(NO_3)_3$ 溶液，立即有黑色沉淀金属铋析出。此反应可以用来鉴定 Sn^{2+} 和 Bi^{3+}。

$$3Sn(OH)_3^- + 2Bi^{3+} + 9OH^- \longrightarrow 3Sn(OH)_6^{2-} + 2Bi\downarrow$$

（2）在试管中加入少量二氧化铅，到通风橱中再向试管中加入适量浓盐酸，微热。用淀粉-碘化钾试纸鉴定气体产物，并写出反应方程式。

（3）在试管中加入 2 滴 0.2 mol·L^{-1} $MnSO_4$ 溶液，然后加入 1 mL 2 mol·L^{-1} HNO_3，再加入少量铋酸钠固体，微热，加少量水稀释，观察溶液颜色的变化。写出反应方程式。

根据实验现象并查阅手册，填写表 3-4。

表 3-4　实验现象记录表

性质 名称	颜色	溶解性 （水或其他试剂）	溶度积（K_{sp}）
$PbCl_2$			
PbI_2			
$PbCrO_4$			
$PbSO_4$			
PbS			
SnS			
SnS_2			

五、注意事项

(1) 实验步骤 1(1)中使用的 $HgCl_2$(升汞)溶液剧毒！小心不要接触皮肤。

(2) 实验步骤 2 因反应猛烈,反应装置要远离人群和附近易燃物,以免造成人身伤害和引起火灾。

(3) 实验废水不要直接倒入下水道,铅、锑、铋、铬及其化合物都有一定的毒性,使用时要注意安全,不要污染环境。

(4) 实验步骤 1(2)、(3)以及实验步骤 5(2)均须在通风橱中进行。

六、问题与讨论

(1) 如何配制氯化亚锡溶液？为什么要加盐酸和锡粒？何时加？

(2) 预测二氧化铅和浓盐酸反应的产物是什么？写出其反应方程式。

(3) 今有未贴标签无色透明的氯化亚锡、四氯化锡溶液各一瓶,试设法鉴别。

(4) 铝热法中的引信如不用镁条,还有哪些代用品可用？

(5) 在实验步骤 3 中试验 $Pb(OH)_2$ 的碱性时,应选用什么酸？

(6) 锡、铅、锑、铋的硫化物与它们的氧化物的性质有何异同？

(7) 硫代乙酰胺在酸、碱性条件下分别起什么作用？

实验 21　ds 区金属元素(铜、银、锌、镉、汞)

一、实验目的

(1) 掌握铜、银、锌、镉、汞的氢氧化物和氧化物的性质。

(2) 掌握 Cu(Ⅰ)与 Cu(Ⅱ)、Hg(Ⅰ)和 Hg(Ⅱ)之间的转化反应及其条件。

(3) 掌握铜、银、锌、镉、汞的硫化物的生成与溶解性。

(4) 学习 Cu^{2+}、Ag^+、Zn^{2+}、Cd^{2+}、Hg^{2+} 的鉴定方法。

二、实验原理

ds 区元素包括周期系 IB 族的 Cu、Ag、Au 和 ⅡB 族的 Zn、Cd、Hg 六种元素,价电子构型为 $(n-1)d^{10}ns^{1\sim2}$,它们的许多性质与 d 区元素相似,而与相应的主族 ⅠA 和 ⅡA 族比较,除了形式上均可形成氧化数为+1 和+2 的化合物外,更多地呈现较大的差异性。

$Cu(OH)_2$ 以碱性为主,溶于酸,但它又有微弱的酸性,溶于较浓的 $NaOH(6\ mol \cdot L^{-1})$ 溶液中。AgOH 为白色沉淀,在水中极易脱水迅速转变为棕黑色 Ag_2O。它能溶于硝酸和氨水。$Zn(OH)_2$ 为两性,$Cd(OH)_2$ 两性偏碱性,$Hg(OH)_2$、$Hg_2(OH)_2$ 不稳定,极易脱水转变为相应的氧化物,而 Hg_2O 也不稳定,易歧化为 HgO 和 Hg。HgO 不溶于过量碱中。

某些 Cu(Ⅱ)、Ag(Ⅰ)、Hg(Ⅱ)的化合物具有一定的氧化性。例如,Cu^{2+} 能与 I^- 反应生成白色的 CuI 沉淀:

$$2Cu^{2+} + 4I^- =\!\!= 2CuI\downarrow + I_2$$

$[Cu(OH)_4]^{2-}$ 和 $[Ag(NH_3)_2]^+$ 都能被醛类或某些糖类还原,分别生成 Ag 和 Cu_2O:

$$2[Cu(OH)_4]^{2-} + C_6H_{12}O_6 \xrightarrow{\triangle} Cu_2O\downarrow(暗红色) + C_6H_{12}O_7 + 4OH^- + 2H_2O$$

$$2Ag(NH_3)_2^+ + C_6H_{12}O_6 + 3OH^- \Longrightarrow 2Ag\downarrow + C_6H_{11}O_7^- + 4NH_3 + 2H_2O$$

在水溶液中 Cu^+ 不稳定,易歧化为 Cu^{2+} 和 Cu。CuCl 和 CuI 等 Cu(I)的卤化物难溶于水,通过加合反应可分别生成相应的配离子 $[CuCl_2]^-$(和 $[CuI_2]^-$ 等),它们在水溶液中较稳定。$CuCl_2$ 溶液与铜屑及浓 HCl 混合后加热可制得 $[CuCl_2]^-$,加水稀释会析出沉淀。

$$Cu^{2+} + Cu + 4Cl^- \xrightarrow{\triangle} 2[CuCl_2]^-$$

$$2[CuCl_2]^- \xrightarrow{H_2O} 2CuCl\downarrow(白色) + 2Cl^-$$

在 CuCl、CuI 沉淀中加入氨水,生成无色的 $[Cu(NH_3)_2]^+$,其很快被空气中的氧氧化为深蓝色 $[Cu(NH_3)_4]^{2+}$:

$$CuCl + 2NH_3 \Longrightarrow [Cu(NH_3)_2]^+(无色) + Cl^-$$

$$4[Cu(NH_3)_2]^+ + O_2 + 8NH_3 + 2H_2O \Longrightarrow 4[Cu(NH_3)_4]^{2+}(蓝色) + 4OH^-$$

Cu^{2+} 与 $K_4[Fe(CN)_6]$ 在中性或弱酸性溶液中反应,生成红棕色的 $Cu_2[Fe(CN)_6]$ 沉淀,此反应用于鉴定 Cu^{2+}。$Cu_2[Fe(CN)_6]$ 在碱性溶液中能被分解:

$$2Cu^{2+} + [Fe(CN)_6]^{4-} \Longrightarrow Cu_2[Fe(CN)_6]\downarrow(红棕色)$$

Ag^+ 与稀 HCl 反应生成 AgCl 沉淀,AgCl 溶于 $NH_3 \cdot H_2O$ 溶液生成 $[Ag(NH_3)_2]^+$,再加入稀 HNO_3 又生成 AgCl 沉淀,利用此系列反应可以鉴定 Ag^+。

$$AgCl + 2NH_3 \cdot H_2O \Longrightarrow [Ag(NH_3)_2]^+ + Cl^-$$

$$[Ag(NH_3)_2]^+ + Cl^- + 2H^+ \Longrightarrow AgCl\downarrow(白色) + 2NH_4^+$$

铜、银、锌、镉、汞的硫化物是具有特征颜色的难溶物。白色的 ZnS 难溶于水、HAc 而溶于稀 HCl。黄色的 CdS 难溶于稀 HCl 而易溶于 $6 \ mol \cdot L^{-1}$ HCl。通常利用 Cd^{2+} 与 H_2S 反应生成 CdS 来鉴定 Cd^{2+}。黑色的 Ag_2S 溶于浓硝酸,黑色的 HgS 只能溶于王水和 Na_2S 溶液中:

$$3Ag_2S + 2NO_3^- + 8H^+ \Longrightarrow 6Ag^+ + 2NO\uparrow + 3S\downarrow + 4H_2O$$

$$3HgS + 12HCl + 2HNO_3 \Longrightarrow 3H_2[HgCl_4] + 3S\downarrow + 2NO\uparrow + 4H_2O$$

$$HgS + S^{2-} \Longrightarrow [HgS_2]^{2-}$$

Cu^{2+}、Cu^+、Ag^+、Zn^{2+}、Cd^{2+}、Hg^{2+} 与过量氨水反应都能生成氨合物。$[Cu(NH_3)_2]^+$ 是无色的易被空气中的氧氧化为深蓝色的 $[Cu(NH_3)_4]^{2+}$。但是 Hg^{2+} 和 Hg_2^{2+} 与过量氨水反应时,在没有大量 NH_4^+ 存在的情况下并不生成氨配离子:

$$HgCl_2 + 2NH_3 \Longrightarrow HgNH_2Cl\downarrow(白色) + NH_4Cl$$

$$Hg_2Cl_2 + 2NH_3 \Longrightarrow HgNH_2Cl\downarrow(白色) + Hg(黑色) + NH_4Cl$$

$$2Hg(NO_3)_2 + 4NH_3 + H_2O = HgO \cdot HgNH_2NO_3 \downarrow (白色) + 3NH_4NO_3$$

$$2Hg_2(NO_3)_2 + 4NH_3 + H_2O = HgO \cdot HgNH_2NO_3 \downarrow (白色) + 2Hg(黑色) + 3NH_4NO_3$$

Hg^{2+} 和 Hg_2^{2+} 与 I^- 作用,分别生成难溶于水的 HgI_2 和 Hg_2I_2 沉淀。红色 HgI_2 易溶于过量 KI 中生成 $[HgI_4]^{2-}$:

$$HgI_2 + 2KI = K_2[HgI_4]$$

黄绿色 Hg_2I_2 与过量 KI 反应时,发生歧化反应生成 $[HgI_4]^{2-}$ 和 Hg:

$$Hg_2I_2 + 2KI = K_2[HgI_4] + Hg$$

$HgCl_2$ 与 $SnCl_2$ 反应生成白色 Hg_2Cl_2,Hg_2Cl_2 又与过量 $SnCl_2$ 生成黑色 Hg,此可用于鉴定 Hg^{2+} 或 Sn^{2+}:

$$Sn^{2+} + 2HgCl_2 + 4Cl^- = Hg_2Cl_2 \downarrow (白色) + [SnCl_6]^{2-}$$

$$Sn^{2+} + Hg_2Cl_2 + 4Cl^- = 2Hg \downarrow (黑色) + [SnCl_6]^{2-}$$

Zn^{2+} 在碱性条件下,与二苯硫腙反应生成粉红色的螯合物,此反应用于鉴定 Zn^{2+}。

三、仪器与药品

1. 仪器

离心机,水浴锅。

2. 药品

盐酸($2\ mol \cdot L^{-1}$、$6\ mol \cdot L^{-1}$、浓),硫酸($1\ mol \cdot L^{-1}$),硝酸($2\ mol \cdot L^{-1}$、浓),HAc($2\ mol \cdot L^{-1}$),氢氧化钠($2\ mol \cdot L^{-1}$、$6\ mol \cdot L^{-1}$、40%),氨水($2\ mol \cdot L^{-1}$、浓),硫化钠($0.1\ mol \cdot L^{-1}$),硫酸铜($0.1\ mol \cdot L^{-1}$),硫酸锌($0.1\ mol \cdot L^{-1}$),硝酸银($0.1\ mol \cdot L^{-1}$),硫酸镉($0.1\ mol \cdot L^{-1}$),氯化铜($1\ mol \cdot L^{-1}$),硝酸汞($0.1\ mol \cdot L^{-1}$),硫代硫酸钠($0.5\ mol \cdot L^{-1}$),$K_4[Fe(CN)_6]$($0.1\ mol \cdot L^{-1}$),硝酸亚汞($0.1\ mol \cdot L^{-1}$),氯化铵($1\ mol \cdot L^{-1}$),氯化亚锡($0.1\ mol \cdot L^{-1}$),碘化钾($0.1\ mol \cdot L^{-1}$),铜屑,10%葡萄糖,二苯硫腙的四氯化碳溶液。

四、实验步骤

1. 铜、银、锌、镉、汞的氢氧化物或氧化物的生成和性质

(1) 铜、锌、镉的氢氧化物

向三支试管中分别加入 3 滴 $0.1\ mol \cdot L^{-1} CuSO_4$ 溶液、$ZnSO_4$ 溶液、$CdSO_4$ 溶液,然后滴加 $2\ mol \cdot L^{-1} NaOH$ 溶液,观察溶液颜色变化及沉淀的生成。将各试管中的沉淀分为两份,一份加 $1\ mol \cdot L^{-1} H_2SO_4$,另一份继续滴加 $2\ mol \cdot L^{-1} NaOH$ 溶液。观察沉淀的溶解情况,写出有关反应方程式。

(2) 银、汞的氧化物

① 氧化银　取 0.5 mL $0.1\ mol \cdot L^{-1} AgNO_3$ 溶液,滴加 $2\ mol \cdot L^{-1} NaOH$ 溶液,观察 Ag_2O 的生成、颜色和状态。洗涤并离心分离,将沉淀分成两份,一份加入 $2\ mol \cdot L^{-1}$ HNO_3,另一份滴加 $2\ mol \cdot L^{-1} NH_3 \cdot H_2O$。观察沉淀的溶解情况,写出有关反应方程式。

② 氧化汞　取 1～2 滴 0.1 mol·L^{-1} Hg(NO$_3$)$_2$ 溶液,滴加 2 mol·L^{-1} NaOH 溶液,观察沉淀的生成和颜色。将沉淀分成两份,一份加入 2 mol·L^{-1} HNO$_3$,另一份滴加 40% NaOH 溶液。观察沉淀的溶解情况,写出有关反应方程式。

2. Cu(I)化合物的生成和性质

(1) 在二支离心试管中各加入 3 滴 0.1 mol·L^{-1} CuSO$_4$ 溶液,滴加 6 mol·L^{-1} NaOH 溶液至过量,边加边振荡试管,使生成的蓝色沉淀溶解成深蓝色溶液。再加入 0.5 mL 10% 葡萄糖溶液,摇匀,水浴加热几分钟,观察现象。离心分离,弃去清液,将沉淀洗涤后分为两份:

一份加入 1 mL 1 mol·L^{-1} H$_2$SO$_4$ 溶液,用玻璃棒轻轻搅动沉淀,使其充分反应,静置片刻,注意观察沉淀和溶液有何变化。

另一份加入 1 mL 浓 NH$_3$·H$_2$O,振荡后静置一段时间,观察溶液的颜色。放置一段时间后,溶液颜色又有什么变化? 解释实验现象,写出有关反应方程式。

(2) 取 2 mL 1 mol·L^{-1} CuCl$_2$ 溶液,加 1 mL 浓盐酸和少量铜屑,加热沸腾至溶液呈深棕色(绿色完全消失),取 2 滴上述溶液加入 5 mL 去离子水中,如有白色沉淀产生,则迅速将溶液全部倒入盛有 20 mL 去离子水的小烧杯中(将铜屑水洗后回收),观察现象。离心分离,将沉淀洗涤两次后分为两份,一份加入浓 HCl,另一份加入浓 NH$_3$·H$_2$O,观察有何变化。写出有关反应方程式。

(3) 取一支试管加入 5 滴 0.1 mol·L^{-1} CuSO$_4$ 溶液,边滴加 0.1 mol·L^{-1} KI 溶液边振荡,溶液变为棕黄色(CuI 为白色沉淀,I$_2$ 溶于 KI 呈黄色)。再滴加适量的 0.5 mol·L^{-1} Na$_2$S$_2$O$_3$ 溶液,以除去反应中生成的碘。观察产物的颜色和状态,写出反应方程式。

3. 银镜反应

在一支干净的试管中加入 1 mL 0.1 mol·L^{-1} AgNO$_3$ 溶液,滴加 2 mol·L^{-1} NH$_3$·H$_2$O 溶液至生成的沉淀刚好溶解,加 2 mL 10% 的葡萄糖溶液,放在水浴锅中加热片刻,观察现象。然后倒掉溶液,加 2 mol·L^{-1} HNO$_3$ 溶液使银溶解。写出反应方程式。

4. 铜、银、锌、镉、汞的硫化物的生成和性质

在六支干净的试管中分别加入 1 滴 0.1 mol·L^{-1} 的 CuSO$_4$、AgNO$_3$、ZnSO$_4$、CdSO$_4$、Hg(NO$_3$)$_2$ 和 Hg$_2$(NO$_3$)$_2$ 溶液,再各滴加 0.1 mol·L^{-1} Na$_2$S 溶液,观察现象,离心分离,试验 CuS 和 Ag$_2$S 在浓 HNO$_3$ 中、ZnS 在稀盐酸中、CdS 在 6 mol·L^{-1} HCl 溶液中、HgS 在王水(自配)中的溶解性。

5. 铜、银、锌、汞的氨合物的生成

分别取 2 滴 0.1 mol·L^{-1} 的 CuSO$_4$、AgNO$_3$、ZnSO$_4$、Hg(NO$_3$)$_2$ 溶液,然后各逐滴加入 2 mol·L^{-1} NH$_3$·H$_2$O溶液,观察沉淀的生成,继续加入过量的 2 mol·L^{-1} NH$_3$·H$_2$O,又有何现象发生,写出有关反应方程式。

6. 汞盐与 KI 的反应

(1) 取 2 滴 0.1 mol·L^{-1} Hg(NO$_3$)$_2$ 溶液,逐滴加入 0.1 mol·L^{-1} KI 溶液,观察沉淀的生成和颜色的变化。继续滴加 0.1 mol·L^{-1} KI 溶液至沉淀刚好消失,然后加几滴 6 mol·L^{-1} NaOH 溶液和 1 滴 1 mol·L^{-1} NH$_4$Cl 溶液,观察有何现象。写出有关反应方程式。

(2) 取 2 滴 0.1 mol·L^{-1} Hg$_2$(NO$_3$)$_2$ 溶液,逐滴加入 0.1 mol·L^{-1} KI 溶液至过量,观察现象。写出有关反应方程式。

7. Cu^{2+} 的鉴定

在点滴板上加 1 滴 $0.1\ mol\cdot L^{-1}$ $CuSO_4$ 溶液,再加 1 滴 $2\ mol\cdot L^{-1}$ HAc 溶液和 1 滴 $0.1\ mol\cdot L^{-1}$ $K_4[Fe(CN)_6]$ 溶液,观察现象。写出反应方程式。

8. Zn^{2+} 的鉴定

取 2 滴 $0.1\ mol\cdot L^{-1}$ $ZnSO_4$ 溶液,加 5 滴 $6\ mol\cdot L^{-1}$ NaOH 溶液,再加 0.5 mL 二苯硫腙的 CCl_4 溶液,摇荡试管,观察水溶液层和 CCl_4 层颜色的变化。写出反应方程式。

9. Hg^{2+} 的鉴定

取 2 滴 $0.1\ mol\cdot L^{-1}$ $Hg(NO_3)_2$ 溶液,滴加 $0.1\ mol\cdot L^{-1}$ $SnCl_2$ 溶液,观察现象,写出反应方程式。

五、问题与讨论

(1) 总结铜、银、锌、镉、汞的氢氧化物的酸碱性和稳定性。

(2) 在 CuI 的制备时,加入硫代硫酸钠的作用是什么？若硫代硫酸钠加入过量,会有什么现象产生？为什么？

(3) 现有三瓶已失去标签的硝酸汞、硝酸亚汞和硝酸银溶液,至少用两种方法鉴别之。

(4) 用 $K_4[Fe(CN)_6]$ 鉴定 Cu^{2+} 的反应在中性或弱酸性溶液中进行,若加入 $NH_3\cdot H_2O$ 或 NaOH 溶液会发生什么反应？

(5) 总结 Cu^{2+}、Ag^+、Zn^{2+}、Cd^{2+}、Hg^{2+}、Hg_2^{2+} 与 $NH_3\cdot H_2O$ 的反应。

(6) 总结铜、银、锌、镉、汞的硫化物的溶解性。

(7) $AgCl$、$PbCl_2$、Hg_2Cl_2 都不溶于水,如何将它们分离开？

知识链接

一、汞的性质及废液处理

(1) 汞在常温下为液态、易挥发,常通过呼吸道而进入人体,逐渐积累会引起慢性中毒,因此汞要用水封存起来保存。由于汞的密度较大,取用时要特别小心,应该在盛水的搪瓷盘上方操作,不得把汞洒落在桌上或地上。一旦洒落,必须尽可能收集起来,并用硫黄粉盖在洒落的地方,使汞转变成不挥发的硫化汞。所有含汞离子的废液不能随意弃去,要回收到指定的容器中集中处理。

(2) 含汞废液处理

① 化学沉淀法　在含 Hg^{2+} 的废液中通入 H_2S 或加入 Na_2S,使 Hg^{2+} 形成 HgS 沉淀。为防止形成 HgS_2^{2-},可加入少量 $FeSO_4$,使过量 S^{2-} 与 Fe^{2+} 作用生成 FeS 沉淀。过滤后残渣可回收或深埋,溶液调 pH＝6～8 排放。

② 还原法　利用镁粉、铝粉、铁粉、锌粉等还原性金属,将 Hg^{2+}、Hg_2^{2+} 还原为单质 Hg (此法并不十分理想)。

③ 离子交换法　利用阳离子交换树脂把 Hg^{2+}、Hg_2^{2+} 交换于树脂上,然后再回收利用 (此法较为理想,但成本较高)。

二、镉的性质及废液处理

镉在自然界中多以化合物存在,且含量很低。镉常与锌、铅等矿物共生,镉污染环境后,常通过食物链进入人体,可在人体内富集,引起慢性中毒。10 mg 的镉即可引起急性镉中毒,导致恶心、呕吐、腹泻和腹痛。

含镉废液处理:加入消石灰等碱性试剂,使所含的金属离子形成氢氧化物沉淀而除去。

实验 22　第一过渡金属元素(一)(钛、钒、铬、锰)

一、实验目的

(1) 了解钛、钒的化合物性质。
(2) 了解铬和锰各种重要价态化合物的生成、性质及相互转化。

二、实验原理

钛、钒、铬、锰分别是ⅣB、ⅤB、ⅥB 和ⅦB 族元素,它们均具有多种氧化数。钛的氧化数有 $+3$ 和 $+4$,钒的氧化数有 $+3$、$+4$ 和 $+5$,铬的氧化数有 $+2$、$+3$ 和 $+6$,锰的氧化数有 $+2$、$+3$、$+4$、$+5$、$+6$ 和 $+7$。

$Ti(OH)_4$ 可由 $TiOSO_4$ 和 $6\ mol \cdot L^{-1}\ NH_3 \cdot H_2O$ 作用而得到,呈两性(以碱性为主),在强酸中呈 TiO^{2+} 形态。$Ti(Ⅲ)$ 的水合离子呈紫色,具有较强的还原性,它可由 TiO^{2+} 的还原来制取。

$Ti(Ⅳ)$ 能与 H_2O_2 作用生成橙红色的配位化合物,利用这个反应可鉴定该离子。

铬(Ⅲ)的氢氧化物呈两性;铬(Ⅲ)的盐容易水解,它在碱性溶液中易被强氧化剂(如 H_2O_2)氧化为铬酸盐(CrO_4^{2-},黄色)。铬酸盐与重铬酸盐($Cr_2O_7^{2-}$,橙色)在溶液中存在着下列平衡关系:

$$2CrO_4^{2-} + 2H^+ \Longrightarrow Cr_2O_7^{2-} + H_2O$$

该反应在酸性溶液中向右移动,在碱性溶液中向左移动。重金属离子如 Ag^+、Pb^{2+}、Ba^{2+} 无论在可溶的铬酸盐中还是在可溶的重铬酸盐中均生成铬酸盐沉淀。$Cr_2O_7^{2-}$ 在酸性溶液中是强氧化剂,亦可与 H_2O_2 作用生成过氧化铬(CrO_5),利用该反应可鉴定 Cr^{3+} 和 $Cr_2O_7^{2-}$。

锰的某些价态间的相互转化反应可由该元素的标准电极电位来说明。$Mn(Ⅱ)$ 氢氧化物在空气中易被氧化为棕黑色的 MnO_2 的水合物 $MnO(OH)_2$;MnO_4^- 和 Mn^{2+} 在中性溶液中的反应可生成 MnO_2;MnO_4^{2-} 在酸性溶液中的歧化反应可生成 MnO_4^- 和 MnO_2,而碱性溶液可使该反应逆转。锰元素电势图如图 3-1 所示。

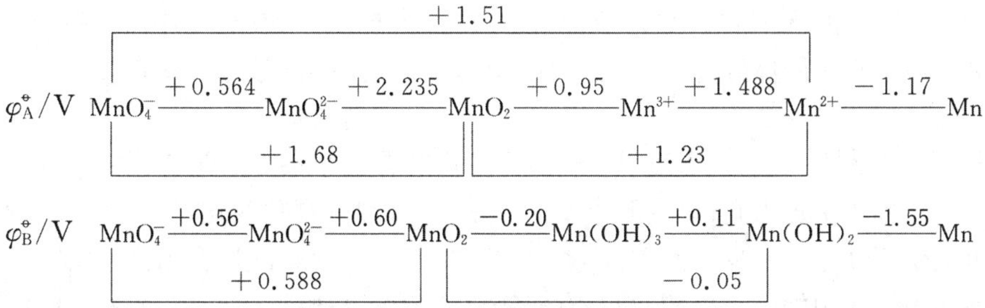

图 3-1　锰元素电势图

Mn^{2+} 在酸性溶液中可被 $NaBiO_3$ 氧化、生成紫红色的 MnO_4^-,利用该反应可鉴定 Mn^{2+}。

三、仪器与药品

1. 药品

$HCl(2\ mol \cdot L^{-1}、6\ mol \cdot L^{-1}、浓)$,$HNO_3(6\ mol \cdot L^{-1})$,$H_2SO_4(2\ mol \cdot L^{-1}、6\ mol \cdot L^{-1}、浓)$,$NaOH(2\ mol \cdot L^{-1}、6\ mol \cdot L^{-1}、40\%)$,$NH_3 \cdot H_2O(6\ mol \cdot L^{-1})$,$AgNO_3(0.1\ mol \cdot L^{-1})$,$Pb(NO_3)_2(0.1\ mol \cdot L^{-1})$,$BaCl_2(0.1\ mol \cdot L^{-1})$,$CuCl_2(0.1\ mol \cdot L^{-1})$,$CrCl_3(0.1\ mol \cdot L^{-1})$,$FeSO_4(0.5\ mol \cdot L^{-1})$,$K_2CrO_4(0.1\ mol \cdot L^{-1})$,$K_2Cr_2O_7(0.1\ mol \cdot L^{-1}、饱和)$,$KMnO_4(0.01\ mol \cdot L^{-1})$,$MnSO_4(0.1\ mol \cdot L^{-1})$,$TiOSO_4$(用液体 $TiCl_4$ 和 $1\ mol \cdot L^{-1}$ $(NH_4)_2SO_4$ 按 1∶1 比例配成),乙醚,$H_2O_2(3\%)$,$MnO_2(s)$,$NaBiO_3(s)$,锌粉(s),锌粒(s),偏钒酸铵(s)。

2. 材料

pH 试纸,KI-淀粉试纸。

四、实验步骤

1. 钛的化合物

(1) $Ti(OH)_4$ 的生成和性质

在试管中加入 2 滴 $TiOSO_4$ 溶液,并加入数滴 $6\ mol \cdot L^{-1}$ $NH_3 \cdot H_2O$,观察白色沉淀生成。将沉淀分装两支试管,并向两支试管分别加入数滴 $2\ mol \cdot L^{-1}$ H_2SO_4 溶液和 $6\ mol \cdot L^{-1}$ NaOH 溶液,观察现象,写出反应方程式。

(2) Ti^{3+} 的制备和性质

在试管中加入 1 mL $TiOSO_4$ 溶液,并加入少量锌粉,观察溶液颜色变化,写出反应方程式。待反应进行 2 min 后,吸取上层清液 1 mL 加入另一支试管,再加入 10 滴 $0.1\ mol \cdot L^{-1}$ $CuCl_2$ 溶液,观察现象,写出反应方程式。

(3) TiO^{2+} 的水解

在试管中加入 2 mL 蒸馏水,并加入 2 滴 $TiOSO_4$ 溶液,加热至沸,观察现象,写出反应方程式。

(4) TiO^{2+} 的鉴定

在试管中加入 5 滴 $TiOSO_4$ 溶液,并加入 2 滴 3% H_2O_2,观察溶液颜色变化,写出反应方程式。

现象 偏钒酸铵受热分解

2. 钒的化合物

(1)取 0.2 g 偏钒酸铵固体放入蒸发皿中,用小火加热,并不断搅拌,观察并记录反应过程中固体颜色的变化,固体变为红棕色后停止加热,冷却,然后把产物分成四份:

在第一份固体中加入 1 mL 浓 H_2SO_4,振荡后放置。观察溶液颜色,固体是否溶解?

在第二份固体中加入 $6\ mol \cdot L^{-1}$ NaOH 溶液,加热并观察变化。

在第三份固体中加入少量蒸馏水,煮沸、静置,待其冷却后,用 pH 试纸测定溶液的 pH。

在第四份固体中加入浓盐酸,观察有何变化。微沸,检验气体产物,加入少量蒸馏水,观察溶液颜色。

写出有关的反应方程式,并总结五氧化二钒的特性。

(2) 低价钒化合物的生成

在盛有 1 mL 氯化氧钒溶液(在 1 g 偏钒酸铵固体中,加入 20 mL 6 mol·L^{-1} HCl 溶液和 10 mL 蒸馏水)的试管中,加入 2 粒锌粒,观察并记录反应过程中溶液颜色的变化,并加以解释。

(3) 过氧钒阳离子的生成

在盛有 0.5 mL 饱和钒酸铵溶液的试管中,加入 0.5 mL 2 mol·L^{-1} HCl 溶液和 2 滴 3% H_2O_2 溶液,观察并记录产物的颜色和状态。

3. 铬的化合物

(1) $Cr(OH)_3$ 的制备和性质

在试管中加入 0.5 mL 0.1 mol·L^{-1} $CrCl_3$ 溶液,并滴加 2 mol·L^{-1} NaOH 溶液直至生成沉淀,观察沉淀颜色。用试验证明 $Cr(OH)_3$ 呈两性,并写出反应方程式。

(2) Cr^{3+} 的还原性

在试管中加入 0.5 mL 0.1 mol·L^{-1} $CrCl_3$ 溶液,并用 2 滴 6 mol·L^{-1} HCl 酸化,再加入 5 滴 3% H_2O_2,微热,观察颜色有无变化。以 6 mol·L^{-1} NaOH 溶液代替 6 mol·L^{-1} HCl 溶液,重复上述试验,观察颜色变化,写出反应方程式。

(3) $Cr_2O_7^{2-}$ 与 CrO_4^{2-} 间的相互转化

在试管中加入 0.5 mL 0.1 mol·L^{-1} $K_2Cr_2O_7$ 溶液,并加入 5 滴 2 mol·L^{-1} NaOH 溶液,观察溶液颜色变化;再加入 5 滴 2 mol·L^{-1} H_2SO_4 溶液,观察溶液颜色变化,写出反应方程式。

(4) 难溶铬酸盐

在三支试管中分别加入 5 滴 0.1 mol·L^{-1} K_2CrO_4 溶液,并各加入几滴 0.1 mol·L^{-1} 的 $AgNO_3$、$BaCl_2$ 和 $Pb(NO_3)_2$ 溶液,观察现象;再以饱和 $K_2Cr_2O_7$ 溶液代替 0.1 mol·L^{-1} K_2CrO_4 溶液做同样试验,观察现象,写出反应方程式。

(5) $Cr_2O_7^{2-}$ 的氧化性

在试管中加入 3 滴 0.1 mol·L^{-1} $K_2Cr_2O_7$ 溶液,并用 5 滴 2 mol·L^{-1} H_2SO_4 酸化,再加入 10 滴 0.5 mol·L^{-1} $FeSO_4$ 溶液,微热,观察溶液颜色变化,写出反应方程式。

(6) Cr^{3+} 的鉴定

在试管中加入 5 滴 0.1 mol·L^{-1} $CrCl_3$ 溶液,并加入 6 mol·L^{-1} NaOH 溶液至沉淀生成又溶解,再加入 5 滴 3% H_2O_2,微热至溶液呈黄色。待试管冷却后加入 5 滴乙醚,再加入 5 滴 6 mol·L^{-1} HNO_3 溶液,振荡试管,若乙醚层中出现深蓝色,表示有 Cr^{3+} 的存在。

4. 锰的化合物

(1) $Mn(OH)_2$ 的制备和性质

在三支试管中各加入 10 滴 0.1 mol·L^{-1} $MnSO_4$ 溶液后,在第一支试管加入 5 滴 2 mol·L^{-1} NaOH 溶液生成沉淀,再迅速加入几滴 2 mol·L^{-1} H_2SO_4 溶液,观察沉淀是否溶解;在第二支试管中加入过量的 2 mol·L^{-1} NaOH 溶液,观察沉淀是否溶解;在第三支试

管中加入过量的 $2 \ mol \cdot L^{-1}$ NaOH 后用力振荡试管,观察沉淀颜色的变化;写出反应方程式,并对 $Mn(OH)_2$ 的性质做出解释。

(2) MnO_2 的制备和性质

在试管中加入 5 滴 $0.01 \ mol \cdot L^{-1}$ $KMnO_4$ 溶液,再加入 5 滴 $0.1 \ mol \cdot L^{-1}$ $MnSO_4$ 溶液,观察 MnO_2 沉淀的颜色,写出反应方程式。

在试管中加入少量 MnO_2,并加入 10 滴浓 HCl,微热,检验氯气的产生,写出反应方程式。

(3) MnO_4^{2-} 的制备和性质

在试管中加入 1 mL $0.01 \ mol \cdot L^{-1}$ $KMnO_4$ 溶液,并加 1 mL 40% NaOH 溶液,再加入少量 MnO_2 固体,加热至沸片刻,静置一会儿,观察上层清液颜色,写出反应方程式。

吸取上层清液加入另一试管,加入 10 滴 $6 \ mol \cdot L^{-1}$ H_2SO_4 酸化溶液,观察溶液颜色变化,写出反应方程式,说明 MnO_4^{2-} 在什么介质中稳定。

(4) Mn^{2+} 的鉴定

在试管中加入 2 滴 $0.1 \ mol \cdot L^{-1}$ $MnSO_4$ 溶液,并用 5 滴 $6 \ mol \cdot L^{-1}$ HNO_3 酸化,再加入少量 $NaBiO_3$ 固体,振荡试管,溶液呈紫红色表示有 Mn^{2+} 存在。写出反应方程式。

五、问题与讨论

(1) CrO_2^- 转变为 CrO_4^{2-} 的转化反应须在何种介质(酸性或碱性)中进行? 为什么?

(2) CrO_2^- 转变为 CrO_4^{2-} 的转化反应,从电势值和还原剂被氧化后产物的颜色考虑,选择哪些还原剂为宜? 如果选择亚硝酸钠溶液可以吗?

(3) 试总结 $Cr_2O_7^{2-}$ 与 CrO_4^{2-} 相互转化的条件及它们形成相应盐的溶解性大小。

(4) 怎样鉴定 Mn^{2+}?

实验 23　第一过渡金属元素(二)(铁、钴、镍)

一、实验目的

(1) 掌握铁、钴、镍的氢氧化物的酸碱性和氧化还原性。
(2) 掌握铁、钴、镍的配合物的生成和性质。
(3) 掌握铁、钴、镍的硫化物的生成和性质。
(4) 学习 Fe^{3+}、Fe^{2+}、Co^{2+}、Ni^{2+} 的鉴定方法。

二、实验原理

铁、钴、镍是第四周期第Ⅷ族元素,它们在化合物中常见的氧化值为 +2,+3。

铁、钴、镍的简单离子在水溶液中都呈现一定的颜色。

铁、钴、镍的 +2 价氢氧化物都呈碱性,具有不同的颜色,$Fe(OH)_2$ 容易被空气中的 O_2 氧化,生成绿色到几乎黑色的各种中间产物,而 $Co(OH)_2$ 缓慢地被氧化成褐色 $Co(OH)_3$:

$$Fe^{2+} + 2OH^- \Longrightarrow Fe(OH)_2(s)(白色)$$

$$4Fe(OH)_2 + O_2 + 2H_2O =\!=\!= 4Fe(OH)_3 (棕红色)$$

$$Co^{2+} + Cl^- + OH^- =\!=\!= Co(OH)Cl(s)(蓝色)$$

$$Co(OH)Cl + OH^- =\!=\!= Co(OH)_2(s)(粉红色) + Cl^-$$

$$4Co(OH)_2 + O_2 + 2H_2O =\!=\!= 4Co(OH)_3(褐色)$$

$Ni(OH)_2$ 在空气中是稳定的。除 $Fe(OH)_3$ 外,$Co(OH)_3$(棕色)、$Ni(OH)_3$(黑色)与浓盐酸反应分别生成 $Co(Ⅱ)$ 和 $Ni(Ⅱ)$,并放出氯气:

$$2Co(OH)_3 + 6HCl(浓) =\!=\!= 2CoCl_2 + Cl_2\uparrow + 6H_2O$$

$$2Ni(OH)_3 + 6HCl(浓) =\!=\!= 2NiCl_2 + Cl_2\uparrow + 6H_2O$$

$Co(OH)_3$ 和 $Ni(OH)_3$ 通常分别由 $Co(Ⅱ)$ 和 $Ni(Ⅱ)$ 的盐在碱性条件下用强氧化剂氧化得到,例如:

$$2Co^{2+} + 6OH^- + Br_2 =\!=\!= 2Co(OH)_3(s) + 2Br^-$$

$$2Ni^{2+} + 6OH^- + Br_2 =\!=\!= 2Ni(OH)_3(s) + 2Br^-$$

$Fe(Ⅱ、Ⅲ)$盐的水溶液易水解反应。Fe^{2+} 为还原剂,而 Fe^{3+} 为弱氧化剂。

铁、钴、镍都能生成不溶于水而易溶于稀酸的硫化物,这些硫化物需要在弱碱性溶液中制得。生成的 CoS 和 NiS 沉淀经放置后,由于晶体结构改变而难溶于稀酸。

铁、钴、镍都能形成多种配合物。Co^{2+} 和 Ni^{2+} 与过量的氨水反应分别能生成 $[Co(NH_3)_6]^{2+}$ 和 $[Ni(NH_3)_6]^{2+}$。$[Co(NH_3)_6]^{2+}$ 易被空气中的氧氧化为 $[Co(NH_3)_6]^{3+}$:

$$CoCl_2 + NH_3 \cdot H_2O =\!=\!= Co(OH)Cl + NH_4Cl$$

$$Co(OH)Cl + 5NH_3 + NH_4^+ =\!=\!= [Co(NH_3)_6]^{2+}(土黄色) + Cl^- + H_2O$$

$$4[Co(NH_3)_6]^{2+} + O_2 + 2H_2O =\!=\!= 4[Co(NH_3)_6]^{3+}(红棕色) + 4OH^-$$

$Co(Ⅱ)$ 的配合物不稳定,易被氧化为 $Co(Ⅲ)$ 的配合物,而 Ni 的配合物则是+2 价的稳定。

Ni^{2+} 与 NH_3 能形成蓝色的$[Ni(NH_3)_6]^{2+}$ 配离子,但该配离子遇酸、遇碱、遇水稀释,受热均可发生分解反应:

$$[Ni(NH_3)_6]^{2+} + 6H^+ =\!=\!= Ni^{2+} + 6NH_4^+$$

$$[Ni(NH_3)_6]^{2+} + 2OH^- =\!=\!= Ni(OH)_2\downarrow + 6NH_3\uparrow$$

$$2[Ni(NH_3)_6]SO_4 + 2H_2O =\!=\!= Ni_2(OH)_2SO_4\downarrow + 10NH_3 + (NH_4)_2SO_4$$

Fe^{2+} 与$[Fe(CN)_6]^{3-}$反应,或 Fe^{3+} 与$[Fe(CN)_6]^{4-}$反应,都生成蓝色沉淀,分别用于鉴定 Fe^{2+} 和 Fe^{3+}。反应如下:

$$Fe^{3+} + K^+ + Fe(CN)_6^{4-} =\!=\!= KFe[Fe(CN)_6]\downarrow(蓝色)$$

$$Fe^{2+} + K^+ + Fe(CN)_6^{3-} =\!=\!= KFe[Fe(CN)_6]\downarrow(蓝色)$$

强碱能使铁蓝分解,生成氢氧化物。

酸性溶液中 Fe^{3+} 与 SCN^- 反应也用于鉴定 Fe^{3+}:

$$Fe^{3+} + nSCN^- = [Fe(NCS)_n]^{3-n}$$

Co^{2+} 也能与 SCN(反应,生成不稳定的$[Co(NCS)_4]^{2-}$:

$$Co^{2+} + 4SCN^- = [Co(NCS)_4]^{2-}$$

在丙酮等有机溶剂中较稳定,此反应用于鉴定 Co^{2+}。

碱能破坏配离子$[Fe(NCS)_n]^{3-n}$及$[Co(NCS)_4]^{2-}$,生成相应金属离子的氢氧化物。所以反应不能在碱性溶液中进行。

Ni^{2+} 与丁二酮肟在弱碱性条件下反应生成鲜红色的二(丁二酮肟)合镍(Ⅱ)沉淀,此螯合物在强酸性溶液中分解,生成游离的丁二酮肟,在强碱性溶液中 Ni^{2+} 形成 $Ni(OH)_2$ 沉淀,鉴定反应不能进行,所以此反应的合适酸度是 pH=5~10,此反应常用于鉴定 Ni^{2+}。

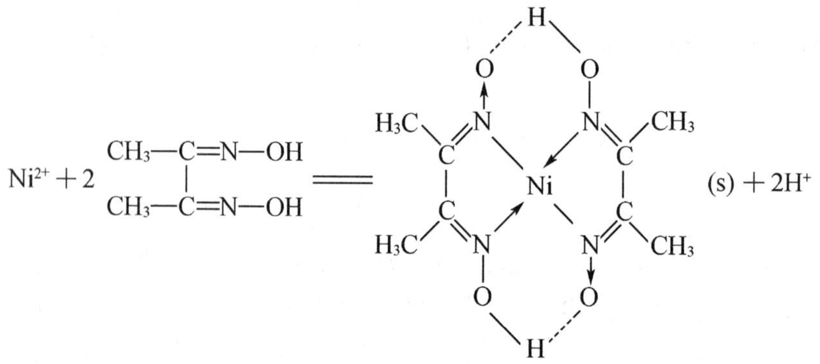

三、仪器与药品

1. 仪器

离心机。

2. 药品

盐酸(2 mol·L⁻¹、浓),硫酸(1 mol·L⁻¹、6 mol·L⁻¹),硫化氢(饱和),氢氧化钠(2 mol·L⁻¹、6 mol·L⁻¹),氨水(2 mol·L⁻¹、6 mol·L⁻¹、浓),氯化铁(0.1 mol·L⁻¹),氯化钴(0.1 mol·L⁻¹),硫酸亚铁(0.1 mol·L⁻¹),硫酸镍(0.1 mol·L⁻¹),碘化钾(0.1 mol·L⁻¹),氟化铵(1 mol·L⁻¹),硫氰化钾(0.1 mol·L⁻¹、s),K₄[Fe(CN)₆](0.1 mol·L⁻¹),K₃[Fe(CN)₆](0.1 mol·L⁻¹),硫酸亚铁铵(0.1 mol·L⁻¹),双氧水(3%),硫酸亚铁铵(s),溴水,碘水,丁二酮肟,戊醇,CCl₄,碘化钾-淀粉试纸。

四、实验步骤

1. 铁、钴、镍的氢氧化物的生成和性质

(1) 在一试管中加入 2 mL 蒸馏水和 3 滴 6 mol·L⁻¹ H_2SO_4,煮沸以赶尽溶于其中的氧气,冷却后加入少量硫酸亚铁铵晶体。在另一试管中加 2 mL 6 mol·L⁻¹ NaOH 溶液,煮沸驱氧。待溶液冷却后,及时用长滴管吸取 NaOH 溶液,插入$(NH_4)_2Fe(SO_4)_2$溶液中(直至试管底部),慢慢放出 NaOH 溶液(整个操作尽量避免引入空气),观察在 NaOH 放出的瞬间,产物的颜色及其变化,摇匀反应物后分为两份:

一份加入 2 mol·L⁻¹ HCl 溶液,观察沉淀是否溶解;

另一份放置一段时间,观察沉淀颜色有何变化(产物留作下面实验用)。

写出有关反应方程式。

(2) 往盛有 0.5 mL 0.1 mol·L^{-1} CoCl$_2$ 溶液中滴加 2 mol·L^{-1} NaOH 溶液,直至生成粉红色沉淀。将沉淀分为两份,一份加入 2 mol·L^{-1} HCl,观察沉淀是否溶解? 一份放置至实验结束,观察沉淀颜色有何变化? 解释现象,写出有关反应式。

(3) 用 0.1 mol·L^{-1} NiSO$_4$ 溶液代替 CoCl$_2$ 溶液,重复实验(2)。

根据实验(1)~(3),比较 Fe(OH)$_2$、Co(OH)$_2$、Ni(OH)$_2$ 还原性的强弱。

(4) 在前面实验中保留下来的氢氧化铁(Ⅲ)沉淀中加入浓盐酸,振荡后各有何变化? 并用碘化钾淀粉试纸检验逸出的气体。写出有关反应式。

(5) 在上述制得的 FeCl$_3$ 溶液中加入 0.1 mol·L^{-1} KI 溶液,再加入 CCl$_4$,振荡后观察现象,写出有关反应式。

(6) 取 5 滴 0.1 mol·L^{-1} CoCl$_2$ 溶液,加几滴溴水,然后加入 2 mol·L^{-1} NaOH 溶液,摇动试管,观察现象。离心分离,弃去清液,在沉淀中滴加浓盐酸,并用 KI -淀粉试纸检查逸出的气体。写出有关反应方程式。

(7) 用 0.1 mol·L^{-1} NiSO$_4$ 溶液代替 CoCl$_2$ 溶液,重复实验(6)。

根据实验(4)~(7),比较 Fe(Ⅲ)、Co(Ⅲ)、Ni(Ⅲ)氧化性的强弱。

2. 铁、钴、镍的硫化物的性质

(1) 在三支试管中分别加入 2 滴 0.1 mol·L^{-1} 的 FeSO$_4$、CoCl$_2$、NiSO$_4$ 溶液,各加 2 滴饱和 H$_2$S 溶液,观察有无沉淀生成。再加入 2 mol·L^{-1} NH$_3$·H$_2$O 溶液,观察现象。离心分离,在沉淀中滴加 2 mol·L^{-1} HCl 溶液,观察沉淀是否溶解,写出有关反应方程式。

(2) 取 2 滴 0.1 mol·L^{-1} FeCl$_3$ 溶液,滴加饱和 H$_2$S 溶液,观察现象,写出有关反应方程式。

3. 铁、钴、镍的配合物的生成和离子鉴定

(1) Fe^{3+}、Co^{2+}、Ni^{2+}与氨水的反应

① 往 0.5 mL 0.1 mol·L^{-1} FeCl$_3$ 溶液中滴入 6 mol·L^{-1} NH$_3$·H$_2$O,有何现象? 沉淀能否溶于过量氨水中?

② 取 0.5 mL 0.1 mol·L^{-1} CoCl$_2$ 溶液于试管中,滴加浓氨水,至生成的沉淀刚好溶解为止,静置一段时间后,观察溶液颜色有何变化,解释实验现象,写出反应方程式。

③ 取 1 mL 0.1 mol·L^{-1} NiSO$_4$ 溶液至试管中,滴加 6 mol·L^{-1} NH$_3$·H$_2$O 至产生的沉淀溶解,观察所得[Ni(NH$_3$)$_6$]$^{2+}$溶液的颜色。把溶液分成两份,一份加入 2 mol·L^{-1} NaOH,另一份加入 1 mol·L^{-1} H$_2$SO$_4$ 溶液,观察有何变化,解释变化的原因。写出有关反应式。

(2) Fe^{3+}、Co^{2+}与 SCN$^-$的反应

① 取 2 滴 0.1 mol·L^{-1} FeCl$_3$ 溶液,加水稀释至 2 mL,然后加 1 滴 0.1 mol·L^{-1} KSCN 溶液,观察溶液颜色变化。再滴入 1 mol·L^{-1} NH$_4$F 溶液至溶液颜色褪去。解释所观察到的现象。

这是鉴定 Fe^{3+}的灵敏反应。

② 取 0.5 mL 0.1 mol·L^{-1} CoCl$_2$ 溶液于试管中,加入少量 KSCN 固体,再加少量正戊醇,摇动试管,观察蓝色[Co(NCS)$_4$]$^{2-}$的生成,水相及有机相颜色的变化。

③ 向盛有 0.5 mL 新配制的(NH$_4$)$_2$Fe(SO$_4$)$_2$ 溶液的试管中加入碘水,摇动试管后,将溶液分成两份,各滴入数滴 KSCN 溶液,然后向其中一支试管中滴入几滴 3% H$_2$O$_2$ 溶液,

对比两支试管中的现象，并加以解释。

(3) Fe^{3+}、Fe^{2+} 的鉴定

在点滴板凹穴中加 1 滴 $0.1\ mol \cdot L^{-1}$ $FeCl_3$ 溶液和 1 滴 $0.1\ mol \cdot L^{-1}$ $K_4Fe(CN)_6$ 溶液；往另一凹穴加 1 滴 $0.1\ mol \cdot L^{-1}$ $(NH_4)_2Fe(SO_4)_2$ 溶液和 1 滴 $0.1\ mol \cdot L^{-1}$ $K_3Fe(CN)_6$ 溶液。观察产物的颜色和状态。

(4) 镍的螯合物的生成（Ni^{2+} 的鉴定）

在白色点滴板凹穴中加 1 滴 $0.1\ mol \cdot L^{-1}$ $NiSO_4$ 溶液，1 滴 $2\ mol \cdot L^{-1}$ $NH_3 \cdot H_2O$，然后加 1 滴镍试剂（丁二酮肟的酒精溶液），观察产物的颜色和状态。

五、问题与讨论

(1) 如果想观察纯 $Fe(OH)_2$ 的白色，原料硫酸亚铁铵不含 Fe^{3+} 是关键条件，如何检出和除去 $(NH_4)_2Fe(SO_4)_2$ 中的 Fe^{3+}？

(2) 综合实验结果，比较 $Fe(II)$、$Co(II)$、$Ni(II)$ 的还原性强弱，$Fe(III)$、$Co(III)$、$Ni(III)$ 的氧化性强弱。

(3) 试从配合物的生成对电极电势影响来解释，为什么 $[Fe(CN)_6]^{4-}$ 能把 I_2 还原成 I^-，而 Fe^{2+} 则不能。

(4) 为什么 $Co(H_2O)_6^{2+}$ 很稳定，而 $Co(NH_3)_6^{2+}$ 很容易被氧化？配离子的形成对氧化还原性有何影响？举例说明原因。

(5) 制取 $Co(OH)_3$、$Ni(OH)_3$ 时，为什么要以 $Co(II)$、$Ni(II)$ 为原料在碱性溶液中进行氧化，而不用 $Co(III)$、$Ni(III)$ 直接制取？

(6) 有一溶液，可能含 Fe^{3+}、Co^{2+}、Ni^{2+}，设计检出方案。

实验 24　常见非金属阴离子的分离和鉴定

一、实验目的

(1) 熟悉常见阴离子的有关分析特性，并用于进行未知液的初步试验。
(2) 掌握阴离子的分离、鉴定原理和方法。

二、实验原理

在周期表中，形成阴离子的元素虽然不多，但是同一元素常常不只形成一种阴离子。阴离子多数是由两种或两种以上元素构成的酸根或配离子，以同一种元素为中心原子能形成多种阴离子，例如：由 S 可以形成 S^{2-}、SO_3^{2-}、SO_4^{2-}、$S_2O_3^{2-}$、$S_2O_7^{2-}$、$S_2O_8^{2-}$ 和 $S_4O_6^{2-}$ 等常见的阴离子；由 P 可以构成 PO_4^{3-}、HPO_4^{2-}、$P_2O_7^{4-}$、HPO_3^{2-} 和 $H_2PO_2^-$ 等阴离子。

在非金属阴离子中，有的与酸作用生成挥发性的物质，有的与试剂作用生成沉淀，也有的呈现氧化还原性质。利用这些特点，根据溶液中离子共存情况，应先通过初步试验或进行分组试验以排除不可能存在的离子，然后鉴定可能存在的离子。

初步性质检验一般包括试液的酸碱性试验，与酸反应产生气体的试验，各种阴离子的沉淀性质、氧化还原性质。预先做初步实验，可以排除某些离子存在的可能性，从而简化分析

步骤,初步检验包括以下内容:

1. 试液的酸碱性试验

若试液呈强酸性,则易被酸分解的 CO_3^{2-}、NO_2^-、$S_2O_3^{2-}$ 等阴离子不存在。

2. 是否产生气体的试验

若在试液中加入稀 H_2SO_4 或稀 HCl 溶液,有气体产生,表示可能存在 CO_3^{2-}、SO_3^{2-}、$S_2O_3^{2-}$、S^{2-}、NO_2^- 等离子。根据生成气体的颜色和气味以及生成气体具有某些特征反应,确证其含有的阴离子,如 NO_2^- 被酸分解后生成的红棕色 NO_2 气体,能将湿润的碘化钾-淀粉试纸变蓝;S^{2-} 被酸分解后产生的 H_2S 气体可使湿润的醋酸铅试纸变黑,据此可判断 NO_2^- 和 S^{2-} 分别存在于各自溶液中。

3. 氧化性阴离子的试验

在酸化的试液中,加入 KI 溶液和 CCl_4,振荡后 CCl_4 层呈紫色,则有氧化性离子存在,如 NO_2^-。

4. 还原性阴离子的试验

在酸化的试液中,加入 $KMnO_4$ 稀溶液,若紫色褪去,则可能存在 S^{2-}、SO_3^{2-}、$S_2O_3^{2-}$、Br^-、I^-、NO_2^- 等离子;若紫色不褪,则上述离子都不存在。试液经酸化后,加入碘-淀粉溶液,蓝色褪去,则表示存在 S^{2-}、SO_3^{2-}、$S_2O_3^{2-}$ 等离子。

5. 难溶盐阴离子的试验

(1)钡组阴离子

在中性或弱碱性试液中,用 $BaCl_2$ 能沉淀 SO_4^{2-}、SO_3^{2-}、$S_2O_3^{2-}$、CO_3^{2-}、PO_4^{3-} 等阴离子。

(2)银组阴离子

用 $AgNO_3$ 能沉淀 Cl^-、Br^-、S^{2-}、I^-、$S_2O_3^{2-}$ 等阴离子,然后用稀 HNO_3 酸化,沉淀不溶解。

可以根据 Ba^{2+} 和 Ag^+ 相应盐类的溶解性,区分易溶盐和难溶盐。加入一种阳离子(例如 Ag^+)可以试验整组阴离子是否存在,这种试剂就是相应的组试剂。

经过初步试验后,可以对试液中可能存在的阴离子做出判断,见表 3-5,然后根据阴离子的特征反应进行鉴定。

表 3-5 阴离子的初步试验

结果／试剂／阴离子	气体放出试验（稀 H_2SO_4）	还原性阴离子试验		氧化性阴离子试验 KI（稀 H_2SO_4，CCl_4）	$BaCl_2$（中性或弱碱性）	$AgNO_3$（稀 HNO_3）
		$KMnO_4$（稀 H_2SO_4）	碘-淀粉（稀 H_2SO_4）			
CO_3^{2-}	+				+	
NO_3^-				(+)		
NO_2^-	+	+		+		
SO_4^{2-}					+	
SO_3^{2-}	(+)	+	+		+	
$S_2O_3^{2-}$	(+)	+	+		(+)	+

续表

阴离子　结果　试剂	气体放出试验（稀 H_2SO_4）	还原性阴离子试验		氧化性阴离子试验 KI（稀 H_2SO_4，CCl_4）	$BaCl_2$（中性或弱碱性）	$AgNO_3$（稀 HNO_3）
		$KMnO_4$（稀 H_2SO_4）	碘-淀粉（稀 H_2SO_4）			
PO_4^{3-}					+	
S^{2-}	+	+	+			+
Cl^-						+
Br^-		+				+
I^-		+				+

注：（＋）表示试验现象不明显，只有在适当条件下（例如浓度大时）才发生反应。

三、仪器与药品

1. 仪器

试管，离心试管，点滴板，离心机，水浴锅。

2. 药品

硫酸亚铁，碳酸镉，锌粉，Na_2S（0.1 mol・L^{-1}），Na_2SO_3（0.1 mol・L^{-1}），Na_2SO_4（0.1 mol・L^{-1}），$Na_2S_2O_3$（0.1 mol・L^{-1}），Na_3PO_4（0.1 mol・L^{-1}），$NaCl$（0.1 mol・L^{-1}），$NaBr$（0.1 mol・L^{-1}），NaI（0.1 mol・L^{-1}），$NaNO_3$（0.1 mol・L^{-1}），Na_2CO_3（0.1 mol・L^{-1}），$NaNO_2$（0.1 mol・L^{-1}），$(NH_4)_2MoO_4$（0.1 mol・L^{-1}），$(NH_4)_2CO_3$（12%），$BaCl_2$（0.1 mol・L^{-1}），$KMnO_4$（0.01 mol・L^{-1}），$ZnSO_4$（饱和），$K_4[Fe(CN)_6]$（0.5 mol・L^{-1}），$AgNO_3$（0.1 mol・L^{-1}），H_2SO_4（浓、1 mol・L^{-1}），HNO_3（6 mol・L^{-1}），HCl（6 mol・L^{-1}），HAc（2 mol・L^{-1}），$NaOH$（2 mol・L^{-1}），$Ba(OH)_2$（饱和）或新配制的石灰水，氨水（6 mol・L^{-1}），氯水，CCl_4，对氨基苯磺酸（1%），α-萘胺（0.4%），亚硝酰铁氰化钠（9%）。

3. 材料

pH 试纸。

四、实验步骤

1. 常见阴离子的鉴定

（1）CO_3^{2-} 的鉴定。

取 5 滴含 CO_3^{2-} 的试液于试管中，用 pH 试纸测定溶液的 pH，再加 5 滴 6 mol・L^{-1} HCl 溶液，立即将事先沾有一滴新配制的石灰水或 $Ba(OH)_2$ 溶液的玻璃棒置于试管口上，仔细观察，如玻璃棒上溶液立即变为白色浑浊液，结合溶液的 pH，可以判断有 CO_3^{2-} 存在。

（2）NO_3^- 的鉴定

取 2 滴含 NO_3^- 的试液于点滴板上，在溶液的中央放 1 粒 $FeSO_4$ 晶体，然后在晶体上加 1 滴浓硫酸。如晶体周围有棕色出现，表示有 NO_3^- 存在。

（3）NO_2^- 的鉴定

取 2 滴含 NO_2^- 的试液于点滴板上，加 1 滴 2 mol・L^{-1} HAc 溶液酸化，再加 1 滴对氨基苯磺酸和 1 滴 α-萘胺。如有玫瑰色出现,表示有 NO_2^- 存在。

（4） SO_4^{2-} 的鉴定。

取 3 滴含 SO_4^{2-} 的试液于试管中,加 2 滴 6 mol·L^{-1} HCl 溶液和 1 滴 0.1 mol·L^{-1} $BaCl_2$ 溶液,如有白色沉淀出现,表示有 SO_4^{2-} 存在。

（5） SO_3^{2-} 的鉴定

取 3 滴含 SO_3^{2-} 的试液于点滴板上,加 2 滴 1 mol·L^{-1} H_2SO_4 溶液,迅速加入 1 滴 0.01 mol·L^{-1} $KMnO_4$ 溶液,如紫色褪去,表示有 SO_3^{2-} 存在。

（6） $S_2O_3^{2-}$ 的鉴定

取 3 滴含 $S_2O_3^{2-}$ 的试液于试管中,加 5 滴 0.1 mol·L^{-1} $AgNO_3$ 溶液,振荡,如有白色沉淀迅速变棕变黑,表示有 $S_2O_3^{2-}$ 存在。

（7） PO_4^{3-} 的鉴定

取 3 滴含 PO_4^{3-} 的试液于试管中,加 5 滴 6 mol·L^{-1} HNO_3 溶液,再加 8～10 滴 $(NH_4)_2MoO_4$ 溶液,温热,如有黄色沉淀出现,表示有 PO_4^{3-} 存在。反应方程式为:

$$PO_4^{3-} + 3NH_4^+ + 12MoO_4^{2-} + 24H^+ =\!=\!= (NH_4)_3[P(Mo_{12}O_{40}) \cdot 6H_2O] \downarrow + 6H_2O$$

（8） S^{2-} 的鉴定

取 1 滴含 S^{2-} 的试液于试管中,加 1 滴 2 mol·L^{-1} NaOH 溶液,再加 1 滴亚硝酰铁氰化钠溶液,如溶液变成紫色,表示有 S^{2-} 存在。

（9） Cl^- 的鉴定

取 3 滴含 Cl^- 的试液于离心试管中,加 1 滴 6 mol·L^{-1} HNO_3 溶液酸化,再滴加 0.1 mol·L^{-1} $AgNO_3$ 溶液,如有白色沉淀,初步说明试液中可能有 Cl^- 存在。将离心试管在水浴上微热,离心分离,弃去清液,在沉淀上加入 3～5 滴 6 mol·L^{-1} 的氨水,用细玻璃棒搅拌,如沉淀溶解,再加 5 滴 6 mol·L^{-1} HNO_3 酸化后重新生成白色沉淀表示有 Cl^- 存在。

（10） Br^- 的鉴定

取 5 滴含 Br^- 的试液于离心试管中,加 3 滴 1 mol·L^{-1} H_2SO_4 溶液和 2 滴 CCl_4,然后逐滴加入 5 滴氯水并振荡试管,如 CCl_4 层出现黄色或橙红色表示有 Br^- 存在。

（11） I^- 的鉴定

取 5 滴含 I^- 的试液于离心试管中,加 2 滴 1 mol·L^{-1} H_2SO_4 溶液和 3 滴 CCl_4,然后逐滴加入氯水并振荡试管,如 CCl_4 层出现紫色然后褪至无色,表示有 I^- 存在。

2. 混合离子的分离

（1） Cl^-、Br^-、I^- 混合物的分离与鉴定

在离心试管中加入 0.5 mL 的 Cl^-、Br^-、I^- 的混合溶液,用 2～3 滴 6 mol·L^{-1} HNO_3 酸化,再加入 0.1 mol·L^{-1} $AgNO_3$ 溶液至沉淀完全。加热使卤化银聚沉。离心分离,弃去溶液,用蒸馏水洗涤沉淀 2 次。

在卤化银沉淀上滴加 12% $(NH_4)_2CO_3$ 溶液,在水浴上加热并搅拌,离心分离(沉淀用作 Br^- 和 I^- 的鉴定)。在清液中加入 6 mol·L^{-1} HNO_3 酸化,有白色沉淀产生,表示有 Cl^- 存在。

将上面所得沉淀用蒸馏水再次洗涤,弃去洗涤液,然后在沉淀上加 5 滴蒸馏水和少许 Zn 粉,充分搅拌,加 4 滴 1 mol·L^{-1} H_2SO_4,离心分离,弃去残渣。在清液中加 10 滴 CCl_4,

再逐滴加入氯水,振荡,观察 CCl₄ 层颜色。CCl₄ 层出现紫色示有 I⁻,继续滴加氯水,CCl₄ 层出现橙黄色,表示有 Br⁻（I₂ 被氧化为无色的 IO₃⁻）。实验方法如下:

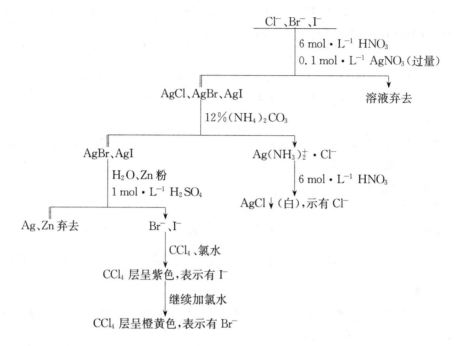

（2）S^{2-}、SO_3^{2-}、$S_2O_3^{2-}$ 混合物的分离和鉴定

通常的方法是取少量试液,加入 NaOH 碱化,再加亚硝酰铁氰化钠,若有特殊红紫色产生,表示有 S^{2-} 存在。可用 CdCO₃ 固体除去 S^{2-},再进行其他离子分离鉴定。

将滤液分成两份,一份鉴定 SO_3^{2-},另一份鉴定 $S_2O_3^{2-}$。若在其中一份中加入亚硝酰铁氰化钠、过量饱和 ZnSO₄ 溶液及 K₄[Fe(CN)₆]溶液,产生红色沉淀,表示有 SO_3^{2-} 存在;在另一份中滴加过量 AgNO₃ 溶液,若沉淀由白→棕→黑色变化,表示有 $S_2O_3^{2-}$ 存在。

实验方案如下:

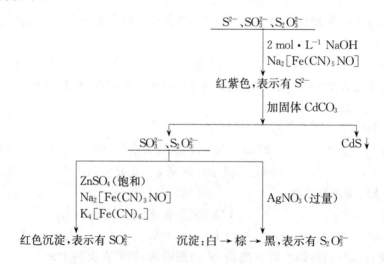

五、问题与讨论

(1) 在 Br^- 和 I^- 的分离鉴定中,加入 CCl_4 的目的是什么?它参加化学反应吗?

(2) 某中性阴离子未知液,加稀 H_2SO_4 有气泡产生;用钡盐和银盐试验时,得负结果;但用 $KMnO_4$ 和 KI-淀粉试纸检查时,都得正结果,试问有何种离子可能存在?何种离子难以确定,是否存在?

(3) 取下列盐中的两种混合,加水溶解时有沉淀产生。将沉淀分为两份,一份溶于 HCl 溶液,另一份溶于 HNO_3 溶液。试指出下列哪两种盐混合时可能有此现象?

$BaCl_2$、$AgNO_3$、Na_2SO_4、$(NH_4)_2CO_3$、KCl

(4) 一个能溶于水的混合物,已检出含 Ag^+ 和 Ba^{2+},下列阴离子哪几种可不必鉴定?

SO_3^{2-},Cl^-,NO_3^-,SO_4^{2-},CO_3^{2-},I^-

(5) 在酸性溶液中能使 I_2-淀粉溶液褪色的阴离子有哪些?

实验 25 　常见阳离子的分离和鉴定

一、实验目的

(1) 复习和巩固有关金属化合物性质的知识。

(2) 熟悉常见阳离子与常用试剂的反应。

(3) 掌握常见阳离子分离鉴定的原理与方法。

二、仪器与药品

1. 仪器

试管,烧杯(250 mL),离心机,离心试管,水浴锅。

2. 药品

HCl ($2\ mol \cdot L^{-1}$、浓),HNO_3 ($6\ mol \cdot L^{-1}$),HAc ($2\ mol \cdot L^{-1}$、$6\ mol \cdot L^{-1}$),$NaOH$ ($2\ mol \cdot L^{-1}$、$6\ mol \cdot L^{-1}$),$NH_3 \cdot H_2O$ ($6\ mol \cdot L^{-1}$),$NaCl$ ($1\ mol \cdot L^{-1}$),KCl ($1\ mol \cdot L^{-1}$),$MgCl_2$($0.5\ mol \cdot L^{-1}$),$CaCl_2$ ($0.5\ mol \cdot L^{-1}$),$BaCl_2$($0.1\ mol \cdot L^{-1}$),$AlCl_3$($0.5\ mol \cdot L^{-1}$),$SnCl_2$($0.5\ mol \cdot L^{-1}$),$Pb(NO_3)_2$($0.1\ mol \cdot L^{-1}$),$SbCl_3$($0.1\ mol \cdot L^{-1}$),$HgCl_2$($0.1\ mol \cdot L^{-1}$),$Bi(NO_3)_3$($0.1\ mol \cdot L^{-1}$),$CuCl_2$($0.1\ mol \cdot L^{-1}$),$AgNO_3$($0.1\ mol \cdot L^{-1}$),$ZnSO_4$($0.2\ mol \cdot L^{-1}$),$Cd(NO_3)_2$($0.1\ mol \cdot L^{-1}$),Na_2S($0.1\ mol \cdot L^{-1}$),饱和 $KSb(OH)_6$,饱和 $NaHC_4H_4O_6$,饱和 $(NH_4)_2C_2O_4$,K_2CrO_4($0.1\ mol \cdot L^{-1}$),$K_4[Fe(CN)_6]$($0.1\ mol \cdot L^{-1}$),镁试剂,0.1%铝试剂,罗丹明 B,苯,2.5%硫脲,$(NH_4)_2[Hg(SCN)_4]$,亚硝酸钠(s)。

3. 材料

玻璃棒,pH 试纸。

三、实验步骤

1. s 区离子的鉴定

（1）Na$^+$ 的鉴定

在试管中加入 5 滴 1 mol·L^{-1} NaCl 溶液，滴加 5 滴饱和六羟基锑（Ⅴ）酸钾 KSb(OH)$_6$ 溶液，观察是否有白色结晶状沉淀产生。如无沉淀生成，可用玻璃棒摩擦试管内壁，放置片刻，再观察。写出反应方程式。

（2）K$^+$ 的鉴定

在试管中加入 5 滴 1 mol·L^{-1} KCl 溶液，滴加 5 滴饱和酒石酸氢钠 NaHC$_4$H$_4$O$_6$ 溶液，观察是否有白色结晶状沉淀产生。如无沉淀生成，可用玻璃棒摩擦试管内壁，放置片刻，再观察。写出反应方程式。

（3）Mg^{2+} 的鉴定

在试管中加入 2 滴 0.5 mol·L^{-1} MgCl$_2$ 溶液，滴加 6 mol·L^{-1} NaOH 溶液，直到生成絮状的 Mg(OH)$_2$ 沉淀为止；再加入 1 滴镁试剂，搅拌，如有蓝色沉淀生成，表示有 Mg^{2+} 存在。

（4）Ca^{2+} 的鉴定

在试管中加入 5 滴 0.5 mol·L^{-1} CaCl$_2$ 溶液，再加 5 滴饱和草酸铵溶液，有白色沉淀产生。离心分离，弃去清液。若白色沉淀不溶于 6 mol·L^{-1} HAc 溶液而溶于 2 mol·L^{-1} HCl，表明有 Ca^{2+} 存在。

（5）Ba^{2+} 鉴定

在试管中加入 2 滴 0.1 mol·L^{-1} BaCl$_2$ 溶液，再加 2 mol·L^{-1} HAc 溶液各 2 滴，然后滴加 2 滴 0.1 mol·L^{-1} K$_2$CrO$_4$ 溶液，有黄色沉淀生成，表明有 Ba^{2+} 存在。

2. p 区部分离子的鉴定

（1）Al^{3+} 的鉴定

取 2 滴 0.5 mol·L^{-1} AlCl$_3$ 溶液于试管中，加 2 滴水、2 滴 2 mol·L^{-1} HAc 和 2 滴 0.1% 铝试剂，搅拌后，置于水浴上加热片刻，再加入 2 滴 6 mol·L^{-1} 氨水，有红色絮状沉淀生成，表示有 Al^{3+} 存在。

（2）Sn^{2+} 的鉴定

取 3 滴 0.5 mol·L^{-1} SnCl$_2$ 溶液于试管中，逐滴加入 0.1 mol·L^{-1} HgCl$_2$ 溶液，边加边振荡，如产生的沉淀由白色变为灰色，又变为黑色，表示有 Sn^{2+} 存在。

（3）Pb^{2+} 的鉴定

取 1 滴 0.1 mol·L^{-1} Pb(NO$_3$)$_2$ 溶液于试管中，加 2 滴 0.1 mol·L^{-1} K$_2$CrO$_4$ 溶液，如有黄色沉淀生成，在沉淀上滴加数滴 2 mol·L^{-1} NaOH 溶液，沉淀溶解，表示有 Pb^{2+} 存在。

（4）Sb^{3+} 的鉴定

取 5 滴 0.1 mol·L^{-1} SbCl$_3$ 溶液于试管中，加 3 滴浓盐酸及数粒亚硝酸钠，将 Sb(Ⅲ) 氧化为 Sb(Ⅴ)，当无气体放出时，加数滴苯及 2 滴罗丹明 B 溶液，苯层显紫色，表示有 Sb^{3+} 存在。

（5）Bi^{3+} 的鉴定

取 1 滴 0.1 mol·L^{-1} Bi(NO$_3$)$_3$ 溶液于试管中，加 1 滴 2.5% 的硫脲，生成鲜黄色溶液，

表示有 Bi^{3+} 存在。

3. ds 区部分离子的鉴定

（1）Cu^{2+} 的鉴定

取 1 滴 0.1 mol·L^{-1} $CuCl_2$ 溶液于试管中，加 1 滴 6 mol·L^{-1} HAc 酸化，再加 1 滴 0.1 mol·L^{-1} 亚铁氰化钾 $K_4[Fe(CN_6)]$ 溶液，生成红棕色 $Cu_2[Fe(CN)_6]$ 沉淀，表示有 Cu^{2+} 存在。

（2）Ag^+ 的鉴定

取 3 滴 0.1 mol·L^{-1} $AgNO_3$ 溶液于试管中，加 2 滴 2 mol·L^{-1} HCl，产生白色沉淀。在沉淀中加入 6 mol·L^{-1} 氨水至沉淀完全溶解，再用 6 mol·L^{-1} HNO_3 酸化，有白色沉淀生成，表示有 Ag^+ 存在。

（3）Zn^{2+} 的鉴定

取 2 滴 0.2 mol·L^{-1} $ZnSO_4$ 溶液于试管中，加 2 滴 2 mol·L^{-1} HAc 溶液酸化，再加入等体积的硫氰酸汞铵 $(NH_4)_2[Hg(SCN)_4]$ 溶液，用玻璃棒摩擦试管壁，有白色沉淀生成，表示有 Zn^{2+} 存在。

（4）Cd^{2+} 的鉴定

取 2 滴 0.1 mol·L^{-1} $Cd(NO_3)_2$ 溶液于试管中，加 2 滴 0.1 mol·L^{-1} Na_2S，生成亮黄色沉淀，表示有 Cd^{2+} 存在。

四、问题与讨论

（1）哪些离子可与 NH_3 形成氨配离子？形成配离子的颜色如何？

（2）哪些离子可形成羟基配合物？其形成条件如何？

（3）哪些离子的硫化物能溶于过量 Na_2S？哪些硫化物能溶于多硫化钠？反应产物是什么？

（4）离子鉴定的方法有哪几种？试举例说明。

（5）离子分离的常用方法有哪些？试举例说明。

知识链接

一、半微量无机定性分析常用方法

1. 干法与湿法分析

干法分析主要有焰色反应、熔珠试验等。

湿法分析是指试样与试剂在水溶液中进行反应，以鉴定物质组成的分析方法。在水溶液中主要是离子间的反应，因此湿法分析通常检出的是离子而不是分子或原子，定性分析的反应方程式一般只写离子反应方程式。

可以通过鉴定反应所产生的外部效果来判断某种离子是否存在。鉴定反应是指用于鉴定组成的化学反应。而鉴定则是指判断某组分是否存在的分析步骤。鉴定反应外部效果主要有下列三种：

（1）沉淀的生成或溶解

如：$Ag^+ + Cl^- \Longleftrightarrow AgCl\downarrow$，白色沉淀生成，则可能有 Ag^+ 存在；

$AgCl\downarrow+2NH_3\Longrightarrow[Ag(NH_3)_2]^++Cl^-$,沉淀溶解,加 HNO_3 酸化,又出现沉淀,证实有 Ag^+ 存在。

(2) 溶液颜色改变

如 $Fe^{3+}+SCN^-\Longrightarrow[FeSCN]^{2+}$,血红色出现,示有 Fe^{3+} 存在。

$Cu^{2+}+4NH_3\Longrightarrow[Cu(NH_3)_4]^{2+}$,深蓝色出现,示有 Cu^{2+} 存在。

(3) 气体逸出

如 $CO_3^{2-}+2H^+\Longrightarrow H_2O+CO_2\uparrow$,有气泡产生,示可能有 CO_3^{2-} 存在。

$CO_2+Ca(OH)_2\Longrightarrow CaCO_3\downarrow+H_2O$,白色沉淀析出,证明有 CO_3^{2-} 存在。

鉴定反应外部效果主要以酸碱平衡、氧化还原平衡、配合离解平衡以及沉淀溶解平衡,即所谓的"四大平衡"为根据,定性分析以湿法分析为主。

2. 分别分析与系统分析

(1) 分别分析

分别分析是指共存的离子对待鉴定的离子的反应不干扰,或少数几种离子虽有干扰,但可用加掩蔽剂的方法除去干扰,直接在试液中用专属性或选择性高的反应检出待测离子的方法。它适用于指定范围内离子的定性分析,即当试液组成已大致了解,只要证实其中某个或某些离子是否存在时可用分别分析法。在分别分析法中检出各个离子的先后顺序没有什么关系。

如某试液含有 Co^{2+}、Fe^{3+}、Mn^{2+} 等离子要鉴定证实 Co^{2+} 的存在,可用下述分别分析步骤。

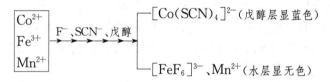

又如某试液含 NH_4^+、Fe^{3+}、Cu^{2+}、Hg^{2+}、K^+、Ca^{2+} 等离子,要检验证实 NH_4^+,可用下述分别分析步骤。

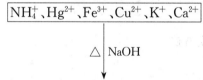

有时用几滴试液进行分别分析,这样的分别分析常常称为点滴试验。

(2) 系统分析

试液中含有多种离子,分别分析不适用时,则需要用系统分析。系统分析是指按一定的先后顺序将试液中的离子进行分离(分组)后再鉴定待检离子的方法。分析步骤是首先用几种试剂将试液中性质相似的离子分成若干组,使一组离子沉淀或反应的试剂称为组试剂,然后在每一组中,用适宜的鉴定反应鉴定某离子是否存在,有时需要在各组内做进一步的分离和鉴定。如含有 Ag^+、Hg_2^{2+}、Pb^{2+}、Fe^{3+}、Ni^{2+} 和 Al^{3+} 等离子试液的系统分析可按下列步骤进行:

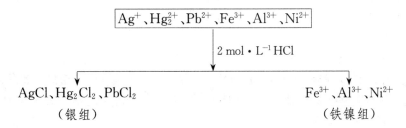

然后使银组离子再分离，以鉴定 Ag^+、Hg_2^{2+}、Pb^{2+}，铁镍组离子再分离，以鉴定 Fe^{3+}、Al^{3+}、Ni^{2+}。

二、分析反应的灵敏度和选择性

1. 分析反应的灵敏度

灵敏度是指在一定反应条件下，某分析反应能检出待测离子的最小量（检出限量用 m 表示）和最小浓度（最低浓度）。

每一鉴定反应所能检出的离子量都有一个限度，低于此限度离子就不被检出，因此某一离子经鉴定，得到否定结果，这并不能说明该离子不存在，而只是说明这些鉴定反应来鉴定该离子，即使它存在于试液中，其含量也必小于该鉴定反应的检出限量，或由于试液太稀，而低于此鉴定反应的最低限度。适宜的鉴定反应灵敏度为 $m < 50\ \mu g$。

2. 分析反应的选择性

一种试剂能与多少种离子反应，这是选择性的问题。一种试剂只与一种离子反应，此试剂称为专属试剂，此反应称为专属性反应；若与少数几种离子反应，则称此试剂为选择性试剂，此反应称为选择性反应；与多种离子反应，则此试剂称为普通性试剂（或通用试剂），此反应称为普通性反应。如无 CN^- 存在时，用气室法检验 NH_4^+ 的反应，基本上可以认为是专属性反应。如在 HAc 溶液中，Pb^{2+} 与 CrO_4^{2-} 生成 $PbCrO_4$ 黄色沉淀，仅 Ba^{2+} 等少数离子有干扰，此为选择性反应。S^{2-} 与 Zn^{2+} 生成 ZnS 白色沉淀，Cu^{2+}、Co^{2+}、Ni^{2+}、Fe^{2+} 等多种离子也与 S^{2-} 反应生成有色沉淀，故为普通性反应。

实际上，一般应用一些选择性高的反应进行离子鉴定，因此要求在鉴定之前做一些必要的分离或控制一定的反应条件以提高反应的选择性。提高鉴定反应选择性方法有以下几种：

（1）控制溶液的酸度，消除其他离子的干扰

例如，用 CrO_4^{2-} 检验 Ba^{2+}，生成黄色的 $BaCrO_4$ 沉淀。如果溶液中有 Sr^{2+} 存在，也会发生类似反应，生成黄色的 $SrCrO_4$ 沉淀，从而干扰了 Ba^{2+} 的鉴定。如果反应在中性或弱酸性介质中进行，降低了 CrO_4^{2-} 的浓度（为什么？），$SrCrO_4$ 沉淀就不会产生，而 $BaCrO_4$ 的溶度积由于比 $SrCrO_4$ 小，仍能生成黄色的 $BaCrO_4$ 沉淀，从而提高了 Ba^{2+} 鉴定反应的选择性。

（2）加入掩蔽剂，消除其他离子的干扰

例如，用 SCN^- 鉴定 Co^{2+} 时，Co^{2+} 与 SCN^-（在酸性条件下）反应生成深蓝色的 $[Co(NCS)_4]^{2-}$：

$$Co^{2+} + 4SCN^- \Longrightarrow [Co(NCS)_4]^{2-}$$

溶液中若含有 Fe^{3+}，由于 Fe^{3+} 与 SCN^- 生成血红色的 $[Fe(NCS)]^{2+}$，干扰深蓝色 $[Co(NCS)_4]^{2-}$ 的生成和观察，即干扰 Co^{2+} 的检出。为了消除 Fe^{3+} 的干扰，可在体系中加

入 NH_4F(或 NaF)作掩蔽剂,使 Fe^{3+} 与 F^- 形成稳定的、无色的$[FeF_6]^{3-}$ 而掩蔽起来,以确保$[Co(NCS)_4]^{2-}$ 的形成和观察。

（3）消除或分离干扰离子

例如,用钼酸铵试剂时,还原性离子(SO_3^{2-}、S^{2-}、$S_2O_3^{2-}$ 等)可将钼酸根离子还原为低氧化态的钼蓝,从而破坏钼酸铵试剂,影响 PO_4^{3-} 的鉴定。为消除还原性离子对 PO_4^{3-} 鉴定的干扰,可用浓 HNO_3 氧化除去。

又如,用 $C_2O_4^{2-}$ 检验 Ca^{2+},生成白色的 CaC_2O_4 沉淀,Ba^{2+} 发生同样反应。为消除 Ba^{2+} 的干扰,可加入 CrO_4^{2-},使 Ba^{2+} 生成 $BaCrO_4$ 沉淀析出。

其他如利用有机溶剂来萃取鉴定反应的产物(如用 CCl_4 萃取 Br_2、I_2)等,都是提高鉴定反应选择性的有效方法。

第四章　制备及综合实验

实验 26　去离子水的制备及检测

一、实验目的

(1) 了解离子交换法制备纯水的原理和方法。

(2) 掌握水中一些离子的定性检验方法。

(3) 学会使用电导率仪。

二、实验原理

离子交换法制备纯水的原理是基于树脂中的活性基团和水中各种杂质离子间的可交换性。离子交换过程是水中的杂质离子先通过扩散进入树脂颗粒内部,再与树脂活性基团中的 H^+ 或 OH^- 发生交换,被交换出来的 H^+ 或 OH^- 又扩散到溶液中去,并相互结合成 H_2O 的过程。

例如,$R-SO_3H$ 型阳离子交换树脂,交换基团中的 H^+ 与水中的阳离子杂质(如 Na^+、Ca^{2+}、Mg^{2+} 等)进行交换后,使水中的 Na^+、Ca^{2+}、Mg^{2+} 等离子结合到树脂上,并交换出 H^+ 于水中,反应如下:

$$R-SO_3H + Na^+ \rightleftharpoons R-SO_3Na + H^+$$

$$2R-SO_3H + Ca^{2+} \rightleftharpoons (R-SO_3)_2Ca + 2H^+$$

$$2R-SO_3H + Mg^{2+} \rightleftharpoons (R-SO_3)_2Mg + 2H^+$$

经过阳离子交换树脂交换后流出的水中有过剩的 H^+,因此呈酸性。

同样,水通过阴离子交换树脂,交换基团中 OH^- 与水中的阴离子杂质(如 HCO_3^-、Cl^-、SO_4^{2-} 等)发生交换反应而交换出 OH^-,反应如下:

$$R-N^+(CH_3)_3OH^- + Cl^- \rightleftharpoons R-N^+(CH_3)_3Cl^- + OH^-$$

经过阴离子交换树脂交换后流出的水中有过剩的 OH^-,因此呈碱性。

由以上分析可知,如果含有杂质离子的原料水(工业上称为原水)单纯地通过阳离子交换树脂或阴离子交换树脂后,虽然能达到分别除去阳或阴离子杂质的作用,但所得的水是非中性的。如果将原水通过阴、阳离子交换树脂,则交换出来的 H^+ 和 OH^- 又发生中和反应结合成水,从而得到纯度很高的去离子水。

由于上述交换反应是可逆的,当用一定浓度的酸或碱处理树脂时,无机离子便从树脂上解脱出来,树脂便可得到再生。

本实验用自来水通过混合起来的阳、阴离子交换树脂来制备纯水。

三、仪器与药品

1. 仪器

电导率仪,酸度计,离子交换柱,烧杯,试管,螺旋夹等。

2. 药品

717 型强碱性阴离子交换树脂,732 型强酸性阳离子交换树脂,HCl(5％、2 mol・L^{-1}),HNO$_3$(2 mol・L^{-1}),NaOH(5％、2 mol・L^{-1}),NaCl(饱和、25％),AgNO$_3$(0.1 mol・L^{-1}),BaCl$_2$(1 mol・L^{-1}),铬黑 T(0.1％),钙指示剂,镁试剂,甲基红(0.2％),溴百里酚蓝(0.2％)。

3. 材料

玻璃纤维,乳胶管等。

四、实验步骤

1. 树脂的预处理

(1) 732 型交换树脂的预处理

将树脂用饱和 NaCl 溶液浸泡一昼夜,自来水冲洗树脂至水为无色后,改用纯水浸泡 4 h~8 h,再用 5％盐酸浸泡 4 h。倾去 HCl 溶液,用纯水洗至 pH＝6~7。纯水浸泡备用。

(2) 717 型交换树脂的预处理

将树脂用饱和 NaCl 溶液浸泡一昼夜,自来水冲洗树脂至水为无色后,改用纯水浸泡 4 h~8 h,再用 5％ NaOH 浸泡 4 h。倾去 NaOH 溶液,用纯水洗至 pH＝8~9。纯水浸泡备用。

取 717 型强碱性阴离子交换树脂 20 mL 和 732 型强酸阳离子交换树脂 14 mL 于烧杯中混合,搅匀。

2. 装柱

在一支长约 30 cm,直径 1 cm 的交换柱下部放一团玻璃纤维,以防树脂露出,下部通过乳胶管与一尖嘴玻璃管相连,乳胶管用螺旋夹夹住,将交换柱固定在铁架台上(见图 4-1)。在柱中注入蒸馏水至 1/3 高度,排出管内玻璃纤维和尖嘴中的空气,然后将已处理并混合好的树脂和水搅匀,从上端逐渐倾入柱中,树脂沿水下沉,这样不致带入气泡。若水过满,可打开螺旋夹放水,当上部残留的水达 1 cm 时,在顶部也装入一小团玻璃纤维,防止注入溶液时将树脂冲起。在整个操作过程中,树脂要一直保持被水覆盖。如果树脂床中进入空气,会产生缝隙使交换效率降低,若出现这种情况就得重新装柱,或用蒸馏水从下端通入交换柱进行逆流冲洗赶走气泡。

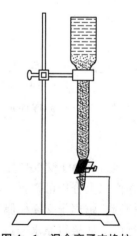

图 4-1　混合离子交换柱

3. 纯水制备

将自来水慢慢注入交换柱中,同时打开螺旋夹,使水成滴流出(流速小于 1 d/s),等流过约 50 mL 以后,截取新流出液作水质检验,直至检验合格。

4. 水质检验

(1) Ca^{2+} 的检验

分别取 5 滴交换水和自来水于两支试管中,各加入 1 滴 2 mol·L^{-1} NaOH 溶液和少量钙指示剂,观察溶液是否显红色? 显红色则表示所制交换水不合格。

(2) Mg^{2+} 的检验

分别取 5 滴交换水和自来水于两支试管中,各加入 2～3 滴 2 mol·L^{-1} NaOH 溶液,再各加入 2 滴镁试剂,观察有无天蓝色沉淀生成? 有天蓝色沉淀生成则所制交换水不合格。

(3) Cl^- 的检验

分别取 5 滴交换水和自来水于两支试管中,各加入 1 滴 2 mol·L^{-1} HNO_3 酸化,再各加入 1 滴 0.1 mol·L^{-1} $AgNO_3$ 溶液,观察有无白色沉淀生成? 有白色沉淀生成则所制交换水不合格。

(4) SO_4^{2-} 的检验

分别取 5 滴交换水和自来水于两支试管中,各加入 1 滴 2 mol·L^{-1} HCl 和 1 滴 1 mol·L^{-1} $BaCl_2$ 溶液,观察溶液是否变浑? 变浑则所制交换水不合格。

(5) pH

① 用酸度计测交换水和自来水的 pH,若接近中性,所制交换水合格。

② 分别取 10 滴交换水和自来水于两支试管中,一支中滴加 0.2% 甲基红(变色范围 4.4～6.2)2 滴,显红色则交换水不合格;另一支试管中滴加 0.2% 溴百里酚蓝(变色范围 6.0～7.6)2 滴,显蓝色则交换水不合格。

(6) 测电导率

用电导率仪测定自来水和交换水的电导率。普通化学实验用水电导率为 10 μS·cm^{-1},若交换水的电导率小于 10 μS·cm^{-1},即为合格。

5. 树脂的再生

树脂使用一段时间后会失去正常的交换能力,可按如下方法再生:

(1) 树脂的分离

放出交换柱内的水后,加入适量 25% 的 NaCl 溶液,用一支长玻璃棒充分搅拌使树脂分成两层,再用倾析法将上层树脂倒入烧杯中,重复此操作直至阴阳离子树脂完全分离为止。将剩下的阳离子树脂倒入另一烧杯中。

(2) 阴离子树脂再生

用自来水漂洗树脂 2～3 次,倒出水后加入 5% NaOH 溶液浸泡约 20 min,倾去碱液,再用适量 5% NaOH 溶液洗涤 2～3 次,最后用纯水洗至 pH=8～9。

(3) 阳离子树脂再生

水洗程序同上。然后用 5% HCl 溶液浸泡约 20 min,倾去酸液,再用适量 5% HCl 溶液洗涤 2～3 次,最后用纯水洗至水中检不出 Cl^-。

五、实验数据处理

将检验结果填入表 4-1,并根据检验结果做出结论。

表 4-1　水质检验

检验项目	电导率 $(\mu S \cdot cm^{-1})$	pH	Ca^{2+}	Mg^{2+}	Cl^-	SO_4^{2-}	结论
自来水							
交换水							

六、注意事项

(1) 移取少量树脂时可用粗玻璃管。

(2) 交换柱装柱时要赶尽气泡。

(3) pH 计使用前要用标准溶液校准。

(4) 测电导率、pH 时要事先洗涤电极并擦干。

七、问题与讨论

(1) 试述离子交换法制备纯水的原理？

(2) 装柱时为何要赶净气泡？

(3) 钠型阳离子交换树脂和氯型阴离子交换树脂为什么在使用前要分别用酸、碱处理，并洗至中性？

知识链接

一、水的规格

做实验，纯水是不可缺少、必须用的物质。天然水和自来水存在很多杂质，如 Ca^{2+}、Mg^{2+}、Fe^{3+}、K^+ 等阳离子，SO_4^{2-}、CO_3^{2-}、Cl^- 等阴离子和某些有机物质，以及泥沙、细菌、微生物等，不能直接用于实验，而应根据所做实验对水质的要求合理选用不同规格的纯水。

我国国家标准 GB/T 6682-2008《分析实验室用水规格和试验方法》规定，分析实验室用水共分三个级别。一级水用于有严格要求的分析试验，包括对颗粒有要求的试验。如高效液相色谱分析用水。二级水用于无机痕量分析等实验，如原子吸收光谱分析用水。三级水用于一般化学分析试验。表 4-2 给出了该标准规定的实验室用水规格。

表 4-2　分析实验室用水的级别及主要指标

指标名称	一级	二级	三级
外　观	无色透明液体		
pH 范围(25℃)	—	—	5.0~7.5
电导率(25℃)/(mS · m^{-1})	≤0.01	≤0.10	≤0.50
可氧化物质[以(O)计]/(mg · L^{-1})	—	≤0.08	<0.4
吸光度(254 nm,1 cm)	≤0.001	≤0.01	—
可溶性硅[以(SiO$_2$)计]/(mg · L^{-1})	<0.01	≤0.02	—

一级水：基本上不含有溶解或胶态离子杂质及有机物，可用二级水经进一步处理制得。例

如,可将二级水用石英蒸馏器进一步蒸馏或通过离子交换混合床处理后,再经 0.2 μm 微孔滤膜过滤来制备。

二级水:可含有微量的无机、有机或胶态杂质,采用蒸馏、反渗透或去离子后再经蒸馏等方法制备。

三级水:适用于一般实验室工作(包括化学分析),可采用蒸馏、反渗透、去离子(离子交换及电渗析法)等方法制备。

三级水是最普遍使用的纯水,过去多采用蒸馏(用钢质或玻璃蒸馏装置)的方法制备,故通常称为蒸馏水。目前多改用离子交换法、电渗析法或反渗透法制备。

"标准"只规定了一般的技术指标,在实际工作中,有些实验对水还有特殊的要求,还要检验有关的项目,例如铁、钙、氯等离子的含量及细菌指标等。

二、纯水的检验

实验室制备纯水的方法很多,通常用蒸馏法、电渗析法和离子交换法。

制备出的纯水水质,一般的检验可进行 pH、重金属离子、Cl^-、SO_4^{2-} 等检验;此外,根据实际工作的需要及生化、医药化学等方面的特殊要求,有时还要进行一些特殊项目的检验。

纯水质量的主要指标是电导率(或换算成电阻率),一般的分析化学实验可参考这项指标选择适用的纯水。测定电导率应选适于测定高纯水的电导率仪(最小量程为 0.02 μS·cm^{-1}),测定一、二级水时,电导池常数为 0.01～0.1,进行"在线"测定。测定三级水时,电导池常数为 0.1～1,用烧杯接取约 300 mL 水样,立即测定。如电导率仪无温度补偿功能,则应在测定电导率的同时测定水温,再换算成 20℃ 时的电导率。

此外,一种简易检查水中金属离子的化学方法是:取纯水 25 mL,加 1 滴 0.1% 铬黑 T 指示剂和 5 mL pH=10 的 NH_3-NH_4Cl 缓冲液,如水呈蓝色,说明 Fe^{2+}、Zn^{2+}、Pb^{2+}、Ca^{2+}、Mg^{2+} 等阳离子含量甚微,水质合格。如呈紫红色,说明水不合格。

三、电导率仪

电解质溶液的导电能力常以电导(G)来表示。测量溶液电导的方法通常是将两个电极插入溶液中,测出两极间的电阻。根据欧姆定律,在一定温度时,两电极间的电阻(R)与两电极间的距离(l)成正比,与电极的截面积(A)成反比,即 $R = \rho \dfrac{l}{A}$,式中 ρ 为电阻率。由于电导是电阻的倒数,所以 $G = \dfrac{1}{R} = \dfrac{1}{\rho} \cdot \dfrac{A}{l}$,令 $\dfrac{1}{\rho} = \kappa$,则 $G = \kappa \dfrac{A}{l}$,式中 κ 称电导率。它表示两电极距离为 1 m,截面积为 1 m^2 时溶液的电导,单位为西门子每米(S·m^{-1})。由此可见,溶液的电导与测量电极的面积及两极间的距离有关,而电导率则与此无关,因此用 κ 来反映溶液导电能力更为恰当。

使用电导率仪时应注意:① 盛待测溶液的容器应洁净,无离子玷污,外表勿受潮;② 当测量电阻很高的溶液时,需选用由溶解度极小的中性玻璃、石英或塑料制成的容器;③ 高纯水应快速测量,因空气中 CO_2 溶入会生成 CO_3^{2-},使电导率迅速增加。

四、地表水环境质量标准与污水排放标准

我国的水环境质量标准由综合性水环境质量标准——《地表水环境质量标准》

(GB 3838—2002)和各项水环境质量标准,如《生活饮用水卫生标准》(GB 5749—2006)、《农田灌溉水质标准》(GB 5084—92)等组成。

《地表水环境质量标准》将地表水水域按照环境功能和保护目标的高低,划分为五类:Ⅰ类:主要适用于源头水、国家自然保护区;Ⅱ类:主要适用于集中式生活饮用水地表水源地一级保护区、珍稀水生生物栖息地、鱼虾类产卵场、仔稚幼鱼的索饵场等;Ⅲ类:主要适用于集中式生活饮用水地表水源地二级保护区、鱼虾类越冬场、洄游通道、水产养殖区等渔业水域及游泳区;Ⅳ类:主要适用于一般工业用水区及人体非直接接触的娱乐用水区;Ⅴ类:主要适用于农业用水区及一般景观要求水域。

对应地表水上述五类水域功能,将地表水环境质量标准值分为五级,不同功能类别分别执行相应类别的标准值。水域功能类别高的区域执行的标准值严于水域功能类别低的区域,同一水域兼有多功能的,依最高功能划分类别。

地表水环境质量标准涉及项目共计109项,其中基本项目24项,主要常规水质参数的标准限值见表4-3。

表4-3 主要常规水质参数标准限值 单位:mg·L⁻¹

序号	项目标准值	Ⅰ类	Ⅱ类	Ⅲ类	Ⅳ类	Ⅴ类
1	水温(℃)	人为造成的环境水温变化应限制在:周平均最大温升≤1;周平均最大温降≤2				
2	pH(无量纲)	6~9				
3	溶解氧≥	饱和率90% (或7.5)	6	5	3	2
4	高锰酸盐指数≤	2	4	6	10	15
5	化学需氧量(COD)≥	15	15	20	30	40
6	五日生化需氧量(BOD₅)≤	3	3	4	6	10
7	氨氮(NH₃-N)≤	0.15	0.5	1.0	1.5	2.0
8	总磷(以P计)≤	0.02	0.1	0.2	0.3	0.4

我国颁布的《污水综合排放标准》(GB 8978—1996)按照污水排放去向,分年限规定了69种水污染物最高允许排放浓度及部分行业最高允许排水量。标准将排放的污染物按其性质及控制方式分为两类:第一类污染物(13项)主要是重金属和放射性污染,一律在车间或车间处理设施排放口采样,其最高允许排放浓度达到标准要求;第二类污染物(56项)则在排污单位排放口采样,其最高允许排放浓度达到标准要求。排放标准限制实行三级,排入GB 3838Ⅲ类水域的执行一级标准,排入Ⅳ、Ⅴ类水域的执行二级标准,排入设置二级污水处理厂的城镇排水系统的执行三级标准。

此外,我国还颁布了众多行业排放标准,按照国家综合排放标准与国家行业排放标准不交叉执行的原则,造纸工业、船舶工业、海洋石油开发工业、纺织染整工业、肉类加工工业、合成氨工业等有行业标准的执行行业排放标准,没有行业标准的执行《污水综合排放标准》。

实验 27　硝酸钾的制备和提纯

一、实验目的

(1) 通过用转化法制备硝酸钾晶体。
(2) 了解结晶和重结晶的一般原理和方法。
(3) 掌握固体溶解、加热、蒸发的基本操作。
(4) 掌握过滤(包括常压过滤、减压过滤和热过滤)的基本操作。

二、实验原理

工业上制备硝酸钾的方法是转化法,其反应如下:

$$NaNO_3 + KCl \rightleftharpoons NaCl + KNO_3$$

由于反应是可逆的,无法利用上述反应制取较纯净的硝酸钾晶体。根据反应物和产物的溶解度随温度变化的不同,可以制备和提纯硝酸钾。注意到氯化钠的溶解度随温度变化不大,而氯化钾、硝酸钠和硝酸钾在高温时具有较大或很大的溶解度。因此,从理论上而言,当对硝酸钠和氯化钾混合液进行加热浓缩时,可使氯化钠结晶析出,从而达到氯化钠与硝酸钾分离的目的;当结晶氯化钠后的溶液逐步冷却时,硝酸钾又可结晶析出,从而得到硝酸钾。在实际生产过程中,将氯化钠和硝酸钾的混合液加热到 118℃~120℃左右,这时硝酸钾溶解度增大很多,达不到饱和状态,不能结晶析出;而氯化钠的溶解度增加甚少,达到过饱和状态而析出。通过热过滤可除去氯化钠,将过滤后的溶液冷却至室温时,又会有大量硝酸钾析出,仅有少量氯化钠析出,从而制得硝酸钾粗品。再经过重结晶提纯,得到纯品。表 4-4 列出了硝酸钾、硝酸钠、氯化钾和氯化钠的溶解度随温度的变化。

表 4-4　硝酸钾等四种盐在不同温度下的溶解度(g /100 g 水)

温度	0℃	10℃	20℃	30℃	40℃	60℃	80℃	100℃
KNO_3	13.3	20.9	31.6	45.8	63.9	110.0	169	246
KCl	27.6	31.0	34.0	37.0	40.0	45.5	51.1	50.7
$NaNO_3$	73	80	88	96	104	124	148	180
NaCl	35.7	35.8	36.0	36.3	36.6	37.3	38.4	39.8

三、仪器及药品

1. 仪器

量筒,烧杯,台秤,石棉网,铁圈,酒精灯,铁架台,马弗炉,热滤漏斗,布氏漏斗,吸滤瓶,循环水真空泵,瓷坩埚,坩埚钳,温度计(200℃),比色管(25 mL)。

2. 药品

$NaNO_3$,KCl,HNO_3(6 mol·L^{-1}),$AgNO_3$(0.1 mol·L^{-1}),NaCl 为标准溶液。

3. 材料

滤纸。

四、实验步骤

1. 硝酸钾粗产品的制备

硝酸钾粗品的制备可根据下列实验步骤进行:

(1) 在台秤上称取 10 g 硝酸钠和 8.5 g 氯化钾(药量的用量可根据反应式计算,必要时考虑药品的纯度),放入 100 mL 小烧杯中,加 15 mL 蒸馏水,加热至沸腾,使固体完全溶解。记下小烧杯中液面位置。

(2) 对溶液继续加热并不断搅动,氯化钠逐渐析出,当烧杯中溶液的体积减小到原来的 2/3 左右或温度达到 118℃时,趁热进行热过滤,动作要快! 承接滤液的烧杯应预先加 1 mL 蒸馏水,以防降温时氯化钠达到饱和而析出。

(3) 当滤液冷却至室温时,用减压过滤法把硝酸钾晶体尽量抽干,得到硝酸钾粗产品。称取粗品硝酸钾的质量。

2. 硝酸钾粗产品的提纯

硝酸钾粗产品可用重结晶法提纯,实验步骤如下:

(1) 保留 0.1 g～0.2 g 硝酸钾粗产品供纯度检验,将其余的粗产品溶于蒸馏水中,粗产品与水的质量比为 2∶1。

(2) 加热、搅拌,待晶体全部溶解后停止加热。若溶液沸腾时,晶体还未全部溶解,可再加少量蒸馏水使其完全溶解。

(3) 在溶液冷却过程中,即有硝酸钾结晶析出。当溶液冷却到室温后,通过抽滤可得到纯度较高的硝酸钾晶体。称取所得硝酸钾的质量。

3. 硝酸钾纯度的检验

(1) 定性检验:分别取约 0.1 g 硝酸钾粗产品和一次重结晶得到的产品放入两个小试管中,各加入 2 mL 蒸馏水配成溶液。在溶液中分别滴入 1 滴 6 mol·L^{-1} 硝酸酸化,再各滴入 0.1 mol·L^{-1} 硝酸银溶液 2 滴,观察现象,进行对比,重结晶后的产品溶液应为澄清。

(2) 根据试剂级的标准检验样品中总氯量:称取 1 g 样品(称准至 0.01 g),加热至 400℃使其分解,于 700℃灼烧 15 min,冷却,溶于蒸馏水中(必要时过滤),稀释至 25 mL,加 2 mL 6 mol·L^{-1} 硝酸和 0.1 mol·L^{-1} 硝酸银溶液,摇匀,放置 10 min。所呈浊度不得大于标准。

(3) 标准是按下列要求取一定质量的 Cl^{-}:优级纯 0.015 mg;分析纯 0.030 mg;化学纯 0.070 mg。稀释至 25 mL,与同体积样品溶液同时同样处理(氯化钠标准溶液要根据 GB602-77 配制)。

本实验要求重结晶后的硝酸钾晶体中的含氯量达化学纯为合格,否则需要再次重结晶,直至合格。最后称量,计算产率,并与前几次的结果进行比较。

五、注意事项

(1) 热水漏斗中的水不要太满,以免水沸腾后溢出。

(2) 事先将布氏漏斗放在水浴中预热。

(3) 小火加热反应液,防止液体溅出。

六、问题与讨论

(1) 产品的主要杂质是什么?

(2) 能否将除去氯化钠后的滤液直接冷却制取硝酸钾?

(3) 考虑在母液中留有硝酸钾,粗略计算本实验实际得到的最高质量。

(4) 在对 KNO_3 进行提纯时,为什么要按 KNO_3 与 H_2O 为 2:1 的质量比加蒸馏水?

(5) KNO_3 中混有 KCl 或 $NaNO_3$ 时,应如何提纯?

(6) 总结以前学过的从溶液中分离出晶体的操作方法一共有几种,它们各适合在什么条件下使用?

附:硝酸钾的质量标准

根据中华人民共和国国家标准(GB64-77),化学试剂硝酸钾的杂质最高含量(指标以%计)须满足表 4-5 规定的各项指标。

表 4-5 硝酸钾试剂的质量标准

名 称	优级纯	分析纯	化学纯
澄清度试验	合 格	合 格	合 格
水不溶物	0.002	0.004	0.006
干燥失重	0.2	0.2	0.5
总氯量(以 Cl 计)	0.0015	0.003	0.007
硫酸盐(以硫酸根计)	0.002	0.005	0.01
亚硝酸盐及硝酸盐(以 NO_2 计)	0.0005	0.001	0.002
磷酸盐(以磷酸根计)	0.0005	0.001	0.001
钠	0.02	0.02	0.05
镁	0.001	0.002	0.004
钙	0.0002	0.0004	0.006
铁	0.0001	0.0002	0.0005
重金属(以铅计)	0.0003	0.0005	0.001

实验 28 转化法制备氯化铵

一、实验目的

(1) 学习并掌握用转化法制备 NH_4Cl 的原理和方法。

(2) 进一步练习溶解、蒸发、结晶、过滤等基本操作。

二、基本原理

本实验利用 NaCl 和 $(NH_4)_2SO_4$ 复分解反应制取 NH_4Cl,反应如下:

$$2NaCl + (NH_4)_2SO_4 \rightleftharpoons 2NH_4Cl + Na_2SO_4$$

该反应中所涉及的四种盐的溶解度如下表 4 - 6,根据上述盐的溶解度差异,本实验采用两次蒸发浓缩和结晶的方法制备氯化铵。

表 4 - 6　不同温度下四种盐的溶解度(g/100H₂O)

盐 ＼ 温度℃	0	10	20	30	40	50	60	70	80	90	100
NaCl	35.7	35.8	36.0	36.2	36.5	36.8	37.3	37.6	38.1	38.6	39.2
Na₂SO₄ · 10H₂O	4.1	9.1	20.4	41.0							
Na₂SO₄					48.2	46.7	45.2	44.1	43.3	42.7	42.3
NH₄Cl	29.7	33.3	37.2	41.4	45.8	50.4	55.2	60.2	65.6	71.3	77.3
(NH₄)₂SO₄	70.6	73.0	75.4	78.0	81.0	84.4	88.0	91.6	95.3	99.2	103.3

三、仪器与药品

1. 仪器

电子天平,烧杯,量筒,布氏漏斗,抽滤瓶,蒸发皿。

2. 药品

$(NH_4)_2SO_4$,NaCl。

四、实验步骤

(1)用量筒量取 40 mL 的蒸馏水置于蒸发皿中,加入 13.2 g $(NH_4)_2SO_4$ 固体,搅拌使其溶解。加热至沸后逐次加入 12 g NaCl 固体(注意不断搅拌),继续加热至液面有大量晶膜析出,停止加热,放置冷却(用冰水浴冷却更好),这时有大量的 $Na_2SO_4 \cdot 10H_2O$ 析出,抽滤,除去 $Na_2SO_4 \cdot 10H_2O$。

(2)将上述溶液转入蒸发皿,继续加热至有大量晶体析出,此时溶液呈浆糊状且有大量 Na_2SO_4 析出(在加热过程中注意不断快速搅拌,防止固体 Na_2SO_4 溅出),热抽滤(热抽滤:布氏漏斗应预先在热水中加热一段时间),用 10 mL 左右的沸水洗涤沉淀,保留滤液。

(3)再次将上述滤液转入蒸发皿,水浴加热蒸发浓缩至出现晶膜,冷却结晶,抽滤得到粗产品。

(4)将粗产品进行重结晶。

(5)产品称量,并计算产率。

(6)产品纯度检验。取少量 NH_4Cl 产品置于干燥洁净的小试管中,加热,若 NH_4Cl 全"升华"而无残渣剩余,则为纯产品。

实验 29　高锰酸钾的制备及纯度分析

一、实验目的

(1)学习碱熔法制备高锰酸钾的基本原理和操作方法。

（2）练习熔融、浸取、结晶、抽滤等操作。

（3）掌握锰的各种价态之间的转化关系和转化条件。

二、实验原理

二氧化锰在氧化剂存在下与碱共熔时，可被氧化为锰酸钾。例如，用 $KClO_3$ 作氧化剂，MnO_2 与 KOH 共熔时发生反应：

$$KClO_3 + 6KOH + 3MnO_2 \xrightarrow{\text{熔融}} KCl + 3H_2O + 3K_2MnO_4$$

熔块用水浸取，得到锰酸钾溶液。MnO_4^{2-} 在强碱性条件下（pH＞14.4）才稳定存在，在近中性或弱酸性条件下易发生歧化反应，生成 MnO_4^- 和 MnO_2，而且歧化反应趋势随着 pH 的减小而增强。

$$3MnO_4^{2-} + 4H^+ = MnO_2 + 2H_2O + 2MnO_4^-$$

向浸取液加入稀硫酸或通入 CO_2 气体，使 K_2MnO_4 发生歧化反应，过滤除去 MnO_2，将滤液浓缩结晶即可析出暗紫色针状 $KMnO_4$ 晶体。

三、仪器与药品

1. 仪器

电子天平，铁坩埚，烧杯，量筒，布氏漏斗，抽滤瓶，蒸发皿，表面皿。

2. 药品

$KClO_3(s)$，$KOH(s)$，$MnO_2(s)$，$H_2C_2O_4 \cdot 2H_2O(s)$，H_2SO_4（3 mol·L^{-1}），$FeSO_4$（0.1 mol·L^{-1}），3% H_2O_2，KI（0.1 mol·L^{-1}），$MnSO_4$（0.1 mol·L^{-1}），H_2SO_4（6 mol·L^{-1}）。

四、实验步骤

1. K_2MnO_4 的制备

称取 2.5 g $KClO_3$ 固体和 5.2 g KOH 固体置于铁坩埚中，充分搅拌混合均匀，小火加热至熔融后，一边搅拌，一边分多次加入 3 g MnO_2，这时应大力搅拌，防止结块，待反应物干涸后，提高温度，加强热 2 min～3 min，待冷却后，尽量把熔块捣碎，将铁坩埚侧放于盛有 70 mL 水的 250 mL 烧杯中，小火共煮片刻，直至熔块全部溶解为止，静置，抽滤，得墨绿色溶液。

2. K_2MnO_4 转化为 $KMnO_4$

向上述所得墨绿色溶液中滴加 3 mol·L^{-1} H_2SO_4 溶液，直至用玻璃棒蘸取溶液于滤纸上，只出现紫红色而无绿色痕迹为止，表示 K_2MnO_4 歧化完全（pH 在 10～11 之间）。然后用布氏漏斗抽滤，弃去 MnO_2 残渣，溶液转入蒸发皿中，水浴加热浓缩至表面析出晶膜。冷却结晶，抽滤至干，晶体放在表面皿上，放入烘箱（温度 80℃）烘干，冷却后称量。

五、产品分析

1. 定性检验

称取 0.2 g $KMnO_4$ 晶体，放入小杯中，再加 6 mL 水，溶解后，将溶液分成四份，再各加

1 滴管 6 mol·L^{-1} H$_2$SO$_4$，分别做以下实验：

一份加 0.1 mol·L^{-1} FeSO$_4$ 溶液 1 mL；一份加 3‰ H$_2$O$_2$ 溶液 0.5 mL；一份加 0.1 mol·L^{-1} KI 溶液 1 mL；一份加 0.1 mol·L^{-1} MnSO$_4$ 溶液 1 mL。观察四份溶液中有什么现象出现？写出相关化学反应方程式。

2. 定量分析

在分析天平上准确称取 0.15 g～0.20 g H$_2$C$_2$O$_4$·2H$_2$O（相对分子量：126.02）固体于锥形瓶中，溶于 50 mL 水，然后加入 6 mL 6 mol·L^{-1} H$_2$SO$_4$ 摇匀。

准确称取 0.8 g～1.0 g KMnO$_4$ 产品，在 250 mL 容量瓶中配成溶液。

以 KMnO$_4$ 溶液滴定 H$_2$C$_2$O$_4$ 溶液（溶液需保持在 65 ℃～80 ℃），滴定到粉红色保持稳定 0.5 min～1 min 不褪色为终点。计算 KMnO$_4$ 百分含量。

$$2MnO_4^- + 16H^+ + 5C_2O_4^{2-} \rlap{=\!=\!=} 10CO_2 \uparrow + 8H_2O + 2Mn^{2+}$$

六、问题与讨论

（1）除了歧化反应外，还有哪些方法可以使 K$_2$MnO$_4$ 转化为 KMnO$_4$？写出化学反应方程式。

（2）为使 K$_2$MnO$_4$ 发生歧化反应，能否用盐酸代替硫酸？

实验 30　由二氧化锰制备碳酸锰

一、实验目的

（1）学习由 MnO$_2$ 制取 MnCO$_3$ 的方法。

（2）进一步巩固练习溶解、蒸发、结晶、过滤等基本操作。

二、基本原理

软锰矿的主要成分是 MnO$_2$。在酸性条件下 MnO$_2$ 是一种强氧化剂，本实验以 Na$_2$SO$_3$ 作为还原剂，把 MnO$_2$ 还原为 Mn^{2+}。反应如下：

$$MnO_2 + H_2SO_4 + Na_2SO_3 \rlap{=\!=\!=} Na_2SO_4 + MnSO_4 + H_2O$$

在 MnSO$_4$ 溶液中加入 NH$_4$HCO$_3$ 调至 pH ＝ 7 ～ 8 之间则可生成白色的无定形粉末状的 MnCO$_3$：

$$MnSO_4 + NH_4HCO_3 \rlap{=\!=\!=} MnCO_3 \downarrow + NH_4HSO_4$$

三、仪器与药品

1. 仪器

电子天平，烧杯，量筒，布氏漏斗，抽滤瓶，蒸发皿。

2. 药品

MnO$_2$(s)，Na$_2$SO$_3$(s)，饱和 NH$_4$HCO$_3$ 溶液，H$_2$SO$_4$（3 mol·L^{-1}）。

四、实验步骤

1. MnO_2 的还原

量取 30 mL 3 mol·L^{-1} H_2SO_4 于 100 mL 烧杯中,加入 2 g MnO_2,加热条件下,分批加入 8 g Na_2SO_3(**在通风橱中进行,每次加入** Na_2SO_3 **量要少!减少** SO_2 **的产生**),边加边搅拌,直至 MnO_2 完全反应。溶液冷却后进行过滤,除去多余的 MnO_2 等不溶物。滤液转入 200 mL 烧杯。

2. $MnCO_3$ 的制备

在常温下,边搅拌边把 NH_4HCO_3 饱和溶液(用冷水配制)以细流状加入上述滤液中,pH=6 左右时有白色无定形粉末沉淀产生,pH=7~8 时即为反应终点。抽滤,分别用少量冷水(为了除去 SO_4^{2-} 与 NH_4^+)与热水(除去沉淀内部吸附的 SO_4^{2-} 等杂质)洗涤沉淀。所得 $MnCO_3$ 产物置于烘箱在 80~90℃进行烘干,得到干燥的 $MnCO_3$ 产物。称量 $MnCO_3$ 并计算产率。

五、问题与讨论

(1) 加入 NH_4HCO_3 除了引进 CO_3^{2-} 外,还有什么作用?

(2) 加入 NH_4HCO_3 为何要慢?

实验 31　硫酸铝的制备

一、实验目的

(1) 通过制备硫酸铝学习并掌握金属铝与碱的反应。

(2) 进一步巩固溶解、蒸发、结晶、过滤等基本操作。

二、基本原理

本实验是利用金属铝可以溶于氢氧化钠溶液的特点,先制备铝酸钠,再用碳酸氢铵调节溶液的 pH 为 8~9,将其转为氢氧化铝。氢氧化铝溶于硫酸生成硫酸铝,在低温下结晶,即得硫酸铝晶体 $Al_2(SO_4)_3·18H_2O$。主要反应式如下:

$$2Al + 2NaOH + 6H_2O \xlongequal{\quad} 2 Na[Al(OH)_4] + 3 H_2 \uparrow$$

$$2Na[Al(OH)_4] + NH_4HCO_3 \xlongequal{\quad} 2 Al(OH)_3 \downarrow + Na_2CO_3 + NH_3 \uparrow + 2H_2O$$

$$2Al(OH)_3 + 3H_2SO_4 \xlongequal{\quad} Al_2(SO_4)_3 + 6H_2O$$

硫酸铝 $Al_2(SO_4)_3·18H_2O$ 为白色六角形鳞片或针状结晶,易溶于水,极难溶于酒精。在空气中易潮解,加热至赤热即分解为 SO_3 和 Al_2O_3。

三、仪器与药品

1. 仪器

电子天平,烧杯,量筒,布氏漏斗,抽滤瓶,蒸发皿。

2. 药品

铝片,NaOH(s),饱和 NH_4HCO_3 溶液,H_2SO_4(3 mol·L^{-1}),无水乙醇。

四、实验步骤

1. 制备铝酸钠

快速称取 1.5 g 氢氧化钠固体倒入 150 mL 烧杯中,加入 15 mL 蒸馏水,搅拌使其溶解。加入 0.5 g 剪碎的金属铝片(在通风橱中反应,每次取量要少,分多次加入。**注意:反应强烈,防止溅入眼中!**)。反应完毕后,加水约 25 mL,减压过滤。

2. 氢氧化铝的生成和洗涤

将上述铝酸钠溶液转入 250 mL 的烧杯中,加热至沸腾,并保持沸腾,在不断搅拌下以细流状缓慢加入 40 mL 饱和的 NH_4HCO_3 溶液。加毕(此时溶液的 pH 约为 8~9),将沉淀煮沸数分钟并不断搅拌(**注意加热过程中要不停地搅拌,停止加热后还要搅拌数分钟,以防迸溅!**)。静置澄清,加少量 NH_4HCO_3 检查沉淀是否完全。待沉淀完全后,静置,减压过滤,用 70 mL 热水洗涤沉淀。

3. 制备硫酸铝

将制得的氢氧化铝沉淀转入 100 mL 的蒸发皿中,加入 10 mL 3 mol·L^{-1} H_2SO_4 溶液(不要过量),搅拌,得到浑浊溶液。将浑浊溶液在水浴上加热并加以搅拌,使氢氧化铝逐渐溶解完全,溶液变清。继续水浴加热浓缩至约为原来浑浊溶液体积的 1/2(不要过分浓缩,稀些结晶较好,工业上浓缩至溶液的相对密度为 1.38),缓慢冷却结晶,用布氏漏斗抽滤,用少量(每次约 5 mL)无水乙醇洗涤晶体 2 次,抽干,迅速移入预先准备好的并已称量的瓶中,塞严,称量。

五、问题与讨论

实验中铝酸钠转化为氢氧化铝沉淀时,为什么不用盐酸,而用 NH_4HCO_3 溶液?

实验 32　硫酸锰铵的制备及检验

一、实验目的

(1) 掌握硫酸锰铵的制备及定性检验的方法和原理。
(2) 巩固称量、溶解、加热、减压过滤等基本操作。

二、实验原理

锰盐和铵盐是农业常用的肥料,其中 Mn 都是保证农作物正常生长所必需的微量元素,也可以保证土壤中的微量养分处于平衡状态,提高农作物产率;同时也在化工、医药、纺织、制革、印染、陶瓷、催化剂等工业方面有广泛的应用。

本实验采用 MnO_2 与 $H_2C_2O_4$ 在酸性条件下反应制备 $MnSO_4$,再与等物质的量的硫酸铵反应生成复盐硫酸锰铵。

$$MnO_2 + H_2C_2O_4 + H_2SO_4 = MnSO_4 + 2CO_2\uparrow + 2H_2O \quad (70℃ \sim 80℃)$$

$$MnSO_4 + (NH_4)_2SO_4 + 6H_2O \Longrightarrow (NH_4)_2SO_4 \cdot MnSO_4 \cdot 6H_2O \quad (M_r = 391)$$

三、仪器与药品

1. 仪器

试管,烧杯,酒精灯,石棉网,三脚架,表面皿,台秤,漏斗,抽滤瓶,布氏漏斗,循环水真空泵,剪刀等。

2. 药品

$H_2C_2O_4 \cdot 2H_2O(s)$,$MnO_2(s)$,$(NH_4)_2SO_4(s)$,$NaBiO_3(s)$,$H_2SO_4(1\ mol \cdot L^{-1})$,HCl$(2\ mol \cdot L^{-1})$,$HNO_3(3\ mol \cdot L^{-1})$,$NaOH(2\ mol \cdot L^{-1})$,$NaOH(40\%)$,$BaCl_2(0.1\ mol \cdot L^{-1})$,无水乙醇,奈氏试剂,灯用酒精。

3. 材料

滤纸,红色石蕊试纸,冰等。

四、实验步骤

1. 硫酸锰的制备

微热盛有 30.0 mL 1 mol·L^{-1} H_2SO_4 溶液的锥形瓶,向其中溶解 3.2 g 草酸($H_2C_2O_4$ ·$2H_2O$),再慢慢分次加入 2.0 g 二氧化锰,水溶加热(70℃~80℃),使其充分反应。反应缓慢后,煮沸并趁热过滤,保留滤液。

2. 硫酸锰铵的制备

往上述热滤液中加入 3.0 g 硫酸铵,待硫酸铵全部溶解后(可适当蒸发至液面刚有晶体析出),冷至室温,再用冰水冷却,即有晶体慢慢析出,充分冷却后(约 30 min),抽滤,并用少量无水乙醇洗涤产品,用滤纸吸干或放在表面皿上干燥,称量并计算产率。

3. 硫酸锰铵的检验

(1) 外观:应为白色略带粉红色的结晶。

(2) 取样品水溶液,加 0.1 mol·L^{-1} $BaCl_2$ 溶液,即生成白色沉淀,此沉淀不溶于 2 mol·L^{-1} 盐酸(证实有 SO_4^{2-})。

(3) 取样品少许,溶于 3 mol·L^{-1} HNO_3 溶液中,加入少量铋酸钠粉末,溶液呈紫红色(证实有 Mn^{2+})。注意:样品用量要少,否则生成的 MnO_4^- 与过量的 Mn^{2+} 反应生成 MnO_2,使紫红色消失。

(4) NH_4^+ 的检验

① 气室法:撕一小块红色石蕊试纸润湿后贴在一小表面皿内侧,在另一大表面皿上滴 1 滴样品溶液和 1 滴 40%NaOH 溶液,然后快速将小表面皿扣在大表面皿上,水浴加热,观察试纸颜色的变化。若试纸变蓝,证实为铵盐。

② 奈氏试剂法:取样品水溶液少量,滴加 2 滴奈氏试剂,观察现象。若有红棕色沉淀生成则为铵盐。

五、实验数据处理

产品颜色:_____;产品质量(g):_____;产率:_____。

六、注意事项

(1) MnO_2 要分次缓慢加入，温度控制在 70℃~80℃。

(2) 加入的 $(NH_4)_2SO_4$ 要全部溶解，冰水充分冷却至大量晶体产生。

(3) 反应过程中有废气产生，注意通风。

(4) 水浴锅内水不宜过多或过少。

(5) 气室法检验 NH_4^+ 时，滴加浓碱后迅速盖上贴有湿润试纸的表面皿。

(6) 检验 Mn^{2+} 时，产品和 $NaBiO_3$ 的用量都要少。

七、问题与讨论

(1) 如何计算产品产率？

(2) 本实验中哪些操作步骤对提高产品的质量和产率有直接的影响？如何影响的？

(3) 硫酸锰铵有哪些用途？

实验 33　由废铁屑制备硫酸亚铁铵及含量分析

一、实验目的

(1) 了解复盐硫酸亚铁铵制备方法及其特性。

(2) 学习水浴加热、减压过滤、蒸发、结晶等基本操作。

(3) 了解无机物制备的投料、产量、产率的有关计算。

(4) 学习用目视比色法检验所得产品的质量。

(5) 学习高锰酸钾滴定法测定铁(Ⅱ)的方法。

二、实验原理

硫酸亚铁铵的制备有多种方法。本实验先用铁屑与稀硫酸反应制得硫酸亚铁溶液：

$$Fe + H_2SO_4 =\!=\!= FeSO_4 + H_2 \uparrow$$

再将等物质的量的硫酸铵晶体加到硫酸亚铁溶液并使之完全溶解，混合溶液加热蒸发后冷却结晶，即可得到浅绿色的复盐硫酸亚铁铵 $(NH_4)_2SO_4 \cdot FeSO_4 \cdot 6H_2O$，该晶体商品名称为摩尔盐。一般亚铁盐在空气中易被氧化而呈黄色。

$$4Fe^{2+}(aq) + 2SO_4^{2-}(aq) + O_2(g) + 6H_2O(l) =\!=\!= 2[Fe(OH)_2]_2SO_4(s) + 4H^+(aq)$$

但形成复盐后就比较稳定，不易被氧化，因此在定量分析中常用来配制亚铁离子的标准溶液。

摩尔盐在水中的溶解度比组成它的每一个组分 $(NH_4)_2SO_4$、$FeSO_4$ 的溶解度都要小，见表 4-7。

表 4 - 7　三种盐的溶解度

温　　度	$FeSO_4 \cdot 7H_2O$	$(NH_4)_2SO_4$	$(NH_4)_2SO_4 \cdot FeSO_4 \cdot 6H_2O$
10	20.5	73.0	17.2
20	26.6	75.4	21.6
30	33.2	78.0	24.1

评定 $(NH_4)_2SO_4 \cdot FeSO_4 \cdot 6H_2O$ 产品质量或纯度等级的主要标准之一是其含 Fe^{3+} 量的多少。本实验采用目视比色法,即比较 Fe^{3+} 与 SCN^- 形成的血红色的配离子 $[Fe(SCN)_n]^{3-n}$ 颜色的深浅来确定产品的纯度等级。

表 4 - 8　各种等级 $(NH_4)_2SO_4 \cdot FeSO_4 \cdot 6H_2O$ 中 Fe^{3+} 离子的含量

规　　格	Ⅰ　级	Ⅱ　级	Ⅲ　级
Fe^{3+} 含量/mg/25 mL 标准液	0.05	0.10	0.20
Fe^{3+} 含量/mg/1 g 产品	0.05	0.10	0.20

三、仪器与药品

1. 仪器

台天平,分析天平,烧杯(50 mL,250 mL),量筒(10 mL),酒精灯,三脚铁架,泥三角,石棉网,坩埚钳,蒸发皿,表面皿,玻璃棒,滤纸,布氏漏斗,玻璃砂芯漏斗吸滤瓶,安全瓶,洗瓶,温度计,比色管(25 mL),锥形瓶,酸式滴定管(50 mL)。

2. 试剂

废铁屑,$(NH_4)_2SO_4(s)$,$KMnO_4(s)$,$Na_2C_2O_4(s)$,$H_2SO_4(3 \text{ mol} \cdot L^{-1})$,HCl $(3 \text{ mol} \cdot L^{-1})$,无水乙醇。

图文〉仪器介绍

四、实验步骤

1. 废铁屑的预处理

称取 4.0 g 废铁屑,放入锥形瓶中,加 10% Na_2CO_3 溶液 20 mL(或 2 g 洗衣粉和 20 mL H_2O),缓缓加热 10 min,并不断振荡锥形瓶。用倾析法倾出碱液,再用蒸馏水把铁屑洗至中性。

2. $FeSO_4$ 的制备

在盛有洗净的铁屑的锥形瓶中加入 25 mL 3 mol·L^{-1} H_2SO_4 溶液,置于 60℃~70℃水浴中加热以加速铁屑与稀 H_2SO_4 反应,必要时吸收处理反应放出的气体。反应开始时比较激烈,要注意防止溶液溢出。待大部分铁屑反应完(冒出的气泡明显减少,大约需要 30 min 左右),趁热进行减压过滤。如果滤纸上有 $FeSO_4 \cdot H_2O$ 晶体析出,可用热蒸馏水将晶体溶解,用 2 mL 3 mol·L^{-1} H_2SO_4 溶液洗涤未反应完全的 Fe 和残渣,洗涤液合并至反应液中。过滤完后将滤液转移至小烧杯中。未反应完的铁片用碎滤纸吸干后称量,计算已参加反应的 Fe 的质量。

3. $(NH_4)_2SO_4 \cdot FeSO_4 \cdot 6H_2O$ 的制备

称取理论计算量的 $(NH_4)_2SO_4$ 晶体,加到 $FeSO_4$ 滤液中,水浴上加热,使 $(NH_4)_2SO_4$

全部溶解(如不能,可加少量蒸馏水),继续蒸发浓缩至液面出现晶膜为止。静置,自然冷却至室温,即有 $(NH_4)_2SO_4 \cdot FeSO_4 \cdot 6H_2O$ 晶体析出,观察晶体的颜色和形状。减压抽滤,并在布氏漏斗上用 5 mL 乙醇淋洗晶体两次,继续抽干。将晶体中的水分吸干。称量,计算理论产量和实际收率。

4. 产品检验 Fe^{3+} 的半定量分析

称取 1.0 g 自制的 $(NH_4)_2SO_4 \cdot FeSO_4 \cdot 6H_2O$ 晶体置于 25 mL 比色管中,用少量不含 O_2 的蒸馏水将晶体溶解,加入 1.00 mL 3 mol $\cdot$ L^{-1} HCl 溶液和 1.00 mL 1 mol $\cdot$ L^{-1} KSCN 溶液,再加不含 O_2 的蒸馏水至刻度,摇匀,与标准溶液进行比较,根据比色结果,确定产品 Fe^{3+} 含量所对应的级别。

Fe^{3+} 标准溶液的配制:称取 0.8634 g $(NH_4)_2SO_4 \cdot Fe_2(SO_4)_3 \cdot 24H_2O$ 固体溶于水(内含 2.5 mL 浓 H_2SO_4),移入 1 000 mL 容量瓶中,稀释至刻度。此溶液的浓度为 0.1000 mg $\cdot$ mL^{-1}。

依次用吸量管量取上述标准溶液 0.50 mL、1.00 mL、2.00 mL。分别加入到三支 25 mL 的比色管中,各加入 1.00 mL 3 mol $\cdot$ L^{-1} HCl 溶液和 1.00 mL 1 mol $\cdot$ L^{-1} KSCN 溶液,再加不含 O_2 的蒸馏水至刻度,摇匀。即得三个级别的标准色阶。

5. 产品中 Fe^{2+} 含量测定

(1) 0.02 mol $\cdot$ L^{-1} KMnO$_4$ 的配制和标定

称取约 3.2 g KMnO$_4$ 溶于 1 000 mL 蒸馏水中,盖上表面皿,加热至沸,并保持微沸状态 1 h,冷却或放置数天后用微孔玻璃漏斗过滤,将滤液保存在干净的磨口棕色瓶中,摇匀备用。

现象　三个级别的标准色阶

准确称取基准物 0.18 g 左右 Na$_2$C$_2$O$_4$ 三份置于 250 mL 锥形瓶中,分别加入 50 mL 新煮沸过的去离子水及 10 mL 3 mol $\cdot$ L^{-1} H$_2$SO$_4$ 溶液,待试样溶解后,加热至 80℃ 左右(即加热到溶液开始冒蒸气,切不可煮沸),趁热立即用待标定的 KMnO$_4$ 溶液滴定。

滴定时加入的第 1 滴 KMnO$_4$ 溶液褪色很慢,在没有完全褪色前不要滴入第 2 滴,此后随反应进行速率的加快,可加快 KMnO$_4$ 溶液的滴加速度。当被滴定溶液出现稳定的浅粉红色且在 30 s 内不褪,即为滴定终点。滴定结束时,被滴定溶液的温度不应低于 60℃。

重复平行实验 3 次,根据 Na$_2$C$_2$O$_4$ 称出量及 KMnO$_4$ 相应的用量计算 KMnO$_4$ 标准溶液的浓度。

$$c(KMnO_4) = \frac{2m(Na_2C_2O_4)}{5V(KMnO_4) \times M(Na_2C_2O_4)}$$

(2) Fe^{2+} 含量测定

准确称取 1 g 左右已干燥的产品 $(NH_4)_2SO_4 \cdot FeSO_4 \cdot 6H_2O$ 两份,加 25 mL 蒸馏水和 10 mL 3 mol $\cdot$ L^{-1} H$_2$SO$_4$,加热使之溶解,立即用所配制的 0.02 mol $\cdot$ L^{-1} KMnO$_4$ 标准溶液滴定至出现粉红色并在 30 s 内不褪色为终点。根据 KMnO$_4$ 标准溶液的用量计算试样中 Fe^{2+} 百分含量,并与理论值进行比较,确定产品纯度。

五、实验数据处理

根据实验数据计算 $(NH_4)_2SO_4 \cdot FeSO_4 \cdot 6H_2O$ 的产率、产品的纯度并与理论值进行比较。

六、问题与讨论

（1）在制备 $FeSO_4$ 过程中，为什么开始时需要 Fe 过量并采用水浴加热，后又将溶液调至强酸性？

（2）检验 Fe^{3+} 含量时为什么要用不含 O_2 的蒸馏水溶解样品？

（3）减压过滤用到了哪些仪器？操作过程中，有哪些注意事项？

（4）为何要用少量乙醇淋洗 $(NH_4)_2SO_4 \cdot FeSO_4 \cdot 6H_2O$ 晶体？用蒸馏水可以吗？

（5）分析实验过程中影响产品质量的环节和因素。

实验 34　一种钴（Ⅲ）配合物的制备及组成分析

一、实验目的

（1）掌握一种钴（Ⅲ）配合物制备的基本原理和方法。

（2）学会对制备的配合物的组成进行初步推断。

（3）学会使用电导率仪。

二、实验原理

根据标准电极电势 $E^{\ominus}_{Co^{3+}/Co^{2+}} = 1.84\ V$ 可知，三价钴盐不如二价钴盐稳定，生成配合物后，电极电势降低，如：$E^{\ominus}_{Co(NH_3)_6^{3+}/Co(NH_3)_6^{2+}} = 0.1\ V$，这时的三价钴又比二价钴稳定。因此常采用空气或 H_2O_2 氧化二价钴配合物的方法来制备三价钴的配合物。

钴（Ⅲ）的氨配合物有多种，常见的有 $[Co(NH_3)_6]Cl_3$（橙黄色）、$[Co(NH_3)_5(H_2O)]Cl_3$（砖红色）、$[Co(NH_3)_5Cl]Cl_2$（紫红色）等。它们的制备条件各不相同：在有活性炭作催化剂时，主要生成三氯化六氨合钴（Ⅲ）；没有活性炭存在时，主要生成二氯化一氯·五氨合钴（Ⅲ）。

溶液中 Co（Ⅱ）的配合物还原性较强，能很快地进行取代反应（是活性的），而 Co（Ⅲ）配合物的氧化性很弱，它的取代反应则很慢（是惰性的）。

本实验利用 H_2O_2 氧化有氨和氯化铵存在的二氯化钴溶液来制备一种钴（Ⅲ）的配合物，其反应式为：

$$2CoCl_2 + 8NH_3 \cdot H_2O + 2NH_4Cl + H_2O_2 \Longrightarrow 2[Co(NH_3)_5(H_2O)]Cl_3 + 8H_2O$$

再加入浓 HCl 可生成 $[Co(NH_3)_5Cl]Cl_2$ 紫红色晶体：

$$[Co(NH_3)_5(H_2O)]Cl_3 \xrightarrow{\text{浓 HCl}} [Co(NH_3)_5Cl]Cl_2 + H_2O$$

用化学分析方法确定某配合物的组成，通常先确定配合物的外界，然后将配离子破坏再来看其内界。配离子的稳定性受很多因素影响，通常可用加热或改变溶液酸碱性来破坏它。本实验是初步推断其组成，一般是用定性的分析方法或半定量甚至估量的分析方法。推定配合物的化学式后，可用电导率仪来测定一定浓度配合物溶液的导电性，与已知电解质溶液的导电性进行对比，可确定该配合物化学式中含有几个离子，进一步确定其化学式。

游离的 Co^{2+} 在酸性溶液中可与硫氰化钾作用生成蓝色配合物 $[Co(NCS)_4]^{2-}$。因其在水中离解度大，故常加入硫氰化钾浓溶液或固体，并加入戊醇和乙醚以提高稳定性。由此可

用来鉴定 Co^{2+} 的存在。其反应如下：

$$Co^{2+} + 4SCN^- \Longrightarrow [Co(NCS)_4]^{2-}（蓝色）$$

游离的 NH_4^+ 可由奈氏试剂来检定，其反应如下：

$$NH_4^+ + 2[HgI_4]^{2-} + 4OH^- \Longrightarrow \left[O\underset{Hg}{\overset{Hg}{\diagdown\diagup}}NH_2\right]I\downarrow + 7I^- + 3H_2O$$

（奈氏试剂） （红褐色）

三、仪器与药品

1. 仪器

台秤,烧杯,锥形瓶,量筒,研钵,漏斗,铁架台,酒精灯,试管,滴管,药勺,试管夹,漏斗架,石棉网,温度计,电导率仪,离心机等。

2. 药品

$NH_4Cl(s)$,$CoCl_2(s)$,$KCNS(s)$,$NH_3 \cdot H_2O$（浓）,HNO_3（浓）,HCl（浓,$6\ mol \cdot L^{-1}$）,H_2O_2(30%),$AgNO_3$($0.1\ mol \cdot L^{-1}$),$SnCl_2$($0.5\ mol \cdot L^{-1}$新配),奈氏试剂,乙醇,丙酮,乙醚,戊醇。

3. 材料

pH 试纸,滤纸等。

四、实验步骤

1. Co(Ⅲ)配合物的制备

在锥形瓶中将 $1.0\ g\ NH_4Cl$ 溶于 $6\ mL$ 浓 $NH_3 \cdot H_2O$ 中（浓 $NH_3 \cdot H_2O$ 需新开封以保证其浓度），待完全溶解后,分数次加入 $2.0\ g\ CoCl_2$ 粉末,边加边振荡锥形瓶,使溶液成棕色稀浆。再往其中滴加 $2\ mL \sim 3\ mL$ 30% H_2O_2,边加边振荡,当固体完全溶解、溶液中停止起泡时慢慢加入 $6\ mL$ 浓 HCl,边加边振荡,水浴（温度不超过85℃）微热 $10\ min \sim 15\ min$,然后在室温下冷却混合物,抽滤,依次用 $3\ mL$ 冷水、$3\ mL$ 冷的 $6\ mol \cdot L^{-1}\ HCl$ 和少量乙醇或丙酮洗涤沉淀,将产物在105℃左右烘干,冷却后称量,并计算产率。

2. Co(Ⅲ)配合物的组成的初步推断

(1) 取 $0.1\ g$ 所制得的产物置于小烧杯,加入 $15\ mL$ 蒸馏水,混匀后用 pH 试纸检验其酸碱性。

(2) 取 $2\ mL$ 实验(1)中所得的溶液于试管中,慢慢滴加 $0.1\ mol \cdot L^{-1}\ AgNO_3$ 溶液并搅动,直至加 1 滴 $AgNO_3$ 溶液后上部清液没有沉淀生成。离心分离,往滤液中加 $1\ mL$ 浓 HNO_3 并搅动,再往溶液中滴加 $AgNO_3$ 溶液,看有无沉淀,若有,比较沉淀量的多少。

(3) 取 $2\ mL$ 实验(1)中所得的溶液于试管中,加几滴 $0.5\ mol \cdot L^{-1}\ SnCl_2$ 溶液（为什么?）,振荡后加入一粒绿豆大小的 KCNS 固体,振荡后再加入 $1\ mL$ 戊醇、$1\ mL$ 乙醚,振荡后观察上层溶液的颜色（为什么?）。

(4) 取 2 mL 实验(1)中所得的溶液于试管中,加入少量蒸馏水,加 2 滴奈氏试剂并观察现象。

(5) 将实验(1)中剩下的溶液加热,观察溶液变化,直至其完全变成棕黑色后停止加热,冷却后用 pH 试纸检验溶液的酸碱性,然后抽滤或离心分离(必要时用双层滤纸)。取所得清液,分别做一次(3)、(4)实验。观察现象与原来的有什么不同。

通过这些实验推断出此配合物的组成,写出其化学式。

(6) 由上述自己初步推断的化学式来配制 50 mL 0.01 mol·L^{-1} 该配合物的溶液,用电导率仪测量其电导率,然后稀释 10 倍后再测量其电导率并与表 4-9 对比,确定其化学式中所含离子数。

表 4-9　几种不同类型电解质的电导率

电解质	类型(离子数)	电导率 κ /μS·cm^{-1}	
		0.01 mol·L^{-1}	0.001 mol·L^{-1}
KCl	1-1 型(2)	1230	133
BaCl$_2$	1-2 型(3)	2150	250
K$_3$[Fe(CN)$_6$]	1-3 型(4)	3400	420

电导率 κ 的 SI 制单位为西门子每米(S·m^{-1}),$1\kappa = 10^6 \mu$S·cm^{-1}。

五、注意事项

(1) 制备反应要完全,充分振荡是前提,另外还要控制好温度与时间。

(2) 烧杯、试管要用去离子水洗干净。

(3) 测电导率时溶液的浓度要配制准确。

六、问题与讨论

(1) 将氯化钴加入氯化铵与浓氨水的混合液中,可发生什么反应,生成何种配合物?

(2) 本实验中加过氧化氢起何作用,如不用过氧化氢还可以用哪些物质,用这些物质有什么不好? 本实验中加浓盐酸的作用是什么?

(3) 要使本实验制备的产品产率高,你认为哪些步骤比较关键? 为什么?

(4) 试总结制备 Co(Ⅲ)配合物的化学原理及制备的几个步骤。

(5) 有五个不同的配合物,分析其组成后确定有共同的实验式:K$_2$CoCl$_2$I$_2$(NH$_3$)$_2$;电导测定得知在水溶液中五个化合物的电导率数值均与硫酸钠相近。请写出五个不同配离子的结构式,并说明不同配离子间有何不同。

实验 35　醋酸铬(Ⅱ)水合物的制备

一、实验目的

（1）学习在无氧条件下制备易被氧化的不稳定化合物的原理和方法。
（2）巩固沉淀的洗涤、过滤等基本操作。

二、基本原理

通常二价铬的化合物非常不稳定，它们能迅速被空气的氧气氧化为三价铬的化合物。只有二价铬的卤化物、磷酸盐、碳酸盐和醋酸盐可存在于干燥状态。

醋酸铬(Ⅱ)是淡红棕色结晶性物质，不溶于水，但易溶于盐酸。这种物质也与其他所有亚铬酸盐相似，能吸收空气中的氧气。醋酸铬(Ⅲ)为灰色粉末或蓝绿色的糊状晶体，溶于水，不溶于乙醇。

制备容易被氧气氧化的化合物不能在大气气氛下进行，常用惰性气体作保护性气氛，如 N_2、Ar 气氛等。有时也在还原性气氛下合成。

本实验在封闭体系中利用金属锌作还原剂，将三价铬还原为二价，再与醋酸钠溶液作用制得醋酸铬(Ⅱ)。反应体系中产生的氢气除了增大体系压强使 $Cr(Ⅱ)$ 溶液进入醋酸钠溶液中，同时氢气还起到隔绝空气使体系保持还原性气氛的作用。

制备反应的离子方程式如下：

$$2Cr^{3+} + Zn \Longrightarrow 2Cr^{2+} + Zn^{2+}$$

$$2Cr^{2+} + 4CH_3COO^- + 2H_2O \Longrightarrow [Cr(CH_3COO)_2]_2 \cdot 2H_2O \downarrow$$

三、仪器与药品

1. 仪器

电子天平，抽滤瓶，两孔橡皮塞，滴液漏斗，锥形瓶，烧杯，布氏漏斗（或砂滤漏斗），量筒。

2. 药品

浓盐酸，乙醇（分析纯），乙醚（分析纯），去氧水（已煮沸过的蒸馏水），六水合三氯化铬，锌粒，无水醋酸钠。

四、实验步骤

称取 5 g 无水醋酸钠于锥形瓶中，用 12 mL 去氧水配成溶液。

在抽滤瓶中放入 12 g 锌和 5 g 三氯化铬固体，加入 6 mL 去氧水（加热煮沸后的去离子水），摇动抽滤瓶，得到深绿色混合物。夹住通往醋酸钠溶液的橡皮管，通过滴液漏斗缓慢加入浓盐酸 10 mL，并不断摇动抽滤瓶，溶液逐渐变为蓝绿色到亮蓝色。当氢气仍然较快放出时，松开右边橡皮管，夹住左边橡皮管，以迫使二氯化铬溶液进入盛有醋酸钠溶液的锥形瓶中。搅拌，形成红色醋酸亚铬沉淀。进行减压过滤，抽干，称重。

现象 醋酸铬(Ⅱ)水合物＋Cr^{2+}水合离子的亮蓝色

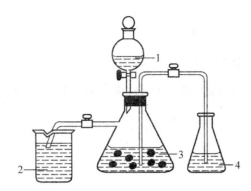

图 4 - 2 醋酸铬(Ⅱ)制备装置图

1. 浓盐酸 2. 水封 3. 锌粒、三氯化铬和去氧水 4. 醋酸钠水溶液

五、注意事项

(1) 反应物锌应当过量,浓盐酸适量。

(2) 滴酸的速度不宜太快,反应时间要足够长(约 1 h)。

(3) 产品必须洗涤干净。

(4) 产品在惰性气体中密封保存。严格地密封保存的醋酸铬(Ⅱ)样品可始终保持砖红色。然而,若空气进入样品,它就逐渐变成灰绿色,这是被氧化物质的特征颜色。纯的醋酸铬(Ⅱ)是反磁性的,因为在二聚分子中铬原子之间有着电子-电子相互作用,所以样品有一点顺磁性就是不纯的表示。

六、问题与讨论

(1) 为什么制备过程中锌要过量?

(2) 根据醋酸铬(Ⅱ)的性质,该化合物如何保存?

实验 36 过氧化钙的制备及含量分析

一、实验目的

(1) 制备过氧化钙,学习过氧化物的制备方法。

(2) 巩固加热、沉淀洗涤、减压过滤等基本操作。

二、基本原理

过氧化钙是米黄色的固体粉末,含有结晶水时颜色近乎白色。过氧化钙是一种比较稳定的金属过氧化物,它在室温下长期保存而不分解。它的氧化性较缓和,属于安全无毒的化学品,可用于环保、食品及医药工业。

本实验用天然石灰石为原料,先经溶解除去杂质,制得纯的碳酸钙固体。再将碳酸钙溶于适量的盐酸中,在低温、碱性条件下与过氧化氢反应制得过氧化钙。用热分解方法测定所得产品中过氧化钙的含量。

制备过氧化钙涉及的化学方程式有：

$$CaCO_3 + 2HCl \Longrightarrow CaCl_2 + H_2O + CO_2 \uparrow$$

$$CaCl_2 + H_2O_2 + 2NH_3 \cdot H_2O \Longrightarrow CaO_2 \downarrow + 2NH_4Cl + 2H_2O$$

$$CaO_2 \cdot xH_2O \xrightarrow{110 \sim 120℃} CaO_2 + xH_2O(x \leqslant 8)$$

三、仪器与药品

1. 仪器

电子天平，烧杯，量筒，布氏漏斗，抽滤瓶。

2. 药品

$(NH_4)_2CO_3(s)$，石灰石，浓氨水，$HCl(6 \ mol \cdot L^{-1})$，$HNO_3(6 \ mol \cdot L^{-1})$，$6\% \ H_2O_2$，$K_2Cr_2O_7(0.5 \ mol \cdot L^{-1})$，乙醚。

四、实验步骤

1. 制取纯的 $CaCO_3$

称取 10 g 石灰石，溶于 50 mL 浓度为 6 mol·L^{-1} 的 HNO_3 溶液中。反应完全后，生成可溶性的 $Ca(NO_3)_2$，将溶液加热至沸腾，趁热过滤，弃去沉淀。另取 15 g $(NH_4)_2CO_3$ 固体，溶于 70 mL 水中，在不断搅拌下，将它缓慢地加到上述热的滤液中，再加 10 mL 浓氨水，搅拌后放置片刻，减压过滤，用去离子水洗涤沉淀数次。最后将沉淀抽干，即得纯 $CaCO_3$。

2. 制备过氧化钙

将上述制得的纯 $CaCO_3$ 置于烧杯中，逐滴加入浓度为 6 mol·L^{-1} 的 HCl，直至烧杯中仅剩余极少量的 $CaCO_3$ 固体为止。将溶液加热至沸，趁热过滤以除去未溶的 $CaCO_3$。另外，将 60 mL 6% 的 H_2O_2 溶液滴入 30 mL 1∶2(浓氨水∶水)的氨水中。然后所得 $CaCl_2$ 溶液和$NH_3 - H_2O_2$ 溶液都置于冰水浴中冷却。

待溶液充分冷却后，在冰水浴中边搅拌边将 $CaCl_2$ 溶液逐滴滴入 $NH_3 - H_2O_2$ 溶液中。加毕，继续在冰水浴内放置 30 min。然后减压过滤，用少量冰水(蒸馏水)洗涤晶体 2～3 次。晶体抽干后，取出置于烘箱内在 110～120℃ 下约烘 15 min(以烘干为准)。

由原料石灰石和过氧化钙的产量，计算产率。

3. 过氧化钙的定性检验和含量测定

(1) 定性检验

在试管中加入少许 CaO_2 固体，滴入少许稀盐酸，待溶解后取出一滴溶液，用 KI-淀粉试纸试验。这种定性检验过氧离子用到的反应方程式有：

现象　过氧化钙制备

$$CaO_2 + 2HCl \Longrightarrow CaCl_2 + H_2O_2$$

$$H_2O_2 + 2KI \rightleftharpoons 2KOH + I_2$$

还可以取上述溶液再加入稍过量的酸,然后加一些乙醚,再滴入重铬酸盐,可以观察到有机层显蓝色。其反应方程式:

$$CaO_2 + 2HCl \rightleftharpoons CaCl_2 + H_2O_2$$

$$4H_2O_2 + H_2Cr_2O_7 \rightleftharpoons 2\ CrO(O_2)_2 + 5H_2O$$

(2) 定量测定

精确称取 0.20 g～0.40 g CaO_2 固体粉末,加热分解收集氧气,根据气态方程式计算固体中 CaO_2 的含量。

五、问题与讨论

(1) 制备 CaO_2 过程中为避免 H_2O_2 分解,要采取什么措施?

(2) 用 HCl 溶解 $CaCO_3$ 时,为什么 HCl 不能过量?

实验 37　纯碱的制备及含量分析

一、实验目的

(1) 掌握制备碳酸钠的方法,学习灼烧操作。

(2) 巩固浓缩、结晶、滴定等基本操作。

二、基本原理

碳酸钠又名苏打,工业上叫作纯碱,用途广泛。工业上一般应用联合制碱的方法,将 NH_3 和 CO_2 混合通入 NaCl 溶液中,先生成 $NaHCO_3$,经灼烧生成 Na_2CO_3。具体化学反应如下:

$$NH_3 + CO_2 + H_2O + NaCl \rightleftharpoons NaHCO_3 \downarrow + NH_4Cl$$

$$2NaHCO_3 \rightleftharpoons Na_2CO_3 + CO_2 + H_2O$$

我国化学家侯德榜对联合制碱法进行了优化,他针对 NH_3 和 CO_2 利用率不高的情况,将副产品 NH_4Cl 再次与 NaCl 溶液反应,通入 CO_2 便又生成了 $NaHCO_3$,提高了原料的利用率。

在本实验中,用 NH_4HCO_3 代替工业生产中的 NH_3 和 CO_2 制备 $NaHCO_3$,反应为:

$$NH_4HCO_3 + NaCl \rightleftharpoons NaHCO_3 \downarrow + NH_4Cl$$

在溶液中发生了复分解反应,由于相同温度下 $NaHCO_3$ 溶解度最小(参见表 4 - 10),$NaHCO_3$ 首先析出,使反应向右移动。所以,控制一定温度,可使反应向生成 $NaHCO_3$ 的方向进行。

表 4-10　几种盐的溶解度表　　　　　　　　单位:g/100 g H$_2$O

盐 ＼ 温度	10	20	30	40	60
NaCl	35.8	35.9	36.1	36.4	37.1
NH$_4$HCO$_3$	16.1	21.7	28.4	—*	—
NH$_4$Cl	33.2	37.2	41.4	45.8	55.3
NaHCO$_3$	8.1	9.6	11.1	12.7	16.0
Na$_2$CO$_3$	12.5	21.5	39.7	49.0	46.0

＊ 表示 NH$_4$HCO$_3$ 分解。

由表 4-10 可知,温度大于 40℃时,NH$_4$HCO$_3$ 会分解,因此温度一般控制在 30℃～35℃之间,使 NaHCO$_3$ 析出。

用滴定法分析产品纯度。以酚酞为指示剂,用标准 HCl 溶液滴定 Na$_2$CO$_3$ 溶液,其反应如下:

$$H^+ + CO_3^{2-} \rule[0.5ex]{1em}{0.4pt}\rule[0.5ex]{1em}{0.4pt} HCO_3^-$$

滴定至终点红色转化为无色,根据 HCl 用量计算 Na$_2$CO$_3$ 纯度。

三、仪器与药品

1. 仪器

电子天平,烧杯,坩埚,布氏漏斗,抽滤瓶,锥形瓶,滴定管。

2. 药品

NH$_4$HCO$_3$(s),BaCl$_2$(1 mol·L^{-1}),HCl(6 mol·L^{-1}),标准 HCl 溶液(0.1000 mol·L^{-1}),NaOH(2 mol·L^{-1})和 Na$_2$CO$_3$(1 mol·L^{-1})混合溶液。

四、实验步骤

1. 粗盐纯化

取 5 g 粗盐,在 50 mL 烧杯中用 17 mL 水加热至溶解,加入 1.0 mol·L^{-1}BaCl$_2$ 溶液 1 mL～2 mL,加热至沸腾,冷却,抽滤。母液中加入 2～4 mL NaOH(2 mol·L^{-1})和 Na$_2$CO$_3$(1 mol·L^{-1})混合溶液,煮沸 2 min～3 min,冷却抽滤;用 6 mol·L^{-1}的 HCl 溶液调节滤液 pH=7(如果用精盐,则取 4 g,加 17 mL 蒸馏水溶解,然后直接由步骤 2 开始实验)。

2. 制备 NaHCO$_3$

将滤液置于 30℃～35℃水浴中,在不断搅拌的情况下分 5～6 次加入 6 g 研细的 NH$_4$HCO$_3$ 固体粉末,随着 NH$_4$HCO$_3$ 的加入,不断有白色沉淀(NaHCO$_3$)析出。搅拌至少 30 min,保证充分反应,静置,抽滤,得到 NaHCO$_3$ 固体,用少量水淋洗。抽干。

3. 制备 Na$_2$CO$_3$

将所得到固体转移至蒸发皿中小火烤干,然后转移至坩埚中,灼烧 10 min(注意:不要让 Na$_2$CO$_3$ 熔化),冷却,称量。

4. 纯度检验

在分析天平上准确称量 $0.21\,g \sim 0.28\,g$ 产品两份,分别置于锥形瓶中,用 $25\,mL$ 水溶解,分别加 2 滴酚酞指示剂,用标准 HCl 溶液滴至红色刚好褪去,记录 V_{HCl},根据下列公式计算产品纯度 $W(Na_2CO_3)\%$:

$$W = [c(HCl)V(HCl)M(Na_2CO_3)/(1\,000\,G)] \times 100\%$$

式中: $c(HCl)$ 和 $V(HCl)$ 分别为 HCl 标准溶液的浓度和用量,单位分别为 $mol \cdot L^{-1}$ 和 mL; $M(Na_2CO_3)$ 为 Na_2CO_3 的摩尔质量,单位为 $g \cdot mol^{-1}$; G 为称取产品质量,单位为 g。

五、问题与讨论

(1) 以 $NaCl$、NH_4HCO_3、NH_4Cl、$NaHCO_3$、Na_2CO_3 这五种盐在不同温度的溶解度考虑,为什么 $NaCl$ 和 NH_4HCO_3 不直接生成 Na_2CO_3?

(2) 粗盐为何要精制?

(3) 在制取 $NaHCO_3$ 时,为什么温度要控制在 $30℃ \sim 35℃$ 之间?

(4) 实验中用 HCl 滴定 Na_2CO_3 为何不生成 H_2CO_3 而生成 $NaHCO_3$?

实验 38　三草酸根合铁(Ⅲ)酸钾的制备、性质及组成测定

一、实验目的

(1) 学习三草酸合铁(Ⅲ)酸钾的合成方法。

(2) 掌握确定化合物化学式的基本原理和方法。

(3) 巩固无机合成、滴定分析和重量分析的基本操作。

二、实验原理

三草酸合铁(Ⅲ)酸钾,即 $K_3[Fe(C_2O_4)_3] \cdot 3H_2O$ 为绿色单斜晶体,溶于水,难溶于乙醇。$110℃$ 下可失去 3 分子结晶水成为 $K_3[Fe(C_2O_4)_3]$,$230℃$ 时分解。该配合物对光敏感,光照下即发生分解,变为黄色。

$$2K_3[Fe(C_2O_4)_3] \xrightarrow{\text{光}} 2FeC_2O_4 + 3K_2C_2O_4 + 2CO_2$$

三草酸根合铁(Ⅲ)酸钾是制备负载型活性铁催化剂的主要原料,也是一些有机反应很好的催化剂,因而具有工业生产价值。

目前,合成三草酸根合铁(Ⅲ)酸钾的工艺路线有多种。本实验的方法是首先利用硫酸亚铁铵与草酸反应制得草酸亚铁:

$$(NH_4)_2SO_4 \cdot FeSO_4 \cdot 6H_2O + H_2C_2O_4 \longrightarrow FeC_2O_4 \cdot 2H_2O\downarrow + (NH_4)_2SO_4 + H_2SO_4 + 4H_2O$$

然后在过量草酸根的存在下,用过氧化氢氧化草酸亚铁即可制得三草酸合铁(Ⅲ)酸钾配合物,加入乙醇后,从溶液中析出 $K_3[Fe(C_2O_4)_3] \cdot 3H_2O$ 晶体。其总反应式为:

$$6FeC_2O_4 \cdot 2H_2O + 3H_2O_2 + 6K_2C_2O_4 \longrightarrow 4K_3[Fe(C_2O_4)_3] \cdot 3H_2O + 2Fe(OH)_3$$

加入适量草酸可使 $Fe(OH)_3$ 转化为三草酸合铁(Ⅲ)酸钾:

$$2Fe(OH)_3 + 3H_2C_2O_4 + 3K_2C_2O_4 \longrightarrow 2K_3[Fe(C_2O_4)_3] \cdot 3H_2O$$

每一种配离子,在水溶液中均同时存在配位和电离过程,即所谓的配位平衡:

$$Fe^{3+} + 3C_2O_4^{2-} \Longrightarrow [Fe(C_2O_4)_3]^{3-}$$

$$K_{稳} = \frac{[Fe(C_2O_4)_3^{3-}]}{[Fe^{3+}][C_2O_4^{2-}]^3} = 2 \times 10^{20}$$

在 $K_3Fe(C_2O_4)_3$ 溶液中加入酸、碱、沉淀剂或比 $C_2O_4^{2-}$ 配位能力强的配合剂,将会改变 $C_2O_4^{2-}$ 或 Fe^{3+} 的浓度,使配位平衡移动,甚至平衡遭到破坏或转化成另一种配合物。

利用如下分析方法可确定三草酸合铁(Ⅲ)酸钾配合物各组分的含量,通过推算便可确定其化学式。

(1) 用重量分析法确定结晶水含量

将已知质量的 $K_3[Fe(C_2O_4)_3] \cdot 3H_2O$ 晶体,在110℃下干燥脱水后称量,便可计算出结晶水的含量。

(2) 高锰酸钾法确定草酸根含量

草酸根在酸性介质中可被高锰酸钾定量氧化,反应式为:

$$5C_2O_4^{2-} + 2MnO_4^- + 16H^+ \longrightarrow 2Mn^{2+} + 10CO_2 + 8H_2O$$

用已知浓度的高锰酸钾标准溶液滴定 $C_2O_4^{2-}$。由消耗的高锰酸钾的量以及根据上面的反应式,便可计算出草酸根含量。

(3) 铁含量测定

先用过量还原剂锌粉将 Fe^{3+} 还原为 Fe^{2+},然后再用 $KMnO_4$ 标准溶液滴定 Fe^{2+},有关反应式为:

$$Zn + 2Fe^{3+} \Longrightarrow 2Fe^{2+} + Zn^{2+}$$

$$5Fe^{2+} + MnO_4^- + 8H^+ \Longrightarrow 5Fe^{3+} + Mn^{2+} + 4H_2O$$

由消耗的高锰酸钾量,便可计算出铁的含量。

(4) 钾含量的测定

配合物中铁、草酸根、结晶水含量测定后便可计算出钾的百分含量。

三、仪器和药品

1. 仪器

台秤,电子天平,烧杯(100 mL,250 mL),量筒(10 mL,100 mL),短颈漏斗,布氏漏斗,抽滤瓶,温度计,表面皿,称量瓶,干燥器,烘箱,锥形瓶(250 mL),酸式滴定管,水浴锅,酒精灯。

2. 药品

$H_2SO_4(3 \text{ mol} \cdot L^{-1})$,$H_2C_2O_4(1 \text{ mol} \cdot L^{-1})$,$K_2C_2O_4$(饱和溶液,$1 \text{ mol} \cdot L^{-1}$),$H_2O_2$ (3%),$KMnO_4$ 标准溶液($0.02000 \text{ mol} \cdot L^{-1}$),乙醇(95%),$K_3[Fe(CN)_6](0.5 \text{ mol} \cdot L^{-1})$,$NaHC_4H_4O_6$(饱和),$CaCl_2(0.5 \text{ mol} \cdot L^{-1})$,$Na_2S(0.5 \text{ mol} \cdot L^{-1})$,$FeCl_3(0.2 \text{ mol} \cdot L^{-1})$,$HAc$ ($6 \text{ mol} \cdot L^{-1}$),$NH_4F(1 \text{ mol} \cdot L^{-1})$,$NaOH(2 \text{ mol} \cdot L^{-1})$,$KSCN(1 \text{ mol} \cdot L^{-1})$,$NH_3 \cdot H_2O$ ($2 \text{ mol} \cdot L^{-1}$),$(NH_4)_2SO_4 \cdot FeSO_4 \cdot 6H_2O(s)$,$Zn$ 粉。

3. 材料

棉线。

四、实验步骤

1. 三草酸合铁(Ⅲ)酸钾的合成

(1) 溶解

在台秤上称取 5.0 g $(NH_4)_2SO_4 \cdot FeSO_4 \cdot 6H_2O$ 晶体,放入250 mL 烧杯中,加入 15 mL 蒸馏水和 1 mL 3 mol·L^{-1} H_2SO_4,加热使其溶解。

(2) 沉淀

在上述溶液中加入 25 mL 1 mol·L^{-1} $H_2C_2O_4$ 搅拌并加热煮沸。静置,得到黄色的 $FeC_2O_4 \cdot 2H_2O$ 沉淀。待沉淀沉降后,倾出上层清液。在沉淀上加 20 mL 蒸馏水,搅拌并温热,静置后倾出上层清液。再洗涤沉淀一次以除去可溶性杂质。

(3) 氧化

在上述沉淀中加入 10 mL 饱和 $K_2C_2O_4$ 溶液,水浴加热至 40℃,用滴管缓慢滴加 20 mL 3% H_2O_2,不断搅拌并维持温度在 40℃左右(此时会有 $Fe(OH)_3$ 沉淀产生),使 $Fe(Ⅱ)$充分氧化为 $Fe(Ⅲ)$。滴加完后,加热溶液至沸以除去过量的 H_2O_2。

(4) 配位

在上述沉淀中加入过量 $H_2C_2O_4$,即在溶液保持沸腾的情况下,分两批加入 8 mL 1 mol·L^{-1} $H_2C_2O_4$(先加入 5 mL,然后慢慢滴加其余的 3 mL),使沉淀溶解。趁热将溶液过滤到一个 100 mL 烧杯中(滤液控制在 30 mL 左右)。

(5) 用溶剂替换法析出结晶

往所得透明的绿色溶液中加入 10 mL 95%乙醇,将一小段棉线悬挂在溶液中,棉线可固定在一段比烧杯口径稍大的塑料条上。将烧杯盖好,在暗处放置数小时后,即有 $K_3Fe(C_2O_4)_3 \cdot 3H_2O$晶体析出,减压过滤,往晶体上滴少量乙醇,继续抽干,称量,计算产率。

2. 三草酸合铁(Ⅲ)酸钾的组成分析

(1) 结晶水含量的测定

将两个称量瓶放入烘箱中,在110℃下干燥 1 h,然后置于干燥器中冷至室温,在电子天平上称量。重复上述操作,直至恒重(即两次称量相差不超过 0.3 mg)。

准确称取 0.5 g～0.6 g(称准至 0.1 mg)自制的 $K_3[Fe(C_2O_4)_3] \cdot 3H_2O$ 晶体(已研细)两份,分别放入两个已恒重的称量瓶中。置于烘箱中,在110℃下干燥 1 h,然后放入干燥器中冷至室温,称量。重复上述干燥、冷却、称量等操作直到恒重。

根据称量结果,计算结晶水含量(以百分含量计)。

表 4-11 结晶水含量的测定

	称量瓶	称量瓶+样品	称量瓶+样品(干燥后)	干燥后样品	失水
m_1/g					
m_2/g					

(2) 草酸根含量的测定

准确称取 0.15 g～0.20 g(称准至 0.1 mg)自制的 $K_3[Fe(C_2O_4)_3] \cdot 3H_2O$ 晶体三份,分别

放入三个 250 mL 锥形瓶中,加入 30 mL 蒸馏水和 10 mL 3 mol·L^{-1} H_2SO_4 使之溶解。

将锥形瓶中溶液加热至 75℃~85℃,用 0.02000 mol·L^{-1} $KMnO_4$ 标准溶液趁热滴定,开始滴定反应速度很慢,待溶液中产生 Mn^{2+} 后,由于 Mn^{2+} 的催化作用反应速度加快,但滴定仍须逐滴加入,直到溶液呈粉红色(30 s 内不褪色)即为终点。记录消耗的 $KMnO_4$ 溶液体积,计算 $C_2O_4^{2-}$ 的含量(以百分含量计)。

滴定完的三份溶液保留待用。

(3) 铁含量的测定 *

将上述保留的溶液中加入过量的还原剂锌粉,加热溶液近沸,直到黄色消逝,使 Fe^{3+} 还原为 Fe^{2+}。用短颈漏斗趁热将溶液过滤以除去多余的锌粉。滤液放入另一干净的锥形瓶中,再用 5 mL 蒸馏水洗涤漏斗中的锌粉一次,洗涤液与滤液合并收集于同一锥形瓶中。再用 $KMnO_4$ 标准溶液滴定至溶液呈粉红色。记录消耗的 $KMnO_4$ 溶液体积,计算 Fe^{3+} 的含量(以百分含量计)。

由测得的 $C_2O_4^{2-}$、H_2O、Fe^{3+} 的百分含量可计算出 K^+ 的百分含量,从而可确定配合物的组成及其化学式。

表 4-12　草酸根和铁含量的测定

	ω ($C_2O_4^{2-}$)		ω (Fe^{3+})	
	I	II	I	II
m(产品)/g			同左	
c($KMnO_4$)/mol·L^{-1}			同左	
V($KMnO_4$)/mL(初)			V($KMnO_4$)/mL(初)	
V($KMnO_4$)/mL(终)			V($KMnO_4$)/mL(终)	
V($KMnO_4$)/mL(总)			V($KMnO_4$)/mL(总)	
$\omega = \dfrac{5(c \cdot V)KMnO_4 \cdot 0.088}{2m}$			$\omega = \dfrac{5(c \cdot V)KMnO_4 \cdot 0.0558}{m}$	
ω($C_2O_4^{2-}$)			ω(Fe^{3+})	

---

* (1) 为了加速滴定反应并使终点容易判断,可加入 $MnSO_4$ 滴定液($MnSO_4$、H_2SO_4、H_3PO_4 的混合液),其中 Mn^{2+} 可以催化滴定反应,PO_4^{3-} 可以和滴定生成的 Fe^{3+} 配位形成无色的 $[Fe(PO_4)_2]^{3-}$,从而消除 Fe^{3+} 的黄色对终点判断的影响。$MnSO_4$ 滴定液的配法:称取 45 g $MnSO_4$ 溶于 500 mL 水中,缓慢加入 130 mL 浓 H_2SO_4,再加入浓磷酸(85%)300 mL,加水稀释至 1 L。

(2) 测铁时,也可用 $SnCl_2$-$TiCl_3$ 联合还原法,将 Fe^{3+} 还原为 Fe^{2+}。其步骤为:称取已干燥的三草酸合铁(Ⅲ)酸钾 1 g~1.5 g 于 250 mL 小烧杯中,加水溶解,定量转移至 250 mL 容量瓶中,稀释至刻度,摇匀。从容量瓶中吸收 25.00 mL 试液于锥形瓶中,加入 6 mol·L^{-1} HCl 溶液 10 mL,加热至 70℃~80℃,此时溶液为深黄色,然后趁热滴加 $SnCl_2$ 至淡黄色,此时大部分 Fe^{3+} 已被还原为 Fe^{2+},继续加入 1 mL 25% Na_2WO_4,滴加 $TiCl_3$ 至溶液出现蓝色,再过量一滴,保证溶液中 Fe^{3+} 完全被还原。加入 0.4% $CuSO_4$ 溶液 2 滴作催化剂,加水 20 mL,冷却振荡直至蓝色褪去,以氧化过量的 $TiCl_2$ 和 W(V)。

(3) 三草酸合铁(Ⅲ)酸钾配合物中的铁含量也可采用磺基水杨酸比色法测定。可参阅《综合化学实验》,浙江大学、北京大学等主编,高等教育出版社出版。

（4）推断三草酸根合铁（Ⅲ）酸钾的化学式。

3. 三草酸根合铁（Ⅲ）酸钾的光敏试验

（1）在表面皿或点滴板上放少许 $K_3[Fe(C_2O_4)_3] \cdot 3H_2O$ 产品，置于日光下一段时间，观察晶体颜色变化，与放暗处的晶体比较。

（2）取 0.5 mL 上述产品的饱和溶液与等体积的 0.5 mol·L^{-1} $K_3Fe(CN)_6$ 溶液混合均匀。

用毛笔蘸此混合液在白纸上写字，字迹经强光照射后，由浅黄色变为蓝色。

或用毛笔蘸此混合液均匀涂在纸上，放暗处晾干后，附上图案，在强光下照射，曝光部分变深蓝色，即得到蓝底白线的图案。

4. 三草酸合铁（Ⅲ）酸钾的性质

称取 1 g 产品溶于 20 mL 蒸馏水中，溶液供下面实验用。

（1）确定配合物的内外界

① 检定 K^+：取少量 1 mol·L^{-1} $K_2C_2O_4$ 及产品溶液，分别与饱和酒石酸氢钠（$NaHC_4H_4O_6$）溶液作用。充分摇匀，观察现象是否相同。如果现象不明显，可用玻璃棒摩擦试管内壁，稍等，再观察。

② 检定 $C_2O_4^{2-}$：在少量 1 mol·L^{-1} $K_2C_2O_4$ 及产品溶液中分别加入 2 滴 0.5 mol·L^{-1} $CaCl_2$ 溶液，观察现象有何不同？

③ 检定 Fe^{3+}：在少量 0.2 mol·L^{-1} $FeCl_3$ 及产品溶液中，分别加入 1 滴 1 mol·L^{-1} KSCN 溶液，观察现象有何不同？

综合以上实验现象，确定所制得的配合物中哪种离子在内界，哪种离子在外界？

（2）酸度对配合平衡的影响

① 在两支盛有少量产品溶液的试管中，各加 1 滴 1 mol·L^{-1} KSCN 溶液，然后分别滴加 6 mol·L^{-1} 的 HAc 和 3 mol·L^{-1} H_2SO_4，观察溶液颜色有何变化？

② 在少量产品溶液中滴加 2 mol·L^{-1} 氨水，观察有何变化？

试用影响配合平衡的酸效应及水解效应解释你观察到的现象。

（3）沉淀反应对配合平衡的影响

在少量产品溶液中加入 1 滴 0.5 mol·L^{-1} Na_2S 溶液，观察现象，写出反应式，并加以解释。

（4）配合物相互转变及稳定性比较

① 往少量 0.2 mol·L^{-1} $FeCl_3$ 溶液中加入 1 滴 1 mol·L^{-1} KSCN，溶液立即变为血红色，再往溶液中滴入 1 mol·L^{-1} NH_4F，至血红色刚好褪去。将所得 $[FeF_6]^{3-}$ 溶液分为两份，往一份溶液中加入 1 mol·L^{-1} KSCN，观察血红色是否容易重现？从实验现象比较 $[Fe(SCN)_6]^{3-} \rightleftharpoons [FeF_6]^{3-}$ 的难易。

往另一份 $[FeF_6]^{3-}$ 溶液中滴入 1 mol·L^{-1} $K_2C_2O_4$，至溶液刚好转化为黄绿色，记下 $K_2C_2O_4$ 的用量，再往此溶液中滴入 1 mol·L^{-1} NH_4F，至黄绿色刚好褪去，比较 $K_2C_2O_4$ 和 NH_4F 的用量，判断 $[FeF_6]^{3-} \rightleftharpoons Fe(C_2O_4)_3^{3-}$ 的难易。

② 在 $0.5\ mol \cdot L^{-1} K_3 Fe(CN)_6$ 和产品溶液中分别滴入 $2\ mol \cdot L^{-1} NaOH$，对比现象有何不同？ $Fe(CN)_6^{3-}$ 与 $Fe(C_2O_4)_3^{3-}$ 比较，何者较稳定？

综合以上实验现象，定性判断配位体 SCN^-、F^-、$C_2O_4^{2-}$、CN^- 与 Fe^{3+} 配位能力的强弱。

五、注意事项

(1) $Fe(II)$ 一定要氧化完全，如果 $FeC_2O_4 \cdot 2H_2O$ 未氧化完全，即使加非常多的 $H_2C_2O_4$ 溶液，也不能使溶液变透明，此时应采取趁热过滤，或往沉淀上再加 H_2O_2 等补救措施。

(2) 控制好反应后 $K_3 Fe(C_2O_4)_3$ 溶液的总体积，以有利于结晶。

(3) 将 $K_3 Fe(C_2O_4)_3$ 溶液转移至一个干净的小烧杯中，再悬挂一根棉线，使结晶在棉线上进行。

六、问题与讨论

(1) 在三草酸合铁(Ⅲ)酸钾制备的实验中：

① 加入过氧化氢溶液的速度过慢或过快各有何缺点？用过氧化氢作氧化剂有何优越之处？合成中加入 $3\%H_2O_2$ 后为什么要煮沸溶液？

② 最后一步能否用蒸干溶液的办法来提高产率？

③ 制得草酸亚铁后，要洗去哪些杂质？

④ 能否直接由 Fe^{3+} 制备 $K_3 Fe(C_2O_4)_3$？有无更佳制备方法？查阅资料后回答。

⑤ 哪些试剂不可以过量？为什么最后加入草酸溶液要逐滴滴加？

⑥ 应根据哪种试剂的用量计算产率？

(2) 据三草酸合铁(Ⅲ)酸钾的性质，如何保存该化合物？

实验 39　水合二草酸根合铜(Ⅱ)酸钾晶体的控制生长

一、实验目的

(1) 掌握水合草酸根合铜(Ⅱ)酸钾的制备原理，制备水合草酸合铜(Ⅱ)酸钾。

(2) 学习无机晶体生长的控制因素和方法。

二、实验原理

二草酸根合铜(Ⅱ)酸钾的制备方法很多，可以由硫酸铜与草酸钾直接混合来制备，也可以由氢氧化铜或氧化铜与草酸氢钾反应制备。本实验由氧化铜与草酸氢钾反应制备二草酸根合铜(Ⅱ)酸钾。$CuSO_4$ 和 $NaOH$ 反应生成 $Cu(OH)_2$ 沉淀，加热，$Cu(OH)_2$ 分解为 CuO，CuO 与草酸和草酸钾混合溶液作用生成二草酸根合铜(Ⅱ)酸钾 $K_2[Cu(C_2O_4)_2]$，涉及的化学反应为：

$$CuSO_4 + 2NaOH = Cu(OH)_2 + Na_2SO_4$$

$$Cu(OH)_2 = CuO + H_2O$$

$$2H_2C_2O_4 + K_2CO_3 = 2KHC_2O_4 + CO_2 + H_2O$$

$$2KHC_2O_4 + CuO \xlongequal{\quad} K_2[Cu(C_2O_4)_2] + H_2O$$

晶体生长的控制，如果降温速度快，则得到蓝紫色 $K_2[Cu(C_2O_4)_2] \cdot 4H_2O$ 针状晶体，是动力学控制的产物，在空气中极易风化，晶体表面由亮丽的蓝紫色逐渐变白；如果降温速度慢，则得到天蓝色 $K_2[Cu(C_2O_4)_2] \cdot 2H_2O$ 片状晶体，是热力学控制的产物，在空气中能稳定存在。

三、仪器和药品

1. 仪器

台秤，烧杯，量筒，石棉网，玻璃棒，铁架台，铁圈，抽滤瓶，布氏漏斗，蒸发皿，循环水真空泵，剪刀等。

2. 药品

$CuSO_4 \cdot 5H_2O(s)$，$NaOH(2 \ mol \cdot L^{-1})$，$H_2C_2O_4 \cdot 2H_2O(s)$，$K_2CO_3(s)$。

3. 材料

滤纸，称量纸等。

四、实验内容

1. 制备氧化铜

称取 $2.0 \ g \ CuSO_4 \cdot 5H_2O$ 于 250 mL 烧杯中，加入 40 mL 水溶解，在搅拌下加入 10 mL $2 \ mol \cdot L^{-1}$ NaOH 溶液，小火加热至沉淀变黑生成 CuO，再煮沸约 20 min。稍冷后减压过滤，用少量去离子水洗涤沉淀。

2. 制备草酸氢钾

称取 $3.0 \ g \ H_2C_2O_4 \cdot 2H_2O$ 放入 250 mL 烧杯中，加入 40 mL 去离子水，微热溶解（温度不能超过 80℃，以避免 $H_2C_2O_4$ 分解）。稍冷后分数次加入 2.2 g 无水 K_2CO_3，溶解后生成 KHC_2O_4 和 $K_2C_2O_4$ 混合溶液。

3. 制备二草酸根合铜（Ⅱ）酸钾

将 KHC_2O_4 和 $K_2C_2O_4$ 混合溶液水浴加热，再将 CuO 连同滤纸一起加入到该溶液中。水浴加热，充分反应至沉淀大部分溶解。趁热减压过滤，用少量热水洗涤滤渣，将滤液转入蒸发皿中，水浴加热，浓缩至液面刚好有晶体析出。

4. 晶体生长的控制

取约二分之一浓缩液于烧杯中，放在冰水浴中快速冷却，得到针状蓝紫色晶体；另一半浓缩液放在室温中缓慢冷却，得到片状天蓝色晶体。待大量晶体析出，减压过滤，用滤纸吸干，称重，计算产率。

五、实验数据处理

产品质量：_____；产率：_____。

现象 快速和缓慢冷却的产物比较

六、思考题

1. 由 CuO 与草酸氢钾反应制备草酸合铜(Ⅱ)酸钾有何优点?

2. 设计由硫酸铜为原料(不经过 $Cu(OH)_2$ 或 CuO)制备草酸合铜(Ⅱ)酸钾的实验方案。

实验 40　葡萄糖酸锌的制备及锌含量测定

一、实验目的

(1) 了解葡萄糖酸锌的制备及提纯方法。

(2) 熟练掌握蒸发、浓缩、过滤、重结晶等操作。

(3) 了解锌盐含量的测定方法。

二、实验原理

锌存在于众多的酶系中,如碳酸脱氢酶,乳酸脱氢酶,DNA 和 RNA 聚合酶等。锌与核酸、蛋白质的合成,碳水化合物和维生素 A 的代谢等活动都有关系。锌具有促进生长发育,改善味觉的作用。锌缺乏时会出现味觉、嗅觉差,厌食,生长与智力发育低于正常等现象。

锌的治疗性用药过去常用硫酸锌、醋酸锌等。但口服后在胃液中 HCl 的作用下所生成的 $ZnCl_2$ 是具有毒性的强腐蚀剂,会导致胃黏膜损伤,故硫酸锌需在饭后服用且吸收效果受到影响。现在常用葡萄糖酸锌作为补锌药物,在同样锌含量的剂量下,生物利用度是硫酸锌的 1.6 倍。

本实验中葡萄糖酸锌采用由葡萄糖酸钙直接与等摩尔的硫酸锌反应制得。生成葡萄糖酸锌和硫酸钙沉淀,分离硫酸钙沉淀后,即可得到葡萄糖酸锌:

$$[CH_2OH(CHOH)_4COO]_2Ca + ZnSO_4 \longrightarrow [CH_2OH(CHOH)_4COO]_2Zn + CaSO_4 \downarrow$$

由于反应体系中有硫酸钙沉淀的生成,使反应进行的较为完全。过滤除去 $CaSO_4$ 沉淀,溶液经浓缩很难直接得到无色或白色葡萄糖酸锌结晶。因为葡萄糖酸锌在水中的溶解度太大,要加入乙醇使其溶解度降低,促使葡萄糖酸锌固体生成。葡萄糖酸锌无味,易溶于水,极难溶于乙醇。

采用配位滴定法的方法,利用 EDTA 标准溶液在 $NH_3 \cdot H_2O - NH_4Cl$ 缓冲溶液的条件下,以铬黑 T 作为指示剂,直接滴定葡萄糖酸锌,根据消耗 EDTA 的体积计算产品的锌含量。

本实验中,锌离子的反应如下:

$$ZnIn^- (紫红色) + H_2Y^{2-} = ZnY^{2-} + HIn^{2-} (纯蓝色) + H^+$$

滴定终点可以通过指示剂铬黑 T 颜色的变化进行判断,上述反应中,锌-EDTA 配合物的稳定性要比锌-铬黑 T 配合物的稳定性高。

可用下式计算锌的含量:

$$Zn\% = \frac{c_{EDTA} \times V_{EDTA} \times M_{Zn}}{W_{样品} \times 1\,000} \times 100\%$$

式中，c_{EDTA}——EDTA 溶液的浓度，mol/L；

　　　　V_{EDTA}——EDTA 溶液的体积，mL；

　　　　$W_{样品}$——样品的质量，g；

　　　　M_{Zn}——锌的相对原子质量，g/mol。

三、仪器及药品

1. 仪器

量筒、烧杯、蒸发皿、称量瓶、酸式滴定管、酒精灯、石棉网、循环水真空泵、恒温水浴加热装置、抽滤瓶等。

2. 药品

葡萄糖酸钙、硫酸锌、乙醇（95%）、EDTA、铬黑 T、$NH_3 \cdot H_2O-NH_4Cl$ 缓冲溶液（pH=10）。

四、实验步骤

1. 葡萄糖酸锌的制备

量取 50 mL 蒸馏水置于 100 mL 烧杯中，水浴加热至 80~90 ℃，加入 13.4 g $ZnSO_4 \cdot 7H_2O$ 使其完全溶解，将烧杯放在 90℃的恒温水浴中，再分次加入 20 g 一水合葡萄糖酸钙，并不断搅拌。在 90℃水浴中保温 20 min 后趁热抽滤（滤渣为 $CaSO_4$，弃去），滤液移至蒸发皿中并加热浓缩至黏稠状（剩余体积约为 20 mL，如浓缩液有沉淀，需过滤掉）。滤液冷至室温，加 95%乙醇 20 mL 并不断搅拌，此时有大量的胶状葡萄糖酸锌析出。充分搅拌后，用倾析法去除上清液。在胶状析出物中加入 40 mL（95%乙醇：水＝1：1），充分搅拌后，静置待沉淀慢慢转变成糊状，抽滤至干，即得粗品。

2. 葡萄糖酸锌的重结晶

将粗产品加水 20 mL，加热至溶解，趁热抽滤，滤液冷至室温，加 95%乙醇 20 mL 充分搅拌，待固体析出后，抽滤，即得精品，烘干后，称重并计算产率。

3. 0.05 mol·L^{-1} EDTA 标准溶液的配制及标定

（1）称取 9.5 g 分析纯的乙二胺四乙酸二钠盐溶于 300~400 mL 温水中，稀释至 500 mL，摇匀。贮存于试剂瓶中。

（2）准确称取锌粉 0.80~0.82 g 于 250 mL 烧杯中，盖上表面皿。从烧杯嘴中滴加 10 mL 1：1 HCl，放置至锌粉全部溶解后，定量转移到 250 mL 容量瓶中，用水稀释至刻度，摇匀。

（3）用移液管吸取锌标准溶液 25.00 mL 于 250 mL 锥形瓶中，滴加 1：1 氨水至开始出现白色沉淀，加 10 mL 氨性缓冲溶液（pH=10），加水 20 mL，加铬黑 T 指示剂少许，用 EDTA 标准溶液滴定至溶液由紫红色恰变为纯蓝色，即达终点。根据消耗的 EDTA 标准溶液的体积，计算其浓度 c_{EDTA}。

4. 葡萄糖酸锌中锌含量的测定

准确称取 0.45 g 葡萄糖酸锌于锥形瓶中，加 20 mL 蒸馏水（必要时可加热）溶解，再加入 10 mL 氨性缓冲溶液(pH＝10)和适量铬黑 T 指示剂,用 0.05 mol/L EDTA 标准溶液进行滴定,溶液的颜色由紫色变为纯蓝,即为终点。平行做三次。

五、注意事项

(1) 反应需在 90℃恒温水浴中进行。这是因为温度过高,葡萄糖酸锌会分解;温度过低,则反应速率降低。

(2) 用酒精为溶剂进行结晶时,开始有大量胶状葡萄糖酸锌析出,过于黏稠,不易搅拌,可用竹棒代替玻璃棒进行搅拌。

(3) 配位反应进行的速度较慢(不像酸碱反应能在瞬间完成),故滴定时加入 EDTA 标准溶液的速度不能太快,在室温低时尤其要注意。特别是近终点时,应逐滴加入,并充分振摇。

六、问题与讨论

(1) 查阅相关资料,了解微量元素锌在人体中有怎样的重要作用。

(2) 设计葡萄糖酸锌制备的流程图。

(3) 为什么葡萄糖酸钙和硫酸锌的反应需要保持在 90℃的恒温水浴中?

(4) 葡萄糖酸锌可以用哪几种方法进行结晶?

(5) 在滴定时,为什么要加入 $NH_3 \cdot H_2O—NH_4Cl$ 缓冲溶液?

(6) 根据《中华人民共和国药典》(2015 年版)规定含葡萄糖酸锌($C_{12}H_{22}O_{14}Zn$)应为 $97.0\%～102.0\%$,计算葡萄糖酸锌含量,结果若不符合规定,可能有哪些原因引起?

附:《中华人民共和国药典》(2015 年版)第二部分——葡萄糖酸锌

葡萄糖酸锌

Putaotangsuanxin

Zinc Gluconate

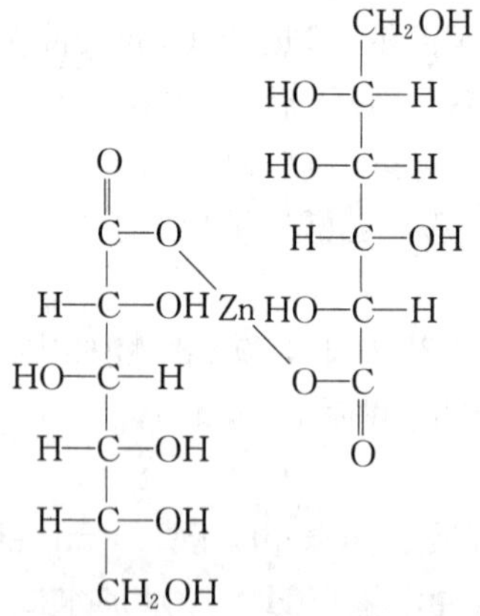

$C_{12}H_{22}O_{14}Zn$ 455.66

本品按干燥品计算,含葡萄糖酸锌($C_{12}H_{22}O_{14}Zn$)应为 $97.0\%～102.0\%$。

【性状】本品为白色结晶性或颗粒性粉末;无臭。

本品在沸水中极易溶解,在水中溶解,在无水乙醇、三氯甲烷或乙醚中不溶。

【鉴别】(1) 取本品约 0.1 g,加水 50 mL 溶解后,加三氯化铁试液 1 滴,应显深黄色。

(2) 本品的红外光吸收图谱应与对照的图谱(光谱集 466 图)一致。

(3) 本品的水溶液显锌盐的鉴别反应(通则 0301)。

【检查】酸碱度　取本品 0.50 g,加水 50 mL 溶解后,依法测定(通则 0631),pH 值应为 5.5~7.5。

氯化物　取本品 0.10 g,依法检查(通则 0801),与标准氯化钠溶液 5.0 mL 制成的对照液比较,不得更浓(0.05%)。

硫酸盐　取本品 1.0 g,依法检查(通则 0802),与标准硫酸钾溶液 5.0 mL 制成的对照液比较,不得更浓(0.05%)。

草酸盐　取本品 0.47 g,加水 4 mL 使溶解,加盐酸 2 mL 与高纯锌粒约 0.5 g,煮沸 1 分钟,放置 2 分钟,倾出液体,加 1% 盐酸苯肼溶液(临用新制)0.25 mL,加热至沸后立即冷却,加等体积盐酸、5% 铁氰化钾溶液(临用新制)0.25 mL,摇匀,其颜色与 0.01% 草酸溶液 4 mL 用同法制成的对照液比较,不得更深(0.06%)。

还原物质　取本品 1.0 g,置具塞锥形瓶中,加水 10 mL 溶解后,加碱式枸橼酸铜试液 25 mL,准确微沸 5 分钟后,立即冷却,加 0.6 mol/L 醋酸溶液 25 mL,精密加碘滴定液 (0.05 mol/L)10 mL,加 3 mol/L 盐酸溶液 10 mL,用硫代硫酸钠滴定液(0.1 mol/L)滴定,至近终点时,加淀粉指示液 3 mL,继续滴定至蓝色消失,并将滴定的结果用空白试验校正。每 1 mL 碘滴定液(0.05 mol/L)相当于 2.7 mg 还原物质(右旋糖)。含还原物质不得过 1.0%。

干燥失重　取本品,以五氧化二磷为干燥剂,在 80℃ 减压干燥至恒重,减失重量不得过 11.6%(通则 0831)。

镉盐　取本品约 1 g,精密称定,置 50 mL 凯氏烧瓶中,加硝酸与浓过氧化氢溶液各 6 mL,在瓶口放一小漏斗,使烧瓶成 45° 斜置,用直火缓缓加热,俟溶液澄清后,放冷,移至 25 mL 量瓶中,并用水稀释至刻度,摇匀,作为溶液(B);另取硝酸镉溶液[取金属镉 0.5 g,精密称定,置 1000 mL 量瓶中,加硝酸 20 mL 使溶解,用水稀释至刻度,摇匀,精密量取 1 mL,置 100 mL 量瓶中,用 1%(g/mL)硝酸溶液稀释至刻度,摇匀。每 1 mL 相当于 5 μg 的 Cd] 1 mL 同法制成的溶液,作为溶液(A)。照原子吸收分光光度法(通则 0406 第二法杂质限度检查法),在 228.8 nm 的波长处依法检查,应符合规定(0.000 5%)。

铅盐　取本品 1.0 g,加水 5 mL 溶解后,加氰化钾试液 10 mL,摇匀,放置,待溶液澄清后,加硫化钠试液 5 滴,静置 2 分钟,如显色,与标准铅溶液 1.0 mL 用同法制成的对照液比较,不得更深(0.001%)。

砷盐　取本品 1.0 g,加水 23 mL 使溶解,加盐酸 5 mL,依法检查(通则 0822 第一法),应符合规定(0.000 2%)。

【含量测定】取本品约 0.7 g,精密称定,加水 100 mL,微温使溶解,加氨-氯化铵缓冲液 (pH 10.0)5 mL 与铬黑 T 指示剂少许,用乙二胺四醋酸二钠滴定液(0.05 mol/L)滴定至溶液由紫红色变为纯蓝色。每 1 mL 乙二胺四醋酸二钠滴定液(0.05 mol/L)相当于 22.78 mg 的 $C_{12}H_{22}O_{14}Zn$。

【类别】补锌药。

【贮藏】遮光,密封保存。

【制剂】(1) 葡萄糖酸锌口服溶液 (2) 葡萄糖酸锌片 (3) 葡萄糖酸锌颗粒

实验 41 十二钨磷酸和十二钨硅酸的制备
——乙醚萃取法制备多酸

一、实验目的

(1) 学习十二钨杂多酸制备方法,加深对杂多酸的了解。

(2) 练习萃取分离操作。

二、实验原理

杂多酸作为一种新型催化剂,近年来已广泛应用于石油化工、冶金、医药等许多领域。有关杂多酸的研究课题,已成为无机化学研究的一个重要方向。易形成同多酸和杂多酸是钒、铌、钼、钨等元素的特征。在碱性溶液中 $W(Ⅵ)$ 以正钨酸根 WO_4^{2-} 存在,随着溶液 pH 减小,逐渐聚合为多酸根离子。在上述聚合过程中,加入一定量的磷酸盐或硅酸盐,则可生成有确定组成的钨杂多酸根离子,如:

$$12WO_4^{2-} + HPO_4^{2-} + 23H^+ \rightleftharpoons [PW_{12}O_{40}]^{3-} + 12H_2O$$

$$12WO_4^{2-} + SiO_3^{2-} + 22H^+ \rightleftharpoons [SiW_{12}O_{40}]^{4-} + 11H_2O$$

在反应过程中,H^+ 与 WO_4^{2-} 中的氧结合形成 H_2O 分子,从而使 W 原子间通过共享氧原子的配位形成多核簇状结构的杂多阴离子,晶体结构称为 Keggin 结构。该阴离子与 H^+ 结合,则得到相应的杂多酸 $H_m[XW_{12}O_{40}] \cdot nH_2O$。

$H_m[XW_{12}O_{40}] \cdot nH_2O$ 易溶于水及含氧有机溶剂(乙醚、丙酮等),遇强碱分解,在酸性溶液中较稳定。本实验利用钨杂多酸在强酸溶液中易与乙醚生成加合物而被乙醚萃取的性质来制备 12-钨磷酸和 12-钨硅酸。向反应体系中加入乙醚并酸化,经乙醚萃取后,液体分三层:上层是溶有少量杂多酸的醚,中间是 NaCl、HCl 和其他物质的水溶液,下层是油状的杂多酸醚合物。收集下层,将醚进行蒸发,即析出杂多酸晶体。

三、仪器与药品

1. 仪器

烧杯,分液漏斗,蒸发皿,布氏漏斗,吸滤瓶,循环水真空泵,温度计,磁力加热搅拌器,水浴锅。

2. 药品

磷酸氢二钠(s),二水合钨酸钠(s),九水合硅酸钠(s),盐酸(6 mol·L⁻¹、浓),乙醚,过氧化氢(3%)。

3. 材料

滤纸,剪刀等。

四、实验步骤

1. 十二钨磷酸的制备

取 12.5 g Na$_2$WO$_4$·2H$_2$O 和 2 g Na$_2$HPO$_4$ 溶于 75 mL 热水(60℃～70℃)中,边加热边搅拌下以细流向溶液中加入 12.5 mL 浓盐酸,继续加热 30 s,此刻溶液略呈淡黄色,冷却至 40℃。

将烧杯中的溶液转移到分液漏斗中,待溶液降至室温后,振荡过程中放气,向分液漏斗中先加入 17.5 mL 乙醚,再分两次加入 5 mL 6 mol·L^{-1} HCl,振荡 15 min(注意振荡过程中放气,防止气流将液体带出),静置,分出下层油状物,放入蒸发皿中。水浴蒸发乙醚(应在通风橱内进行),直至液体表面有晶膜出现为止。若在蒸发时,液体变蓝,可加入少量 3% H$_2$O$_2$ 使蓝色褪去。取下蒸发皿,放在通风处干燥、冷却,待乙醚完全挥发后得到白色或浅黄色的 12-钨磷酸固体。

2. 十二钨硅酸的制备

取 12.5 g Na$_2$WO$_4$·2H$_2$O 和 0.94 g Na$_2$SiO$_3$·9H$_2$O 溶于 25 mL 蒸馏水中,置于磁力加热搅拌器上猛烈地搅拌,使其溶解,并加热至沸。用滴管缓慢滴加浓 HCl(以 1～2 滴/s 的速度加入)至溶液 pH＝2,保持 30 min,同时搅拌。将混合物冷却。将冷却后的液体转移到分液漏斗中,加入乙醚(约为混合物液体体积的 1/2),再分次加入 5 mL 浓 HCl 充分振摇、萃取后静置(此时油状物应澄清无色,如颜色偏黄,可继续萃取 1～2 次)。分出下层油状物于蒸发皿中,加入 2 mL 蒸馏水,水浴蒸发浓缩,至溶液表面有晶体析出时为止,冷却放置(钨硅酸溶液不要在日光下曝晒,也不要与金属器皿接触,以防止被还原),抽滤吸干,即可得浅黄色或无色透明的 12-钨硅酸晶体。

五、注意事项

(1) 乙醚沸点低,挥发性强。燃点低,易燃易爆。因此在使用时要多加小心,严禁明火。

(2) 乙醚在高浓度的盐酸中生成离子[C$_2$H$_5$—O($\overset{\text{H}}{|}$)—C$_2$H$_5$]$^+$,它能与 Keggin 类型钨杂多酸阴离子缔合成盐,这种油状物密度较大,沉于底部形成第三相。加水降低酸度时,可使盐破坏而析出乙醚及相应的钨杂多酸。

(3) 在十二钨硅酸的制备过程中,加入乙醚和盐酸后,所得到的油状物应澄清无色,如颜色偏黄,可继续萃取 1～2 次。

(4) 钨硅酸溶液不要在日光下曝晒,也不要与金属器皿接触,以防止被还原。

六、问题与讨论

(1) 为什么转移至分液漏斗前,制备的十二钨磷酸钠溶液要冷却至 40℃而不冷却至室温?

(2) 萃取分离时静置后溶液分三层,请问每层各为何物?

(3) 使用乙醚时要注意哪些事项?

(4) 为什么钼、钨等元素易形成同多酸和杂多酸?

知识链接

萃 取

萃取是提取或纯化化学物质的方法之一,应用萃取可以从固体或液体混合物中提取出所需要的物质,也可以用来洗去混合物中少量杂质。通常称前者为"提取"、"抽提"或"萃取",后者为"洗涤"。液-液萃取是最常用的萃取方法之一,它是利用物质在两种互不相溶的溶剂中具有固定的分配比的特性来达到分离、提取或纯化目的的一种操作。实验室中常用的液-液萃取仪器是分液漏斗。

操作时应选择容积合适的分液漏斗(应使加入液体的总体积不超过其容量的3/4),把活塞和塞套擦干,涂以少许凡士林(注意不要堵塞活塞孔),转动活塞使其均匀透明。检查盖子(不得涂油,以免污染从上口倒出的溶液)和活塞是否严密,以防分液漏斗在使用过程中发生泄漏而造成损失。检查的方法通常是先用水试验:分液漏斗中装入少量水,检查旋塞处是否漏水,将漏斗倒转过来,检查盖子是否漏水,在确认不漏水后方可使用。

将分液漏斗放在固定的铁环中,关好活塞,装入待萃取溶液和萃取溶剂,塞好盖子,如图4-3所示。以图4-4所示的方式握住漏斗振荡,使两相之间充分接触。振荡过程中要使漏斗倾斜至上口低于下口,并将下口朝向无人处,左手捏住上口颈部,用食指根部压住玻璃塞。右手握住活塞,并以拇指和食指捏住活塞柄,如图4-5所示,握持方式以既要防止振荡时活塞转动或脱落,又便于旋动活塞为准。开始振荡要慢,每摇几次后,将漏斗仍保持倾斜状态,旋通活塞,放出因溶剂挥发或反应产生的气体,这常称为"放气",这对于低沸点溶剂或有气体生成的萃取过程来讲十分重要。反复地振荡、放气数次之后,将分液漏斗静置于铁环上,旋转顶端玻璃塞对好放气孔,使漏斗内部与大气相通,静置分层后,慢慢旋开下端活塞,将下层液体自活塞放出。当两相界面接近活塞时,关闭活塞,静置片刻或轻轻振摇,再把下层的液体放出。上层的液体由上口倒出,切不可经活塞放出,以免被漏斗颈部的下层残液所污染。

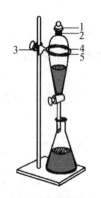

图4-3 分液漏斗的支架装置
1. 小孔 2. 玻璃塞上侧槽
3. 持夹 4. 铁圈 5. 缠扎物

图4-4 振荡萃取时持分液漏斗的操作手势

图4-5 解除漏斗内超压的操作
1. 旋塞(用拇指和食指慢慢放开)
2. 玻璃塞(用食指顶住)

当萃取过程中出现乳化现象时,可根据情况分别采取如下方法:较长时间静置或加入少量电解质;碱性物质造成的乳化现象可加入少量稀酸或过滤;加入少量消泡剂或乙醇等。

在萃取过程中,将一定量的溶剂分多次萃取,其效果要比一次萃取为好。

实验 42　五水硫酸铜的制备、提纯及大晶体的培养

一、实验目的

(1) 掌握由不活泼金属与酸作用制备盐的方法及原理。

(2) 掌握重结晶法提纯物质的方法及操作。

(3) 了解制备硫酸铜大晶体的方法和技巧。

二、实验原理

$CuSO_4 \cdot 5H_2O$ 俗名胆矾,蓝色晶体,易溶于水,难溶于乙醇,在干燥空气中会慢慢风化,其表面变为白色粉状物。硫酸铜主要用作纺织品媒染剂,农业上用作杀虫剂、水的杀菌剂、饲料添加剂、材料的防腐剂,化学工业中用于制造其他铜盐,是电镀铜的主要原料。

铜是不活泼金属,不能直接和稀硫酸发生反应制备硫酸铜,必须加入氧化剂如硝酸和浓硫酸,但是该反应中有大量的 NO_2 气体生成,而 NO_2 是一种有刺激性气味的有毒气体。

$$Cu + 2HNO_3 + H_2SO_4 \Longrightarrow CuSO_4 + 2NO_2 \uparrow + 2H_2O$$

根据"绿色化学"的理念,现改用过氧化氢和硫酸溶解铜来制备五水硫酸铜。改进后的实验在反应过程中不会放出毒性较大的 NO_2 气体。其反应式如下:

$$Cu + H_2O_2 + H_2SO_4 + 3H_2O \Longrightarrow CuSO_4 \cdot 5H_2O$$

$CuSO_4 \cdot 5H_2O$ 在水中的溶解度随温度升高而明显增大,因此,硫酸铜粗产品中的其他杂质可通过重结晶法除去,从而得到纯度较高的硫酸铜晶体。

表 4-13　$CuSO_4 \cdot 5H_2O$ 的溶解度

温度(℃)	0	10	20	30	40	50	60	80	100
$CuSO_4$(g/100 g H_2O)	14.3	17.4	20.7	25.0	28.5	33.3	40.0	55.0	75.4
$CuSO_4 \cdot 5H_2O$(g/100 g H_2O)	23.1	27.5	32.0	37.8	44.6	—	61.8	83.8	114

溶解和结晶是两个相反的过程,一定温度下的饱和溶液可建立结晶溶解平衡。

处于平衡状态的饱和溶液,当体系温度降低时,溶解平衡就被打破,在较低温度下建立新的平衡。在此过程中,过剩的溶质就会成结晶析出,如果温度缓慢地下降,溶质保持"静止",就会逐渐形成大的晶体。

三、仪器与药品

1. 仪器

电子天平(精度 0.1 g),水浴锅,循环水真空泵,铁架台,铁圈,坩埚钳,镊子,剪刀,蒸发皿,酒精灯,锥形瓶,烧杯,布氏漏斗,抽滤瓶,量筒,表面皿,培养皿,温度计,放大镜等。

图文〉仪器介绍

2. 药品

铜屑(s),硫酸(3 mol·L^{-1}、6 mol·L^{-1}),H_2O_2(30%),Na_2CO_3(10%),无水乙醇。

3. 材料

pH 试纸,滤纸,细线,灯用酒精等。

四、实验步骤

1. 五水硫酸铜的制备

(1) 铜屑的预处理

称取 2.0 g 铜屑于锥形瓶中,加入 10% Na_2CO_3 溶液 10 mL,加热煮沸,除去表面油污,倾析法除去碱液,用水洗净铜屑。

(2) $CuSO_4 \cdot 5H_2O$ 的制备

在处理过的铜屑中加入 6 mol $\cdot$ L^{-1} H_2SO_4 溶液 10 mL,缓慢滴加 3 mL～4 mL 30% H_2O_2,水浴加热(温度控制在 40℃～50℃),反应完全后(若还有铜屑未反应,补加 H_2SO_4、H_2O_2 溶液),加热煮沸 2 min,趁热过滤弃去不溶性杂质,将溶液转移到蒸发皿中,用 H_2SO_4 溶液调 pH 为 1～2。水浴加热浓缩至表面有晶膜出现,冷却,析出粗的 $CuSO_4 \cdot 5H_2O$,抽滤,吸干,称量,计算产率。

(3) $CuSO_4 \cdot 5H_2O$ 的重结晶

将 $CuSO_4 \cdot 5H_2O$ 粗产品转入烧杯中,按每克粗产品加 1.2 mL 蒸馏水的比例加入蒸馏水,滴加少量 H_2SO_4 溶液调 pH 为 1～2。加热,使产品全部溶解,趁热过滤(若无不溶性杂质可不过滤)。滤液收集在蒸发皿中,让溶液自然冷却即有晶体析出(若无晶体析出可在水浴上适当加热浓缩),充分冷却后减压过滤(可用少量乙醇洗涤晶体 1～2 次),将晶体转入干净的表面皿,晾干后称量,计算产率。

2. 五水硫酸铜大晶体的培养

烧杯里放入蒸馏水 50 mL,加入研碎的硫酸铜粉末(用量根据溶解度计算)和 2 mol $\cdot$ L^{-1} H_2SO_4 溶液 1 mL 左右,加热,使晶体完全溶解,控制溶液的 pH 在 2.0 左右,再继续加热到约 80℃,趁热过滤,把滤液置于洁净的培养皿中,当溶液高达 1 cm 时,再滤入另一只培养皿中,分别盖好,静置。过几个小时或一夜,培养皿底部就会有五水硫酸铜小晶体生成。

挑选 3～4 颗晶形完整的小晶体分散地投入培养皿中,其余晶体和溶液合并后加热溶解并制成饱和溶液(高于室温 20℃)冷却后,加入到上述培养皿中盖好,静置,小晶体就会逐渐成长。

将小晶体用头发丝或细线系住挂在硫酸铜饱和溶液中,同时向其中加入高于室温约 20℃的硫酸铜饱和溶液,静置,小晶体就会逐渐长大。

每天向挂有晶体的溶液中添加一些高于室温约 20℃的硫酸铜饱和溶液,杯底如有晶体析出,应将其捞出。

五、实验数据处理

粗产品外观:_____;粗产品质量(g):_____;产率(%):_____。

产品质量(g):_____;产率(%):_____;大晶体晶型:_____。

六、注意事项

(1) H_2O_2 溶液应缓慢分次加入。

(2) 水浴加热浓缩至表面有晶膜出现即可,不可将溶液蒸干。

（3）重结晶时，加水的量不能过多，并调 pH 为 1～2。

（4）晶体培养中使用的五水硫酸铜应该是纯净的，如有杂质或不溶物，则必须进行过滤。制成饱和溶液后，应放在洁净无振动的地方，不能让灰尘落入溶液内。

（5）开始挂入细线时，会有小晶体在线上析出，都应剥去或钳碎，然后挂入溶液中继续培养。

（6）如果温度变化比较大，可以晚上放入饱和溶液中培养，第二天早上取出。

七、思考题

（1）由铜制备硫酸铜的其他方法？

（2）水浴加热为什么要控制在 40℃～50℃？

（3）是否所有的物质都可以用重结晶方法提纯？

（4）蒸发、浓缩溶液可以用直接加热也可以用水浴加热的方法，应如何进行选择？

实验 43　硫代硫酸钠的制备和应用

一、实验目的

（1）掌握硫代硫酸钠的制备方法及原理。

（2）试验硫代硫酸钠的有关性质。

（3）进一步巩固溶解、减压过滤、结晶等操作。

（4）了解硫代硫酸钠在生产实际中的应用。

二、实验原理

硫代硫酸钠从水溶液中结晶可得五水合物 $Na_2S_2O_3 \cdot 5H_2O$（$M_r = 248.17$），它是一种无色透明的单斜晶体，俗名"海波"或"大苏打"，是无机和分析化学实验中重要的还原剂，并被大量用于照相业中作定影剂。

硫代硫酸钠的制备方法有多种，现介绍其中两种，一是将硫化钠与纯碱按一定比例（2:1 的物质的量之比较为适宜）配制成溶液再用二氧化硫饱和之，制备原理如下：

$$Na_2CO_3 + SO_2 = Na_2SO_3 + CO_2$$

$$2Na_2S + 3SO_2 = 2Na_2SO_3 + 3S\downarrow$$

$$Na_2SO_3 + S = Na_2S_2O_3$$

总反应式为：

$$2Na_2S + 4SO_2 + Na_2CO_3 = 3Na_2S_2O_3 + CO_2$$

另一种方法是直接将 S 粉溶解于亚硫酸钠溶液中，其反应式为：

$$Na_2SO_3 + S + 5H_2O \xrightarrow{\triangle} Na_2S_2O_3 \cdot 5H_2O$$

由于第一种方法要用到 SO_2，而 SO_2 为具有强烈刺激性气味的有毒气体，大量吸入可引起肺水肿、喉水肿、声带痉挛而致窒息,且对环境造成污染,故本实验主要介绍直接利用亚硫酸钠与硫共煮制备硫代硫酸钠的实验方法。

硫代硫酸钠在中性、碱性溶液中很稳定,在酸性溶液中由于生成不稳定的硫代硫酸而分解,即

$$S_2O_3^{2-} + 2H^+ == SO_2\uparrow + S\downarrow + H_2O$$

硫代硫酸钠是中等强度的还原剂,与强氧化剂(如 Cl_2、Br_2 等)作用,被氧化成硫酸盐;与较弱的氧化剂(如 I_2)作用,被氧化成连四硫酸盐。反应如下:

$$S_2O_3^{2-} + 4Cl_2 + 5H_2O == 2SO_4^{2-} + 8Cl^- + 10H^+$$

$$2S_2O_3^{2-} + I_2 == S_4O_6^{2-} + 2I^-$$

后一反应在分析化学中用于定量测定 I_2 浓度。

硫代硫酸根离子有很强的配位能力,例如:

$$AgBr + 2S_2O_3^{2-} == [Ag(S_2O_3)_2]^{3-} + Br^-$$

照相中的定影即利用此反应。

硫代硫酸钠与硝酸银反应,由于生成的硫代硫酸银不稳定,生成后会立即发生水解反应,而且这种水解反应过程中有显著的颜色变化,即白色→黄色→棕色→黑色。反应为:

$$2Ag^+ + S_2O_3^{2-} == Ag_2S_2O_3\downarrow(白色)$$

$$Ag_2S_2O_3 + H_2O == Ag_2S\downarrow(黑色) + 2H^+ + SO_4^{2-}$$

故分析化学中常用此反应鉴定 $S_2O_3^{2-}$ 的存在。

三、仪器与药品

1. 仪器

循环水真空泵,铁架台,铁圈,试管,量筒,表面皿,烧杯,蒸发皿,布氏漏斗,抽滤瓶,石棉网,酒精灯,点滴板等。

2. 药品

无水 Na_2SO_3(s),S(s),活性炭(s),HCl(1 mol·L^{-1}),$AgNO_3$(0.1 mol·L^{-1}),$BaCl_2$(0.1 mol·L^{-1}),碘水,氯水,无水乙醇。

3. 材料

滤纸,火柴,灯用酒精等。

四、实验步骤

1. 硫代硫酸钠的制备

称取 1.5 g 硫黄,研碎后置于 100 mL 烧杯中,加入少量乙醇使其润湿,再加入 4.0 g 无水 Na_2SO_3 和 25 mL 水,在不断搅拌下,加热微沸 30 min,在此过程中及时补充水。反应完毕后,在煮沸的溶液中加入 0.5 g~1 g 活性炭,不断搅拌下,继续煮沸约 10 min,趁热过滤并弃去杂质。滤液转移至蒸发皿中,加热浓缩至少量晶体析出,冷却,减压过滤,并用少量无

水乙醇洗涤晶体,抽干后转移至表面皿并用吸水纸吸干(或将晶体放入烘箱内,在 40℃～50℃条件下,干燥 40 min～60 min),称量,计算产率。

2. 硫代硫酸钠的性质

(1) 目测观察 $Na_2S_2O_3 \cdot 5H_2O$ 的晶体形状。

(2) 取少量自制的 $Na_2S_2O_3 \cdot 5H_2O$ 晶体,加 5 mL 蒸馏水溶解后进行如下实验:

① 遇酸分解:在 $Na_2S_2O_3$ 溶液中加入 $1 mol \cdot L^{-1}$ HCl 溶液,观察现象。

② 还原性:

(a) 取 $0.5 mL Na_2S_2O_3$ 溶液于一试管中,加入 2 mL 氯水,充分振荡,设法检验反应中生成的 SO_4^{2-}。

(b) 取 $0.5 mL Na_2S_2O_3$ 溶液于一试管中,滴加碘水,边滴边振荡,有何现象? 此溶液中能否检出 SO_4^{2-}?

③ 配位反应:取 5 滴 $0.1 mol \cdot L^{-1} AgNO_3$ 溶液于一试管中,连续滴加 $Na_2S_2O_3$ 溶液,边滴边振荡,直至生成的沉淀完全溶解。

④ $Na_2S_2O_3$ 的特征反应:2 滴 $0.1 mol \cdot L^{-1} Na_2S_2O_3$ 溶液与 4 滴 $0.1 mol \cdot L^{-1} AgNO_3$ 溶液混合放置,观察实验现象。

五、数据处理

产品外观:_____;产品质量(g):_____;产率(%):_____。

六、注意事项

(1) 反应过程中要不断搅拌,防止溶液溅出。

(2) 蒸发时,刚有晶体析出时就停止加热、冷却结晶。

(3) 形成过饱和溶液时,可用玻璃棒摩擦蒸发皿内壁,或加入几粒晶种。

(4) 结晶时可用玻璃棒搅拌,防止结成大块。

(5) 计算产率时,注意有效数字的取舍。

七、思考题

(1) 加入活性炭的目的是什么?

(2) 所得产品 $Na_2S_2O_3 \cdot 5H_2O$ 晶体一般只能在 40℃～50℃烘干,温度高了会出现什么现象?

(3) 如何计算产率?

(4) 适量和过量的 $Na_2S_2O_3$ 与 $AgNO_3$ 溶液作用有什么不同? 用反应方程式表示。

知识链接

硫代硫酸钠的应用

硫代硫酸钠具有很大的实用价值:在分析化学中用来定量测定碘;在纺织工业和造纸工业中作脱氯剂;摄影业中作定影剂;在医药中用作急救解毒剂。

1. 硫代硫酸钠洗相定影的基本原理

在洗相过程中,相纸(感光材料)经过照相底版的感光,只能得到潜影。再经过显影液(如海德尔、米吐尔)显影以后,看不见的潜影才被显现成可见的影像。其主要反应如下:

$$HO-\langle\!\bigcirc\!\rangle-OH+2AgBr \Longleftrightarrow O=\langle\!\bigcirc\!\rangle=O+2Ag+2HBr$$

但相纸在乳剂层中还有大部分未感光的溴化银存在。由于它的存在,一方面得不到透明的影像,另一方面在保存过程中这些溴化银见光时,将继续发生变化,使影像不稳定。因此显影后,必须经过定影过程。

硫代硫酸钠的定影作用是由于它能与溴化银反应生成易溶于水的配合物。定影过程可用下列反应表示:

$$AgBr+2Na_2S_2O_3 \Longleftrightarrow Na_3[Ag(S_2O_3)_2]+NaBr$$

2. 洗印照片

在暗室里,将印相纸直接覆盖在感光箱的底片上进行感光。感受光时间可根据底片情况进行选择。然后,将感过光的像纸放入显影中进行显影。待影像基本清晰后,用镊子将相纸取出,放入水中清洗一下,紧接着再放入定影液中,定影大约 10 min～15 min。再把相纸取出放入水中,用水冲洗。然后,由上光机烘干上光,或贴在平板玻璃上自然晾干上光,最后把纸边剪齐。

实验 44　二(亚氨基二乙酸根)合钴(Ⅲ)酸钾几何异构体的制备与含量分析

一、实验目的

(1) 掌握二(亚氨基二乙酸根)合钴(Ⅲ)酸钾的两种几何异购体的合成。
(2) 学习确定配合物中钴离子含量的方法。

二、实验原理

钴(Ⅲ)和亚氨基二乙酸形成 ML_6 型的配合物:$[Co(OOCCH_2HNCH_2COO)_2]^-$(用 ida 代表亚氨基二乙酸根)。$[Co(ida)_2]^-$ 为八面体构型,有三种可能的几何异购体,由于张力的关系,构型(Ⅲ)处于较高的能量态,因而是不稳定的。因此,合成时所得到的反式异构体将是面角式的,而不是子午线式的,这已被 NMR 谱所证实。

（Ⅰ）顺式[不对称-面式　　　（Ⅱ）反式[对称-面式　　　（Ⅲ）反式(子午线)
　　（u-fac⁻)]　　　　　　　　（s-fac⁻)]　　　　　　　[经式(mer⁻)]

由亚氨基二乙酸(H_2ida)和氯化钴($CoCl_2 \cdot 6H_2O$)在不同反应条件下制备二(亚氨基二乙酸根)合钴(Ⅲ)酸钾几何异构体。这两种异构体都有较深的颜色,一为棕色,另一为紫色,究竟哪种异构体呈棕色,哪种异够体为紫色,可通过对离子交换色层的观察以及对可见光谱的分析,再根据异构体分子模型进行推理判断,即可得出正确的结论。

钴的分析(间接碘量法):钴配合物被强碱分解后生成褐色固体,在酸性溶液中,Co_2O_3可与KI定量反应,析出的碘可用标准$Na_2S_2O_3$溶液滴定。

三、仪器与药品

1. 仪器

烧杯(100 mL、250 mL),量筒(10 mL、20 mL、50 mL),容量瓶(250 mL),碘量瓶(250 mL),碱式滴定管(50 mL),移液管(25 mL),洗耳球,布氏漏斗(10 cm)及抽滤装置,恒温磁力搅拌器(带测温棒和搅拌子),漏斗(10 cm)及漏斗架,表面皿(12 cm),玻璃棒,冰浴,中速定性滤纸(11 cm),电子天平,胶头滴管,剪刀。

2. 药品

亚氨基二乙酸(H_2ida)(s),氯化钴($CoCl_2 \cdot 6H_2O$)(s),氢氧化钾(s),活性炭(s),过氧化氢(30%溶液),无水乙醇,无水乙醚,精密pH试纸(pH 5.2~7.2),硫代硫酸钠溶液(约0.1 mol/L),碘化钾(s),盐酸溶液(6 mol/L)。

重铬酸钾:基准物(在150℃~180℃烘干2 h),淀粉溶液(0.5%)。

醋酸钾过饱和溶液:4.2 g KOH与4.42 mL冰醋酸的中和产物。

四、实验步骤

1. 二(亚氨基二乙酸根)合钴(Ⅲ)酸钾几何异构体的制备

(1) *u-fac* - K[Co(ida)$_2$] $\cdot$ 1.5H$_2$O 的制备

取7.0 g亚氨基二乙酸(H_2ida)和6.0 g KOH,置于100 mL烧杯中,加入10 mL水溶解,往里加入5.0 g $CoCl_2 \cdot 6H_2O$并使其溶解后,再加入0.5 g活性炭和KAc过饱和溶液(4.2 g KOH与4.42 mL冰醋酸的中和产物)。混合液在冰浴中冷却至低于2.5℃(此时pH约为6.20),缓慢滴加15 mL 30% H_2O_2溶液,反应始终维持温度在8℃以下,连续搅拌数小时至大量气泡消失。将反应析出的紫色晶体抽滤,用适量无水乙醇、乙醚洗涤,得到含活性炭的粗产品。在室温下将粗产品溶解于适量水中,常压过滤除去活性炭,调节滤液pH为6.20~6.30,在滤液中加入无水乙醇至有大量晶体析出,抽滤,同上洗涤,得紫色产品。将产品转移至表面皿上,称重并计算产率(*u-fac* - K[Co(ida)$_2$] $\cdot$ 1.5H$_2$O物质的量的质量:387g/mol)。

(2) *s-fac* - K[Co(ida)$_2$] $\cdot$ 2H$_2$O 的制备

取3.5 g亚氨基二乙酸(H_2ida)和3.0 g KOH,置于100 mL烧杯中,加入40 mL水溶解,再加入2.0 g $CoCl_2 \cdot 6H_2O$并使其溶解。混合液在水浴中加热至80℃,缓慢滴加1 mL 30% H_2O_2溶液使之氧化。搅拌后即有固体析出。将混合液冷却至室温后,抽滤即得到黄棕色的*s-fac* - K[Co(ida)$_2$] $\cdot$ 2H$_2$O。

重结晶:将粗产品溶解在最小体积的热水中,加入少量活性炭,在85℃下加热1 h,趁热过滤除去活性炭,滤液置于冰水浴中冷却后析出黄棕色针状的晶体,抽滤洗涤后得纯产物。

将产品转移至表面皿上,称重并计算产率($s\text{-}fac\text{-}K[Co(ida)_2]$・$2H_2O$ 物质的量的质量:396 g/mol)。

2. 钴的测定

(1) $Na_2S_2O_3$ 溶液的标定

准确称取 1.0 g～1.5 g 已烘干的 $K_2Cr_2O_7$ 于 100 mL 烧杯中,加入 20 mL～30 mL 水使之溶解,定量转移至 250 mL 容量瓶中,并稀释至刻度,摇匀备用。用移液管准确移取 25.0 mL $K_2Cr_2O_7$ 溶液于 250 mL 碘量瓶中,加入 2 g KI 使之溶解,再加入 5 mL 6 mol/L HCl 溶液,混匀后用玻塞塞好,放在暗处反应 5 min。然后用 50 mL 水稀释,用已标定的 $Na_2S_2O_3$ 溶液滴定至溶液呈浅黄绿色,加入 0.5% 淀粉溶液 2 mL,继续滴定至蓝色变亮绿色,即为终点。根据 $K_2Cr_2O_7$ 的质量及消耗的 $Na_2S_2O_3$ 溶液体积,计算 $Na_2S_2O_3$ 溶液的浓度。

(2) 钴含量的测定

准确称取 $u\text{-}fac\text{-}K[Co(ida)_2]$・$1.5H_2O$ 试样 0.8 g～1.2 g,置于 250 mL 碘量瓶中,加入 10 mL～20 mL 水使之溶解,再加入 2 g KI 和 5 mL 6 mol/L HCl 溶液,混匀后用玻塞塞好,放在暗处反应 10 min。然后用 50 mL 水稀释,用已标定的 $Na_2S_2O_3$ 溶液滴定至溶液呈浅黄色,加入 0.5% 淀粉溶液 2 mL,继续滴定至蓝色刚好消失为止,即为终点。根据所消耗的 $Na_2S_2O_3$ 溶液体积和浓度,计算样品中钴的含量。

(3) 结果计算

以质量分数表示钴含量 ω:

$$\omega = cV \times 58.9 \times 10^{-3}/m$$

式中:c 为 $Na_2S_2O_3$ 标准溶液的实测浓度(mol/L);V 为滴定试样溶液所消耗的 $Na_2S_2O_3$ 标准溶液的体积(mL);m 为试样质量(g)。

五、问题与讨论

1. 在制备 $u\text{-}fac\text{-}K[Co(ida)_2]$・$1.5H_2O$ 和 $s\text{-}fac\text{-}K[Co(ida)_2]$・$2H_2O$ 这两种异构体中为什么要加入 H_2O_2 和活性炭?

2. 在制备 $s\text{-}fac\text{-}K[Co(ida)_2]$・$2H_2O$ 的过程中水浴加热的目的是什么?能否直接加热?为什么?

附一 判断钴^{III}亚氨基二乙酸配合物异构体

通过离子交换色层的观察以及对可见光谱的分析判断钴^{III}亚氨基二乙酸配合物异构体。

(1) 离子交换分离

① 色层柱的制备:取一支直径为 10 mm,长度为 200 mm 的特制玻璃管(类似于碱式滴定管),底部垫上玻璃砂隔板(或玻璃棉),以防树脂流失。为防止树脂床中出现气泡,先在柱中装入 1/3 体积的 5% NaOH 溶液,然后将浸泡于 5% NaOH 溶液中的树脂装入,使之自然沉降,待树脂高度达 80 mm～100 mm 时即可。注意液面要高于树脂面。

② 树脂的处理:将 5 倍于树脂体积的 5% NaOH 溶液流过树脂,待液面降至与树脂面相切时,用纯水淋洗,至流出液为中性。再重复处理两次。按同样的方法,用 5% 的盐酸溶

液再处理树脂三次。至此树脂的处理即告完成待用。

制备的色层柱可以反复使用，只需在每次使用之后，用 $0.1\ mol \cdot L^{-1}$ 的 NaCl 溶液将树脂淋洗到无色，即可再次使用。

③ 异构体的分离：用纯水冲洗柱子，至流出液不含 Cl^- 时为止（$AgNO_3$ 溶液检查）。然后将液面降至与树脂面相切，注意决不允许将液面降至树脂面以下。操作时要细心，在整个实验过程中，都不能使树脂受到扰乱。

称取 0.03 g 紫色异构体和 0.04 g 棕色异构体，溶于 4 mL 水中。将制备好的溶液沿管壁缓缓加入交换柱中，当心不要搅动树脂。以每 10 s～15 s 一滴的速度，让溶液缓慢流下。当树脂负载后（液面与树脂面相切），加 3 mL 水冲洗。然后，用 $0.1\ mol \cdot L^{-1}$ 的 NaCl 溶液淋洗，淋洗速度为 10 s～15 s 一滴。一直淋洗到柱中出现明显的色层（棕色和紫色）。

（2）可见-紫外光谱的测定

① 收集流出液：分别收集色层中棕色和紫色部分流出液各 5 mL，以作光谱测定使用。在收集时，应收集各色层的中间（颜色最深）部分，以便得到浓度较大和较纯的各异构体的溶液。

② $0.005\ mol \cdot L^{-1}$ Na[Co(EDTA)] 溶液配制：称取 0.118 9 g $CoCl_2 \cdot 6H_2O$ 溶解于 10 mL 水，然后加入 0.186 2 g EDTA，待溶解后再加 1～2 滴 30% 的 H_2O_2 溶液，加热赶去未反应的 H_2O_2，稀释至 100 mL。

③ 可见光谱的测定：在 400 nm～700 nm 的波长范围内。以纯水为参比，在岛津 UV-240 可见-紫外分光光度计（操作参见说明书）上，分别测绘所收集的棕色、紫色溶液及 [Co(EDTA)]$^-$ 溶液的光谱图。三种样品的谱线绘在一张谱图上。

（3）ICP-AES 全谱直读光谱 ICP 光谱仪测定与分析（参见附二）。

（4）红外光谱仪测量与分析。

（5）电导测定与分析。

（6）元素分析测定与分析。

（7）电化学测量与分析。

（8）晶体结构的解析。

附二　ICP-AES 测定钴　亚氨基二乙酸配合物中的 K 和 Co

1. 基本原理

ICP-AES 全谱直读光谱仪可以进行各类样品中多种微量元素的同时测定，尤其是对水溶液中多种微量元素的测定，它是一种极有竞争力的分析方法。本实验采用的是美国 Thermo Jarrell Ash 公司的 IRIS Advantage 全谱直读光谱仪。该仪器采用 CID 固体成像器件作为检测器，CID 检测器兼有相板和光电倍增管的双重优点，它具有 262 144 个感光单元，并且每个感光单元都可以单独地接收光信号。它可以检测 165 nm～800 nm 波长范围内的所有谱线，这些谱线被同时采集、测量和储存。当样品经雾化器雾化并由载气带入等离子体光源中的分析通道时，就会被蒸发、原子化、激发、电离并产生辐射跃迁。激发态原子或离子发出的特征辐射经过分光后照射到 CID 的不同感光单元上，在这些感光单元中就会产生电荷积累，电荷积累的快慢与谱线的发射强度成正比。如果分析物在蒸发时没有发生化学反应，并且等离子体光源中谱线的自吸收效应亦可忽略时，谱线强度就与分析物浓度之间存在着简单的线性关系，由此即可测出样品中分析物的含量。这种方法简便、快速、准确。

2. 仪器操作参数及试剂

IRIS Advantage 全谱直读光谱仪（高频功率 1 150 W、冷却气流量 15 L/min、辅助气流量 0.5 L/min、载气压力 24 psi），蠕动泵（转速 100 转/min、溶液提升量 1.85 mL/min），Compiq 计算机（17″显示器、hp 彩色喷墨打印机），十万分之一电子天平一台，20 $\mu g/ml$ K、Co 的 1.2 mol/L HCl 标准溶液，二次蒸馏水，50 mL 或 100 mL 烧杯 1 个，100 mL 容量瓶 1 个。

3. 配制溶液

在十万分之一的电子天平上准确称取样品 10 mg，将其置于 50 mL 或 100 mL 烧杯中进行溶解，然后转移至 100 mL 容量瓶中，定容后摇匀。

4. 实验步骤

（1）打开电源开关（通常仪器一直都处在通电状态，以使光室温度保持在华氏 90.0±0.5 度。此时为关机状态）。

（2）打开显示器、计算机和打印机。

（3）运行 ThermoSPEC 软件，建立分析方法。

（4）去掉炬管室和高频发生器顶部排风口处的盖子，打开排风。

（5）打开氩气钢瓶调节分压表压力为 0.5 MPa。

（6）打开 TECooler 开关（可听到风机和水泵声）。

（7）打开监视温度，当 CID<−35℃、FPA>5℃时，进行硬复位。

（8）将进样管放入溶液中，装好泵管夹。

（9）设置驱气时间为 150 s，点火。然后调节泵管夹位置使吸管刚好不进液为最佳。等离子体点燃后应立即检查出液管是否出液，如不出液，调节泵夹使废液流出。

（10）用高标溶液对谱峰。

（11）等离子体点燃半小时后可进行分析。一般先做标样，用二次蒸馏水作低标，20 $\mu g/mL$ 的 K、Co 标准溶液作高标，然后做未知样。在整个操作过程中应经常观察雾室是否积水，如有存水可通过吸管间断地放入一些空气来排除。

（12）确认所有分析工作完成后，用二次水冲洗 5 min，熄灭等离子体。然后将吸管从溶液中取出放入空烧杯中（此时为待机状态）。

（13）点击点火快捷键中的 SHUTDOWN 按钮。

（14）关闭 TECooler 开关。

（15）等 CID 温度升至室温后关闭氩气。

（16）关闭排风，盖好炬管室和高频发生器顶部排风口。

（17）进行分析结果的后处理。

（18）关闭打印机、计算机和显示器。

5. 数据处理

根据计算机给出的结果计算出钴Ⅲ亚氨基二乙酸配合物中 K 和 Co 的百分含量。

Exp. 45　Solution Preparation and "the Iodine Clock"

INTRODUCTION

Solution preparation is one of the most common tasks of a laboratory worker or researcher. Yet in the introductory laboratory, chemistry students rarely encounter the need to prepare their own solutions. Upon completion of this exercise, most students are able to write clear, step by step procedures for preparing solutions commonly used in the laboratory.

This lab exercise links solution preparation to the iodine clock oscillation reaction developed by Briggs and Rauscher. This reaction displays striking cyclic color changes from colorless to amber to blue using simply reagents.

In the lab exercise described here, students are simply asked to prepare the solutions for the Briggs-Rauscher(BR) oscillation reaction. The lab session begins with a demonstration of the BR reaction. After being awed by the almost magical phenomenon, students welcome the prospect of making it happen again with their own solutions. This motivates them to carefully employ proper laboratory procedures in solution preparation.

This exercise involves a variety of situations commonly encountered in solution preparation. Four solutions are necessary for the BR reaction, each provides certain specific opportunities for hands-on practice. Solution 1 contains two solutes, $0.15 \text{ mol} \cdot \text{L}^{-1}$ malonic acid and $0.02 \text{ mol} \cdot \text{L}^{-1} \text{MnSO}_4$. This solution introduces standard techniques for preparing molar solutions of the solid-in-liquid type. Since manganese sulfate in supplied as $\text{MnSO}_4 \cdot \text{H}_2\text{O}$, students need to calculate the formula mass for the monohydrate. This alerts them to the fact that solid crystals may not always be anhydrous. Solution 2 is $0.2 \text{ mol} \cdot \text{L}^{-1} \text{KIO}_3$ in $0.08 \text{ mol} \cdot \text{L}^{-1} \text{H}_2\text{SO}_4$. Since potassium iodate dissolves rather slowly at room temperature, heating is necessary to speed up the process. This procedure allows students to observe firsthand the effect of temperature on solubility. Solution 3 is $3.6 \text{ mol} \cdot \text{L}^{-1} \text{H}_2\text{O}_2$, which is prepared from $30\%(W/W) \text{ H}_2\text{O}_2$. Students learn to convert percentage-by-weight tomolarity in this case. Laboratory procedure introduces dilution and volume measurements with a buret. Solution 4 is a $3\%(W/V)$ boiled-starch indicator solution, which involves another concentration unit, percentage by weight-volume.

REAGENTS AND EQUIPMENT

Reagents: $\text{CH}_2(\text{COOH})_2$ (s) (reagent grade), $\text{MnSO}_4 \cdot \text{H}_2\text{O}$ (s) (reagentgrade), KIO_3 (s) (reagent grade), H_2SO_4 ($0.08 \text{ mol} \cdot \text{L}^{-1}$), boiled-starch indicator solution (3%, W/V), H_2O_2 ($30\%, W/W$).

Equipments: volumetric flasks (25 mL, 50 mL), beaker (250 mL), graduated cylinders (10 mL), metal spatula, stirring rod, timer, hotplate, balance, thermometer.

EXPERIMENTAL PROCEDURE

1. Solution preparation

This lab is best scheduled shortly after lecture discussions on solution concentration and dilution. Students are instructed to prepare three solutions:

(1) 50 mL 0.15 mol $\cdot$ L^{-1} malonic acid (CH$_2$(COOH)$_2$) and 0.02 mol $\cdot$ L^{-1} manganese sulfate (MnSO$_4$).

(2) 50 mL 0.2 mol $\cdot$ L^{-1} potassium iodate (KIO$_3$) in 0.08 mol $\cdot$ L^{-1} sulfuric acid (H$_2$SO$_4$).

(3) 25 mL 3.6 mol $\cdot$ L^{-1} hydrogen peroxide (H$_2$O$_2$).

For each solution, students need to first show calculations to find out how much solute is needed. (They are to complete similar calculations for the fourth solution, 3%(*W/V*) starch, though the solution is provided in dropper bottles for their uses.) Then, they follow laboratory procedures to prepare the actual solutions.

2. the iodine clock and the oscillating phenomenon

When all solutions are ready, students measure equal amounts (10 mL) of the three solutions and pour them simultaneously into a beaker with several drops of the starch solution. If prepared correctly, the mixture will display characteristic cyclic color changes all on its own for about ten minutes. A lack of the oscillating phenomenon indicates one or more of the solutions may have been prepared incorrectly. If time allows, students can examine the oscillating reaction more carefully. They may record time intervals between color changes, note changes to the pattern if one of more solutions are added, check how temperature affects the reaction in terms of oscillating frequency, evolution of agas, and formation of a solid, etc.

SAFETY PRE CAUTION

An additional solution used in this exercise, 30%(*W/W*) H$_2$O$_2$(aq), requires special handling and storage attention. It is a very strong oxidizing agent. To minimize handling hazards, the instructor has always delivered desired aliquots of the 30% solution (9.18 mL needed to prepare 25 mL of 3.6 mol $\cdot$ L^{-1} solution) from a buret directly into a student's volumetric flask upon request.

For those instructors who wish to avoid using 30% H$_2$O$_2$ in student labs altogether, the instructor notes section of the lab write-up describes two alternative ways to replace it in this exercise. The first is to replace 30% H$_2$O$_2$ with 15% H$_2$O$_2$. Since 15% H$_2$O$_2$ is not widely used as the 30% solution, it is not available for direct purchase from most chemical suppliers. Its density may differ significantly from the 1.11 g $\cdot$ mL^{-1} given for the 30% solution. The instructor may need to prepare the 15% solution by diluting the 30% and perform an accurate measurement of its density. This should be done shortly before the lab period to avoid deterioration of the solution. The second alternative is using 3% H$_2$O$_2$ directly as solution 3. Concentrations of the other solutes are changed slightly as follows: solution $1=0.2$ mol $\cdot$ L^{-1} malonic acid and 0. 026 mol $\cdot$ L^{-1} manganese sulfate; solution 2 $=0.27$ mol $\cdot$ L^{-1} potassium iodate and 0. 1 mol $\cdot$ L^{-1} sulfuric acid. Instead of mixing equal volumes of solutions 1,2 and 3 to generate the BR reaction, this procedure calls for equal volumes of new solutions 1 and 2 and a double volume of the new solution 3, 3% H_2O_2. Disadvantages of using the 3% solution include a longer waiting period before oscillations begin (one minute versus instantaneous), less spectacular color changes, and students' missing the opportunity to do dilution in this solution preparation exercise.

Exp. 46　Preparation and Spectral Analysis of Copper(II) Complexes

Introduction

I. Tetraamminecopper(II) Sulfate Monohydrate

$$Cu^{2+} \xrightarrow{NH_3 \cdot H_2O} [Cu(NH_3)_4]^{2+} \xrightarrow{Ethanol} [Cu(NH_3)_4]SO_4 \cdot H_2O$$

This preparation is designed to illustrate the synthesis of a coordination complex, and to provide a second copper complex for comparison with the bis(diethylammonium) tetrachlorocuprate(II). This complex's intense blue color makes it a good indicator for the presence of Cu^{2+}. If the reaction is carried out with high concentrations of Cu^{2+} and $NH_3 \cdot H_2O$ present, the sulfate salt of the complex can be precipitated by the addition of ethanol to an aqueous solution of $CuSO_4$ and $NH_3 \cdot H_2O$. Then infrared analysis of the product can be used to confirm the presence of ammonia in the solid.

II. Bis(diethylammonium) Tetrachlorocuprate(II)

$$CuCl_2 \xrightarrow{(C_2H_5)_2NH \cdot HCl} [(C_2H_5)_2NH_2)]_2[CuCl_4]$$

Most copper(II) complexes are tetracoordinate, which means that two different geometries, tetrahedral and square-planar, are possible. The particular compound that you will prepare in this experiment undergoes a transition between square planar and tetrahedral geometries when it is heated. Though the four ligands, all chloride, remain the same, the ligand fields experienced by the copper in the two different geometric environments are different; this difference causes the colors of the complexes to differ. Compounds that exhibit such temperature-dependent color changes are called thermochromic.

In this preparation, the choice of cation is critical. The diethylammonium ion is a strong hydrogen bond donor, and it turns out that the chloride ions which are bound to copper can also act as hydrogen bond acceptors in this particular case. These interactions have a substantial impact upon the crystal structure of the compound.

As is the case with hydroxy compounds, hydrogen-bonded N—H bond stretches absorb over a broad frequency range, thus showing broad absorptions that contain little fine structure. In contrast, when either O—H or N—H occurs as an isolated functional group, the stretching absorption is sharp. In a compound that contains both bound and unbound O—H or N—H groups, a superposition of the sharp band or bands over the broad hydrogen—bonded absorption is seen. The relative intensities of these features give an indication of the relative abundances of the two types of functional group. Analysis of the infrared spectra of the two forms of diethylammonium tetrachlorocuprate(II) should thus reveal which of the two has the greater degree of hydrogen bonding.

Experimental Procedures

I. Tetraamminecopper(II) Sulfate Monohydrate

In the hood, make a 4 mL solution of concentrated $NH_3 \cdot H_2O$ and 3 mL H_2O, then dissolve 2.5 g $CuSO_4 \cdot 5H_2O$ in the solution by swirling.

Add 5 mL ethanol in a slow, drop-wise manner, with continual swirling. The ammine complex salt should precipitate as deep purple-blue crystals. Cool the mixture in an ice water bath for about 15 minutes, then isolate the product by suction filtration. Rinse the product on the funnel with a small amount of ethanol, then spread it out on a watch glass to dry. Store it in a desiccator over anhydrous calcium chloride until your next lab period.

Weigh the product and calculate the percent yield of the product. Then record the infrared spectrum of the compound as a KBr pellet.

II. Bis(diethylammonium) Tetrachlorocuprate(II)

Place solid $(C_2H_5)_2NH \cdot HCl$ (0.02 mol) and finely powdered $CuCl_2 \cdot H_2O$ (0.01 mol) in a 250 mL Erlenmeyer flask. Mix thoroughly by shaking, then gently heat the mixture of solids with a hot water bath or on a steam bath. Heat until the mixture is completely liquefied, with occasional swirling. Leave to cool to room temperature, then cool in an ice bath. Break up the solidified mass of product with a glass rod, then rinse thoroughly with about 10 mL of 20% isopropyl alcohol in ethyl acetate. Rinse twice more with pure ethyl acetate, or until the product appears as free-floating small needles. Isolate the product by suction filtration.

Weigh the product and calculate the percent yield of the product.

To facilitate drying, rinse the product on the funnel with a small amount of diethyl ether. The product must be stored in a desiccator, because it is hygroscopic. Heat a small portion of the product gently so as to observe the color change due to the thermochromic transition.

Record the infrared spectrum of the compound as a KCl pellet. KCl should be used rather than the more usual KBr so as to avoid exchange of chloride for bromide in the copper complex. Two spectra should be recorded: one at room temperature and one at about 70°C.

Visible/near-IR spectra, recorded at low and high temperatures, will be provided by the instructor.

Problems for Laboratory Report

I . What sort of coordination geometry around copper would you expect for the tetraamminecopper(II) complex and the low- and high-temperature forms of the Bis(diethylammonium) Tetrachlorocuprate(II) complex which you prepared? Decide which form of Bis(diethylammonium) Tetrachlorocuprate(II) is tetrahedral and which is square-planar. Provide a rationale for your answer, based on a comparison with the color of the complexes and your knowledge of the relative magnitudes of splitting produced by different types of ligand fields.

Note that the general spectral region of d-d transition cannot always be inferred directly from the color of the complex.

II . How does the infrared spectrums of the products show the presence of NH_3 and $(C_2H_5)_2NH_2^+$?

Identify the stretching and bending vibrations from N—H, as well as evidence of hydrogen bonding in the Tetraamminecopper(II) Sulfate Monohydrate compound. Identify the infrared bands associated with S—O stretching.

Identify infrared bands that are due to C—H stretching, N—H stretching, and N—H bending in the Bis(diethylammonium) Tetrachlorocuprate(II) compround. Decide, on the basis of the N—H stretching region of the infrared spectra of the two forms of the complex, which contains the stronger hydrogen bonding. Provide an explanation of your reasoning.

Reference

Inorganic Chemistry (CH258) Spring 2004 Gustavus Adolphus College.

第五章 研究与设计性实验

实验 47 离子鉴定和未知物的鉴别

一、实验目的

（1）运用所学的单质和化合物的基本性质，进行常见物质的鉴别或鉴定。

（2）进一步复习和巩固常见离子重要反应的基本知识。

二、实验原理

当一个试样需要鉴定或一组未知物需要鉴别时，通常可根据以下几个方面进行判断：

1. 物态

（1）观察试样在常温时的状态，如果是晶体要观察它的晶形。

（2）观察试样的颜色。溶液试样可根据离子的颜色，固体试样可根据化合物的颜色及配成溶液后的颜色，预测哪些离子可能存在，哪些离子不可能存在。

2. 溶解性

首先试验在水中的溶解性，在冷水中的溶解性怎样？在热水中又怎样？不溶于水的固体试样有可能溶于酸或碱，可依次用盐酸（稀、浓）、硝酸（稀、浓）、氢氧化钠（稀、浓）溶液、王水处理（包括不加热和水浴加热两种情况）试验其溶解性。

3. 酸碱性

酸或碱可直接加入指示剂或用 pH 试纸检测进行判断。两性物质可利用它既溶于酸又溶于碱的性质进行判断。可溶性盐的酸碱性可用它的水溶液加以判断。有时可以根据试液的酸碱性来排除某些离子存在的可能性。

4. 热稳定性

物质的热稳定性有时差别很大。有的物质在常温时就不稳定，有的物质加热时易分解，还有的物质受热时易挥发或升华。可根据试样加热后物相的转变、颜色的变化、有无气体放出等现象进行初步判断。

5. 鉴定或鉴别反应

经过前面对试样的观察和初步试验，再进行相应的鉴定或鉴别反应，就能给出准确的判断。在基础无机化学实验中鉴定反应大致采用以下几种方法：

（1）通过与某种试剂的反应，生成沉淀，或沉淀溶解，或放出气体。还可再对生成的沉淀或气体进行检验。

（2）显色反应。

（3）焰色反应。

（4）硼砂珠实验。

（5）其他特征反应。

进行未知试样的鉴别和鉴定时要特别注意干扰离子的存在,尽量采用特效反应进行鉴别和鉴定。

三、实验步骤

按照下述实验内容列出实验用品及分析步骤:

（1）区分两片金属片:一片是铝片,一片是锌片。

（2）鉴别四种黑色或近于黑色的氧化物:CuO、Co_2O_3、PbO_2、MnO_2。

（3）分别用简便方法鉴定三瓶红色粉末:硫化汞、碘化汞和三氧化二铁;三瓶白色粉末;氯化银、氯化铅、氯化锌。

（4）未知混合液 1,2,3 分别含有 Cr^{3+}、Mn^{2+}、Fe^{3+}、Co^{2+}、Ni^{2+} 离子中的大部分或全部,设计一个实验方案以确定未知液中含有哪几种离子,哪几种离子不存在。

（5）鉴别下列化合物:$CuSO_4$、Cu_2SO_4、$FeCl_3$、$BaCl_2$、$NiSO_4$、$CoCl_2$、NH_4HCO_3、NH_4Cl。

（6）盛有以下 10 种硝酸盐溶液的试剂瓶标签脱落,试加以鉴别:

$AgNO_3$、$Hg(NO_3)_2$、$Hg_2(NO_3)_2$、$Pb(NO_3)_2$、$NaNO_3$、$Cd(NO_3)_2$、$Zn(NO_3)_2$、$Al(NO_3)_3$、KNO_3、$Mn(NO_3)_2$。

（7）盛有下列 10 种固体钠盐的试剂瓶标签被腐蚀,试加以鉴别:

$NaNO_3$、Na_2S、$Na_2S_2O_3$、Na_3PO_4、$NaCl$、Na_2CO_3、$NaHCO_3$、Na_2SO_4、$NaBr$、Na_2SO_3。

（8）溶液中可能有如下 10 种阴离子:S^{2-}、SO_3^{2-}、SO_4^{2-}、PO_4^{3-}、NO_3^-、NO_2^-、Cl^-、Br^-、I^-、CO_3^{2-} 中的 4 种,试写出分析步骤及鉴定结果。

（9）有 10 种固体样品,试加以鉴别:

硫酸铜、三氧化二铁、氧化亚铜、硫酸镍、二氯化钴、碳酸氢铵、氯化铵、硫化铅、硫酸亚铁、氧化铜。

实验 48　混合阳离子的分离与鉴定（设计实验）

一、实验目的

（1）了解混合离子分离与检出的方法和操作。

（2）设计实验方案并对混合离子溶液中的每种离子进行逐一分离和检出。

（3）提高综合分析问题和解决问题的能力。

二、实验原理

离子鉴定（检出）就是确定某种元素或其离子是否存在。离子鉴定反应大都是在水溶液中进行的离子反应。选择那些变化迅速而明显的反应,如颜色的改变、沉淀的生成与溶解、气体的产生等,还要考虑反应的灵敏性和选择性。具体内容参见实验“常见阳离子的分离与鉴定”。

混合离子分离常用的方法是沉淀分离法。此方法主要是根据溶度积规则,利用沉淀反应,达到分离目的。

用于分离与检出的反应,只有在一定的条件下才能进行。这里的条件主要指溶液的酸度、反应物的浓度、反应温度、能促进或妨碍此反应的物质是否存在等等。为了使反应朝着我们期望的方向进行,就必须选择适当的反应条件。为此除了熟悉有关离子及其化合物的性质外,还要会运用离子平衡(酸碱、沉淀、氧化还原、配位等平衡)的规律控制反应条件,所以了解离子分离条件和检出条件的选择与确定,既有利于熟悉离子及其化合物的性质,又有利于加深对于各离子平衡的理解。

三、实验要求

(1) 设计出合理的实验方案。

(2) 对混合离子溶液中的每种离子进行分离和检出。

四、实验内容

配制下列各组溶液,并设计合理的分离鉴定步骤,记录每步的实验现象。

(1) Ba^{2+}、Fe^{3+}、Co^{2+}、Ni^{2+}、Cr^{3+}、Al^{3+}、Zn^{2+}。

(2) Cu^{2+}、Zn^{2+}、Hg^{2+}、Cd^{2+}。

(3) Ag^+、Pb^{2+}、Hg^{2+}、Cu^{2+}、Bi^{3+}、Zn^{2+}。

(4) Ag^+、Cu^{2+}、Al^{3+}、Fe^{3+}、Ba^{2+}、Na^+。

(5) Hg^{2+}、Pb^{2+}、Fe^{3+}、Cr^{3+}、Ba^{2+}。

(6) Ag^+、Cu^{2+}、Al^{3+}、Na^+、NH_4^+。

五、注意事项

(1) 离子分离鉴定所用试液取量应适当,一般取量在 $5\sim10$ 滴为宜。过多或过少对分离鉴定均有一定影响。

(2) 利用沉淀分离时,沉淀剂的浓度和用量应适量,以保证被沉淀离子沉淀完全。同时分离后的沉淀应用去离子水洗涤,以保证分离效果。

实验 49　碘化铅溶度积常数的测定(设计实验)

一、实验目的

(1) 了解用分光光度法测定溶度积常数的原理和方法,加深对溶度积常数概念的理解。

(2) 学习 721 型分光光度计的使用方法。

(3) 通过查阅有关文献资料,设计该实验步骤。

二、实验内容

碘化铅是难溶电解质,在其饱和溶液中存在下列沉淀-溶解平衡:

$$PbI_2(s) \rightleftharpoons Pb^{2+}(aq) + 2I^-(aq)$$

PbI_2 的溶度积常数表达式为：

$$K_{sp}^{\ominus}(PbI_2) = [c(Pb^{2+})/c^{\ominus}][c(I^-)/c^{\ominus}]^2$$

在一定温度下，如果测出 PbI_2 饱和溶液中的 $c(I^-)$ 和 $c(Pb^{2+})$，则可以求得 $K_{sp}^{\ominus}(PbI_2)$。

将已知浓度的 $Pb(NO_3)_2$ 溶液和 KI 溶液按不同体积比混合，生成的 PbI_2 沉淀与溶液达到平衡，通过测定溶液中的 $c(I^-)$，再根据系统的初始组成及沉淀反应中 Pb^{2+} 与 I^- 的化学计量关系，可计算出溶液中的 $c(Pb^{2+})$。由此可求得 PbI_2 的溶度积常数。

本实验要求采用分光光度法测定溶液中的 $c(I^-)$。尽管 I^- 是无色的，但可在酸性条件下用 KNO_2 将 I^- 氧化为 I_2（保持 I_2 浓度在其饱和浓度以下），I_2 在水溶液中呈棕黄色。用分光光度计在 525 nm 波长下测定由各饱和溶液制得的 I_2 溶液的吸光度 A，然后由 I_2 标准吸收曲线查出 $c(I^-)$，则可计算出饱和溶液中的 $c(I^-)$。

根据自己查阅有关文献资料，确定用分光光度法测定碘化铅溶度积常数的方法，请列出所需药品规格、浓度、数量及实验仪器等，写出详尽的实验步骤，提交实验指导教师审阅。

三、注意事项

（1）氧化后得到的 I_2 浓度应小于室温下 I_2 的溶解度。不同温度下，I_2 的溶解度为：

温度/℃	20	30	40
溶解度/[g·(100 g H₂O)⁻¹]	0.029	0.056	0.078

（2）由于饱和溶液中 K^+、NO_3^- 浓度不同，影响 PbI_2 的溶解度，所以实验中为保证溶液中离子强度一致，各种溶液都以 $0.20\ mol\cdot L^{-1}\ KNO_3$ 溶液为介质配制，但测得的 $K_{sp}^{\ominus}(PbI_2)$ 比在水中的大。

（3）实验中用于制备 PbI_2 沉淀的试管和过滤用的漏斗及吸滤瓶应是干燥的，过滤时使用的滤纸不要润湿。

（4）配制好的待测溶液应尽快测其吸光度，不能放置时间太长。

实验 50　碱式碳酸铜的制备（研究性实验）

一、实验目的

（1）掌握碱式碳酸铜的制备原理和方法。

（2）通过实验探求出制备碱式碳酸铜的反应物配比和合适温度。

（3）初步学会设计实验方案，以培养独立分析、解决问题的能力。

二、实验原理

碱式碳酸铜[$Cu_2(OH)_2CO_3$]为天然孔雀石的主要成分，呈暗绿色或淡蓝绿色，加热至 200℃ 即分解，在水中的溶解度很小，新制备的试样在沸水中很易分解，形成褐色的氧化铜。

碱式碳酸铜主要用于铜盐的制造、油漆、颜料和烟火的配制等，通常由可溶性铜盐与可

溶性碳酸盐制得,如:

$$2CuSO_4 + 2Na_2CO_3 + H_2O = Cu_2(OH)_2CO_3 \downarrow + CO_2 \uparrow + 2Na_2SO_4$$

三、仪器与药品

由学生自行列出所需仪器、药品、材料的清单,经指导教师同意后即可进行实验。

四、实验参考方案

1. 溶液的配制

分别配制 $0.5\ mol \cdot L^{-1}$ 的 $CuSO_4$ 溶液和 $0.5\ mol \cdot L^{-1}$ 的 Na_2CO_3 溶液各 100 mL。

2. 实验条件的探究

(1) 温度对碱式碳酸铜制备的影响

取 8 支试管分成两列,其中 4 支试管内各加入 2 mL $0.5 mol \cdot L^{-1}$ 的 $CuSO_4$ 溶液,另外 4 支试管中各加入 2 mL $0.5\ mol \cdot L^{-1}$ 的 Na_2CO_3 溶液,分别成对置于室温、50℃、70℃、90℃的恒温水浴中,数分钟后将 $CuSO_4$ 溶液倒入 Na_2CO_3 溶液的试管中,振荡,再放入各自水浴中,观察沉淀生成的快慢及沉淀的颜色、数量。由实验结果确定制备反应的合适温度。

(2) $CuSO_4$ 和 Na_2CO_3 溶液的合适配比

取 8 支试管分成两列,其中 4 支试管内各加入 2 mL $0.5\ mol \cdot L^{-1} CuSO_4$ 溶液,另外 4 支分别加入 1.6 mL、2.0 mL、2.4 mL 及 2.8 mL $0.5\ mol \cdot L^{-1} Na_2CO_3$ 溶液,分别成对置于由上述实验确定的合适温度的恒温水浴中,几分钟后,依次将 $CuSO_4$ 溶液分别倒入 Na_2CO_3 溶液的试管中,振荡,放回水浴中,观察各试管中生成沉淀的颜色、数量及沉淀生成的速率,从中得出两种反应物溶液以何种比例相混合为最佳。

3. 碱式碳酸铜的制备

取 60 mL $0.5\ mol \cdot L^{-1} CuSO_4$ 溶液,根据上面实验确定的反应物合适比例及适宜温度制备碱式碳酸铜。待沉淀完全后,减压过滤,用蒸馏水洗涤沉淀数次,至沉淀中不含 SO_4^{2-} 为止,吸干。

将所得产品于 100℃ 左右烘 15 min,冷却至室温称量,计算产率。

五、实验数据处理

产品外观:_____;产品质量(g):_____;产率(%):_____。

六、问题与讨论

现象 碱式碳酸铜

(1) 哪些铜盐适合于制备碱式碳酸铜?

(2) 除反应物的配比和反应的温度对本实验的结果有影响外,反应物的种类、反应进行的时间等因素是否对产物的质量也会有影响?

(3) 估计何种颜色的产物中碱式碳酸铜的含量最高?

(4) 自行设计一个实验,测定产物中铜及碳酸根的含量,从而分析所制得的碱式碳酸铜的质量。

实验 51 二氯化二(乙二胺)合铜(Ⅱ)的合成及其铜含量测定(设计实验)

一、实验目的

根据有关原理设计并制备二氯化二(乙二胺)合铜配合物,学习直接配位法合成螯合物的方法,进一步巩固加热、过滤、蒸发、结晶和滴定等基本操作。

二、基本原理

溶液中的直接配位反应是合成配合物的重要方法。乙二胺(en)是重要的双齿螯合配体,能与许多金属离子配位,形成螯合物。在水溶液中,Cu^{2+} 可以和乙二胺以 1∶2 的比例配位,形成平面正方形 $[Cu(en)_2]^{2+}$ 螯合配离子:

$$Cu^{2+} + 2en \Longrightarrow [Cu(en)_2]^{2+}$$

$CuCl_2$ 和 en 在水中反应,经过浓缩结晶,得到含结晶水的化合物 $[Cu(en)_2]Cl_2 \cdot 2H_2O$ ($M_r = 290.68$)。该配合物为蓝紫色叶状结晶,易溶于水,在丙酮、苯、乙醇和甲醇等有机溶剂中微溶。

利用 Cu^{2+} 的氧化性,用碘量法测定合成物中铜的含量。有关反应如下:

$$2[Cu(en)_2]^{2+} + 4I^- + 8H^+ \Longrightarrow I_2 + 4[H_2en]^{2+} + 2CuI$$
$$2S_2O_3^{2-} + I_2 \Longrightarrow 2I^- + S_4O_6^{2-}$$

三、仪器与药品

1. 仪器

电子天平,烧杯,布氏漏斗,抽滤瓶,锥形瓶,滴定管。

2. 药品

$CuCl_2(s)$,$KI(s)$,乙二胺,H_2SO_4(3 mol · L^{-1}),$Na_2S_2O_3$ 标准溶液(0.050 0 mol · L^{-1}),NH_4SCN(0.5 mol · L^{-1}),无水乙醇,2%淀粉。

四、实验内容

(1) 根据上述原理设计制备二氯化二(乙二胺)合铜的方法,设计测定二氯化二(乙二胺)合铜中铜含量的方法。

(2) 制备二氯化二(乙二胺)合铜。

(3) 测定二氯化二(乙二胺)合铜中铜的含量。

五、注意事项

(1) 合成样品要用乙醇洗涤并抽干。因样品含有结晶水,烘干时温度不要超过 70 ℃。

(2) 为了使 Cu^{2+} 充分被 I^- 还原,在加入 KI 以前,先加入略微过量的 3 mol · L^{-1} H_2SO_4。加入 KI 以后充分振荡碘量瓶并在暗处放置 10 min。

（3）用 $Na_2S_2O_3$ 标准溶液滴定到接近终点时，加入少量 NH_4SCN 溶液，以减少 CuI 对 I_2 的吸附。

六、问题与讨论

（1）本实验中，滴定的速度为什么要快一些？

（2）加入 KI 前，为什么要加入稀硫酸酸化？

实验 52　N,N′-双水杨醛缩乙二胺合铜[Cu(Ⅱ)salen] 配合物的合成

一、实验目的

根据有关原理设计并制备 N,N′-双水杨醛缩乙二胺合铜[Cu(Ⅱ)salen] 配合物，学习如何根据实验原理选择反应仪器、反应原料、反应条件、原料比例等。

二、实验原理

人们为了研究生物体内蛋白质与过渡金属离子配合物所产生的生命活动。常常合成一些结构类似但又简单的配合物，从对这些模拟化合物的研究中可以观察到类似的生命现象。合成 Co-salen 或 Cu-salen 就是这项研究工作的一部分。所谓 salen 是水杨醛（邻羟基苯甲醛）与乙二胺缩合形成的产物。通常醛类与有机胺类缩合形成的产物统称为西佛碱，所以 salen 就是双水杨醛缩乙二胺西佛碱。合成的基本反应如下：

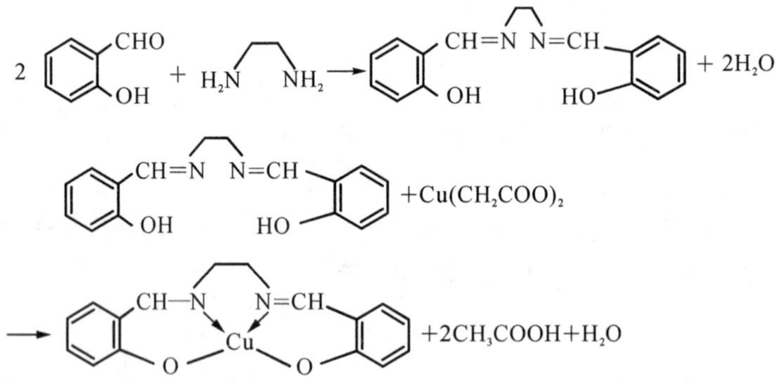

三、实验内容

（1）设计出合理的实验方案。

（2）合成双水杨醛缩乙二胺西佛碱 salen。

（3）合成 Cu-salen。

实验 53　明矾的制备

一、实验目的

根据有关原理设计并制备复盐明矾,学习和认识铝和氢氧化铝的两性,进一步巩固加热、过滤、蒸发和结晶等基本操作。

二、实验原理

铝为两性金属,可溶于氢氧化钠溶液,生成可溶性的铝酸钠。再用碳酸氢铵调节溶液的 pH(pH＝8～9),将铝酸钠转为氢氧化铝沉淀。氢氧化铝溶于硫酸生成硫酸铝,硫酸铝同硫酸钾在水溶液中结合形成溶解度较小的复盐——明矾 $(KAl(SO_4)_2 \cdot 12H_2O,\ M_r=474.39)$。化学反应如下:

$$2Al + 2NaOH + 6H_2O === 2Na[Al(OH)_4] + 3H_2\uparrow$$
$$2Na[Al(OH)_4] + NH_4HCO_3 === 2Al(OH)_3\downarrow + Na_2CO_3 + NH_3\uparrow + 2H_2O$$
$$2Al(OH)_3 + 3H_2SO_4 === Al_2(SO_4)_3 + 6H_2O$$
$$Al_2(SO_4)_3 + K_2SO_4 + 24H_2O === 2KAl(SO_4)_2 \cdot 12H_2O$$

三、仪器与药品

1. 仪器

天平,烧杯,布氏漏斗,抽滤瓶,锥形瓶,量筒,表面皿,蒸发皿。

2. 药品

$NaOH(s)$,$K_2SO_4(s)$,$NH_4HCO_3(s)$,铝屑,H_2SO_4(3 mol·L^{-1}),pH 试纸(1～14)。

四、实验内容

(1) 根据上述原理设计制备 $KAl(SO_4)_2 \cdot 12H_2O$ 的方法。

(2) 制备 $KAl(SO_4)_2 \cdot 12H_2O$。

五、注意事项

(1) 铝与氢氧化钠反应需注意安全,铝屑分多次加入,防止因反应剧烈而使碱液溅入眼中。

(2) 要充分洗涤氢氧化铝沉淀,以免产品不纯。

(3) 合成样品要用乙醇洗涤并抽干,再用滤纸吸干后称重。

六、问题与讨论

(1) 简述明矾的用途。

(2) 制备中如果用 KOH 代替 NaOH,有什么优点?

实验 54　从废铜液中回收硫酸铜

一、实验目的

学习从生产糖精所用催化剂的废液中回收、制备硫酸铜的方法,提高物质循环利用,培养学生环境保护意识。

二、基本原理

本实验是针对工业生产糖精所用催化剂而产生的废铜液,用置换的方法有效地回收铜。首先用废铜液与铁刨花作用,废铜液中的铜离子被还原为金属铜:

$$Cu^{2+} + Fe \Longrightarrow Fe^{2+} + Cu$$

生成的金属铜粉在空气中加热,生成氧化铜,氧化铜再与硫酸反应生成硫酸铜溶液,经结晶得到 $CuSO_4 \cdot 5H_2O$ 晶体。

$$2Cu + O_2 \stackrel{\triangle}{=\!=\!=} 2CuO$$
$$CuO + H_2SO_4 =\!=\!= CuSO_4 + H_2O$$

三、仪器与药品

1. 仪器

电子天平,烧杯,布氏漏斗,抽滤瓶。

2. 药品

废铜液,铁刨花,H_2SO_4(3 mol·L^{-1}),HCl(6 mol·L^{-1})。

四、实验步骤

1. 铁刨花的处理

称取 30 g 铁刨花,加入洗衣粉溶液,加热至沸并不断搅拌,以除去表面的油污。重复操作两次,再用清水漂洗干净。

2. 铜粉的还原

取 300 mL 废铜液加水 100 mL,加入处理的铁刨花,当看到铁刨花表面有红色析出时,加热搅拌使铜粉从铁刨花表面脱落,铁刨花继续和溶液中的铜离子反应,这样循环往复,直至观察到上层清液中不再有 Cu^{2+} 的蓝绿色时,停止加热。将上述反应通过铁丝网筛粉。铜粉随溶液透过铁丝网收集在烧杯里,倾去清液,所得铜粉再用清水洗涤。

3. 盐酸浸泡

用 6 mol·L^{-1} HCl 浸泡铜粉,混杂在铜粉中的铁屑便与盐酸反应,这样可除去混杂在铜粉中的铁屑。倾去清液,再用清水洗涤铜粉 2～3 次。

4. 炒铜粉

将洗净的铜粉转移到蒸发皿中,加热并搅拌,此时红色的铜逐渐转变为黑色的氧化铜。如炒粉过程中发生结块现象,可用研钵研细后再炒,直至黑色不再加深,停止加热。

5. CuSO₄ 晶体的生成

在氧化铜粉末中慢慢滴加 3 mol·L⁻¹的 H_2SO_4 溶液,直至黑色的氧化铜全部溶解,趁热过滤,去除固体杂质,滤液自然冷却,结晶即可得到 $CuSO_4·5H_2O$ 晶体。计算废液中的铜含量。

实验55　废干电池的综合利用(设计实验)

一、实验目的

(1) 了解废干电池对环境的危害以及有效成分的利用方法。

(2) 掌握无机物的提取、制备、提纯、分析等方法与技能。

(3) 学习实验方案的设计。

二、实验原理

日常生活中普遍使用的干电池大多为锌-锰干电池。其负极为电池壳体的锌电极,正极是被二氧化锰(为增强导电能力,填充有炭粉)包围的石墨电极,电解质是氯化锌及氯化铵的糊状物,其结构如图 5-1 所示。

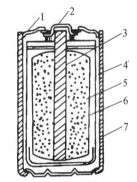

图 5-1　锌-锰干电池构造图
1. 火漆　2. 黄铜帽　3. 石墨
4. 锌筒　5. 去极剂　6. 电解
液+淀粉　7. 厚纸壳

其电池反应为:

$$Zn + 2NH_4Cl + 2MnO_2 = Zn(NH_3)_2Cl_2 + 2MnO(OH)$$

在使用过程中,锌皮消耗最多,二氧化锰只起到氧化作用,糊状氯化铵作为电解质没有被消耗,炭粉是填料。因而回收处理废干电池可以获得多种物质,如铜、锌、二氧化锰、氯化铵和炭棒等,是变废为宝的一种可利用资源的方法。为了防止锌皮因快速消耗而渗漏电解质,通常在锌皮中掺入汞,形成汞齐。因此乱扔废干电池会对环境造成危害。

本实验对废干电池进行如下回收:

$$废干电池 \begin{cases} 锌皮 \rightarrow 制备\ ZnSO_4·7H_2O \\ 回收二氧化锰 \begin{cases} 黑色糊状物 \\ 回收氯化铵 \end{cases} \end{cases}$$

将电池中的黑色混合物溶于水,可得氯化铵和氯化锌混合的溶液。依据两者溶解度的不同可回收氯化铵。氯化铵和氯化锌在不同温度下的溶解度列于表 5-1。

表 5-1　氯化铵和氯化锌的溶解度　　　　　　　　(单位:g/100 g 水)

温度/K	273	283	293	303	313	333	353	363	373
NH₄Cl	29.4	33.2	37.2	31.4	45.8	55.3	65.6	71.2	77.3
ZnCl₂	342	363	395	437	452	488	541	—	614

氯化铵在 100℃ 时开始显著地挥发，338℃ 时解离，350℃ 时升华。

氯化铵产品中的氯化铵含量可由酸碱滴定法测定。氯化铵先与甲醛作用生成六亚甲基四胺和盐酸，后者用氢氧化钠标准溶液滴定。有关反应为：

$$4NH_4Cl + 6HCHO == (CH_2)_6N_4 + 4HCl + 6H_2O$$

黑色混合物中还含有二氧化锰、炭粉和其他少量有机物，它们不溶于水，过滤后存在于滤渣之中。将滤渣加热除去炭粉和有机物后，可得到二氧化锰。

锌皮溶于硫酸可制备 $ZnSO_4 \cdot 7H_2O$。

$ZnSO_4 \cdot 7H_2O$ 极易溶于水（在 20℃ 时 $ZnSO_4 \cdot 7H_2O$ 的溶解度为 53.8 g/100 g 水），不溶于乙醇，39℃ 时溶于结晶水，100℃ 开始失水，在水中水解成酸性。锌皮中所含的杂质铁也同时溶解，除铁后可以得到纯净的 $ZnSO_4 \cdot 7H_2O$。

除铁的方法为：先加少量 H_2O_2 氧化 Fe^{2+} 成为 Fe^{3+}，控制 pH 为 8，使 Zn^{2+} 和 Fe^{3+} 均沉淀为氢氧化物沉淀，再加硫酸控制溶液 pH 为 4，此时氢氧化锌溶解而氢氧化铁不溶解，可过滤除去。

回收时，铜帽可作为实验或生产硫酸铜的原料，炭棒留作电极使用。电池里面的黑色物质是二氧化锰、炭粉、氯化铵、氯化锌等的混合物。这些混合物可以分别加以提取。同学们可利用课外活动时间预先分解废干电池。剖开电池后，再从中选取一项或几项进行实验研究。

三、实验要求

1. 从黑色混合物的滤液中提取氯化铵

要求：

(1) 设计实验方案，提取并提纯氯化铵。

(2) 产品定性检验：① 证实其为铵盐；② 证实其为氯化物；③ 判断有无杂质存在。

(3) 测定产品中 NH_4Cl 的百分含量 *（选做实验）。

提示：

滤液的主要成分为 NH_4Cl 和 $ZnCl_2$，两者在不同温度下的溶解度见表 5 - 1。

2. 从黑色混合物的滤渣中提取二氧化锰

要求：

(1) 设计实验方案，精制二氧化锰。

(2) 设计实验方案，验证二氧化锰的催化作用。

(3) 试验 MnO_2 与盐酸、MnO_2 与 $KMnO_4$ 的反应。

提示：

黑色混合物的滤渣中含有二氧化锰、炭粉和其他少量有机物。用少量水冲洗，滤干固体，灼烧以除去炭粉和有机物。

粗二氧化锰中尚含有一些低价锰和少量其他金属氧化物，应设法除去，以获得精制二氧化锰。纯二氧化锰密度为 5.03 g·cm⁻³，535℃ 时分解为 O_2 和 Mn_2O_3，不溶于水、硝酸及稀 H_2SO_4。

取精制二氧化锰做如下试验：

（1）催化作用　二氧化锰对氯酸钾热分解反应有催化作用。

（2）与浓 HCl 作用　二氧化锰与浓 HCl 发生如下反应：

$$MnO_2 + 4HCl \overset{\triangle}{=\!=\!=} MnCl_2 + Cl_2 \uparrow + 2H_2O$$

（3）MnO_4^{2-} 的生成及歧化反应　在大试管中加入 1 mL 0.002 mol·L^{-1} KMnO$_4$ 及 1 mL 2 mol·L^{-1} NaOH 溶液，再加入少量所制备的 MnO$_2$ 固体。

注意：所设计的实验方法（或采用的装置）要尽可能避免造成实验室空气污染。

3. 由锌壳制取七水硫酸锌

要求：

（1）设计实验方案，以锌壳制备七水硫酸锌。

（2）产品定性检验：① 证实为硫酸盐；② 证实为锌盐；③ 确定不含 Fe^{3+}、Cu^{2+}。

提示：

将洁净的碎锌片以适量的酸溶解。溶液中有 Fe^{3+}、Cu^{2+} 杂质时，设法除去。七水硫酸锌极易溶于水（在 15℃时，无水盐的溶解度为 33.4 g/100 g 水），不溶于乙醇。在 39℃时溶于结晶水，100℃开始失水。在水中水解呈酸性。

四、仪器与药品

1. 仪器

台秤，蒸发皿，布氏漏斗，吸滤瓶，称量瓶，电子天平，碱式滴定管，烧杯，量筒等。

2. 药品

ZnSO$_4$·7H$_2$O(s)，MnO$_2$(s)，NH$_4$Cl(s)，草酸(s)，NaOH(2 mol·L^{-1})，甲醛(40%)，KMnO$_4$(0.002 mol·L^{-1})，H$_2$SO$_4$(2 mol·L^{-1})，HNO$_3$(2 mol·L^{-1})，HCl(2 mol·L^{-1})，H$_2$O$_2$(3%)，AgNO$_3$(0.1 mol·L^{-1})，KSCN(0.5 mol·L^{-1})，酚酞指示剂(0.1%)。

3. 材料

废 1 号干电池，pH 试纸，滤纸，剪刀，钳子，螺丝刀，小刀等。

五、实验参考方案

1. 材料准备

取废 1 号干电池一个，剥去电池外层包装纸，用螺丝刀撬去顶盖，用小刀挖去盖下面的沥青层，用钳子慢慢拔出炭棒（连同铜帽），可留着做电解用的电极。用剪刀把废电池外壳剥开，取出里面黑色的物质，它为二氧化锰、炭粉、氯化铵、氯化锌等的混合物。电池的锌壳可用于制备 ZnSO$_4$·7H$_2$O。

2. 从黑色混合物的滤液中提取氯化铵

称取 20 g 黑色混合物放入烧杯，加入约 50 mL 蒸馏水，搅拌，加热溶解，抽滤，滤液用以提取氯化铵，滤渣留用，以制备二氧化锰及锰的化合物。

把滤液放入蒸发皿，加热蒸发，至滤液中有晶体出现时，改用小火加热，并不断搅拌（以防止局部过热致使氯化铵分解）。待蒸发皿中留有少量母液时，停止加热，冷却后即得氯化铵固体。用滤纸吸干，称量。用酸碱滴定法测定产品中氯化铵的含量（可选做）。

3. 从黑色混合物的滤渣中提取二氧化锰

将上述 20 g 电池黑色混合物的滤渣,用水冲洗 2～3 次,冲洗后将滤渣放入蒸发皿中,先用小火烘干,再在搅拌下用强火灼烧,以除去其中所含的炭粉和有机物。到不冒火星时,再灼烧 5 min～10 min,冷却后即得二氧化锰。用氧化还原滴定法测定得到的二氧化锰的纯度(可选做)。

4. 由废电池锌壳制备 $ZnSO_4 \cdot 7H_2O$

废电池表面剥下的锌壳,可能粘有氯化锌、氯化铵及二氧化锰等杂质,应先用水刷洗除去,然后把锌壳剪碎。锌皮上还可能粘有石蜡、沥青等有机物,用水难以洗净,但它们不溶于酸,可将锌皮溶于酸后过滤除去。

将洁净的 5 g 碎锌片以适量的酸(如 2 mol·L^{-1} H_2SO_4)溶解。加热,待反应较快时停止加热。澄清后过滤。把滤液加热近沸,加入 3‰ H_2O_2 溶液 10 滴,在不断搅拌下滴加 2 mol·L^{-1} NaOH 溶液,逐渐有大量白色氢氧化锌沉淀产生。当加入 NaOH 溶液 20 mL 时,加水 150 mL,充分搅拌下继续滴加至 pH=8 为止(为什么?)。用布氏漏斗减压抽滤,取后期滤液 2 mL,加 2 mol·L^{-1} HNO_3 溶液 2～3 滴和 0.1 mol·L^{-1} $AgNO_3$ 溶液 2 滴,振荡试管,观察现象(可用去离子水代替滤液做对比试验)。如有混浊,说明沉淀中有可溶性杂质,需用去离子水洗涤,直至滤液中不含氯离子时为止,弃去滤液。

将氢氧化锌沉淀转入烧杯中,取 2 mol·L^{-1} H_2SO_4 溶液约 30 mL,滴加到氢氧化锌沉淀中去(不断搅拌),当溶液 pH=4 时,即使还有少量白色沉淀未溶,也不必再加酸,加热搅拌后会逐渐溶解。将溶液加热至沸,促使铁离子水解完全,生成 $Fe(OH)_3$ 沉淀,趁热过滤,弃去沉淀。在除铁的滤液中,滴加 2 mol·L^{-1} H_2SO_4,使溶液 pH=2(为什么?),将其转入蒸发皿中,在水浴上蒸发、浓缩至液面上出现晶膜。自然冷却后,用布氏漏斗减压抽滤,将晶体放在两层滤纸间吸干,称量。计算产品 $ZnSO_4 \cdot 7H_2O$ 的产率。

用 10 mL 蒸馏水溶解 1 g 制得的 $ZnSO_4 \cdot 7H_2O$,设计检验其中的 Cl^- 和 Fe^{3+} 的方法。并与市售的化学纯 $ZnSO_4 \cdot 7H_2O$ 对照。

六、实验结果

产品的外观:_____;产品的质量:_____。

计算氯化铵和二氧化锰的回收,$ZnSO_4 \cdot 7H_2O$ 的产率,并进行纯度检验。

七、问题与讨论

(1) 讨论提高产品质量和产率的措施。

(2) 本方案为什么要用加少量的 H_2O_2 把 Fe^{2+} 氧化为 Fe^{3+}?

(3) 本制备是否还有其他除杂质的方法?

(4) 本方案在制备 $ZnSO_4 \cdot 7H_2O$ 实验过程有几次调节 pH? 分别起何作用?

(5) 设计用酸碱滴定法测定产品中 NH_4Cl 含量的实验步骤。

(6) 请设计实验步骤。设计用氧化-还原滴定法测定得到的 MnO_2 纯度的实验步骤。

(7) 废干电池到底要不要回收? 怎么回收? 为什么?

实验 56 磷化废液的综合利用（设计实验）

一、实验目的

（1）通过查阅资料了解磷化废液。

（2）通过实验探究提取磷化废液中硝酸钠、磷酸三钠和铁红粉的方法。

（3）初步学会设计实验方案，以培养独立分析、解决问题以及设计实验的能力。

二、实验原理

磷化处理通常是指将金属放在含有游离磷酸，$M(H_2PO_4)_2$（M 为锌、锰、铁等重金属）和加速剂（NO_3^-、NO_2^-、ClO_3^- 等氧化剂）的溶液中，在一定条件下（酸度、温度、加速剂浓度、时间等），使金属表面得到一种由重金属的磷酸一氢盐或正磷酸盐所组成的膜的过程，磷化膜具有与基体金属和涂层良好的结合力，因而能提高金属的防锈性能，增强涂层与金属的附着力。使金属的锈蚀时间延长 3～5 倍，是金属前处理的一种有效手段。另外，磷化膜具有良好的润滑性，故被广泛用于金属的冷变形加工（拉管、拉丝、挤压成型等），以延长工具和模具的使用寿命，避免金属拉伤，所以磷化处理目前在轻工、机械制造、冷成型加工等方面广为使用。

根据磷化的温度不同，可将磷化分为：冷磷化，即在温度为 30℃～45℃ 范围内进行；中温磷化，在 50℃～70℃ 范围内进行；高温磷化，在 90℃～98℃ 范围内进行。其中使用最广、效果最好的是中温磷化。中温磷化通常用硝酸盐作为加速剂，由于硝酸盐在整个磷化过程中的消耗是比较慢的，因此最终的磷化废液中含有较多的硝酸盐以及磷酸盐等，主要成分见表 5-2。

表 5-2 中温磷化废液主要成分 （g/L）

成 分	硝酸盐（NO_3^-）	磷酸盐（PO_4^{3-}）	铁（Fe^{3+}）
含 量	80～120	28～35	30～50

由此可见，若将磷化废液直接排放，不仅造成环境污染，而且也是一种浪费。

磷化废液综合利用生产工艺路线如下：

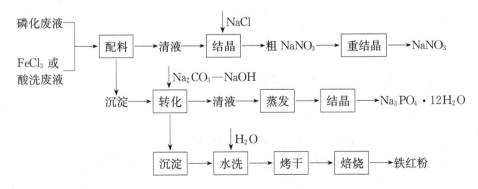

三、仪器与药品

由学生根据实验的实际要求列出所需仪器、药品、材料的清单,经指导教师同意后即可进行实验。

四、实验步骤

1. 硝酸钠的制取

首先清除磷化废液中的上层污物,根据废液中游离 PO_4^{3-} 的浓度(老师提供),加入计量的 $FeCl_3$ 溶液,使磷酸根以铁盐形式沉淀。过滤,滤液用 NaOH 中和至 pH＝6～7,根据测定的 NO_3^- 浓度(老师提供),投入定量的 NaCl,再根据两种盐在不同温度下的溶解度(表 5-3)进行结晶分离。

表 5-3　NaCl、NaNO₃ 不同温度下溶解度　　　　　　　　(g/100 g H₂O)

盐＼温度℃	0	10	20	30	50	80	100
NaCl	35.7	35.8	36.0	36.3	36.8	38.4	39.8
NaNO₃	73	80	88	96	114	148	180

从表 5-3 可以看出,NaCl 溶解度随温度变化极小,而 NaNO₃ 溶解度却随温度的升高而显著增加。因此,可蒸发浓缩,并不断搅拌,使 NaCl 结晶析出,趁热过滤(最好用热过滤法,避免 NaNO₃ 冷却结晶),滤液冷却后可得含少量 NaCl 杂质的 NaNO₃ 晶体。利用重结晶可进一步提纯 NaNO₃。

2. 磷酸三钠的制取

在以上过滤得到的滤饼(磷酸根铁盐沉淀)中加入 20% Na₂CO₃ - NaOH 混合溶液 $(W_{Na_2CO_3} : W_{NaOH} = 2 : 1)$ 使溶液的 pH＝13～14,加热搅拌并维持沸腾 1 h,在 70℃～80℃ 保温静置数小时(使磷酸铁盐转化为氢氧化铁沉淀)。过滤(沉淀用于制取铁红粉),将清液蒸发、浓缩、结晶可得 Na₃PO₄·12H₂O 成品。

3. 铁红粉的制取

将制备磷酸三钠中产生的沉淀用大量清水洗至近中性,离心分离,弃去离心液,将沉淀于 100℃～120℃ 干燥,干燥后的沉淀在 400℃～500℃ 下焙烧 2 h～3 h,自然冷却,粉碎过筛(320 目筛)后可得建筑用铁红粉(又称氧化铁红)。

五、实验数据处理

硝酸钠回收率:＿＿＿＿;磷酸三钠回收率:＿＿＿＿;铁红粉回收率:＿＿＿＿。

六、问题与讨论

(1) 若将 NaCl 改为计量的 KCl 可否制取硝酸钾? 为什么?

(2) 在磷酸三钠制取过程中,需蒸发到什么程度可停止加热开始结晶? 为什么?

实验 57 含铜/铬电镀废水的处理(设计实验)

一、实验目的

(1) 了解含铜/铬电镀废水的处理方法。

(2) 熟悉分光光度计的使用方法。

二、实验原理

随着电镀工业的不断发展,电镀废水的排放量越来越大,环境污染日益严重。电镀废液中含有铬、铜、锌、镍等金属离子,铬的存在形式有 Cr(Ⅲ)和 Cr(Ⅵ),其中 Cr(Ⅵ)的毒性最大,约是 Cr(Ⅲ)的 100 倍,Cr(Ⅵ)可以引起肺癌、肠道疾病和贫血。Cu、Zn、Ni 过量摄入,会对人体产生重大危害。

以 Na_2CO_3 为沉淀剂,沉淀电镀废液中除六价铬以外的金属离子,过滤,在碱性条件下将滤渣用双氧水氧化,将 Cr(Ⅲ)氧化为 Cr(Ⅵ),将两次滤液混合加入硝酸铅,制成铬黄,滤渣加酸溶解,加入 NaOH 溶液,将铜、锌、镍、铅等金属离子沉淀。

三、仪器与药品

1. 仪器

VIS-727 分光光度计,AA-6601 型原子吸收分光光度计(日本岛津)。

2. 药品

材料由学生自行列出,经指导教师同意后即可进行实验。

四、实验步骤

1. 标准曲线的绘制

学生自行设计。

2. 铬离子的去除

将电镀废液放入烧杯中充分搅拌混合,在搅拌的状态下缓慢加入 Na_2CO_3 饱和溶液,调节 pH 到 8.5~9.5,此时溶液中的金属离子除 Cr(Ⅵ)以外会以沉淀的形式析出来,过滤,滤液备用。在碱性条件下将滤渣用双氧水将 Cr(Ⅲ)氧化,过滤,滤液与之前的滤液混合。往滤液中加入硝酸铅,升温到 50℃~60℃搅拌 1 h,过滤,干燥,得黄色沉淀($PbCrO_4$)。滤液加入 NaOH 溶液,过滤,干燥,得白色沉淀($Pb(OH)_2$)。

$$2Cr(OH)_3 + 3H_2O_2 + 4OH^- \!=\!=\! 2CrO_4^{2-} + 8H_2O$$

$$Pb^{2+} + Cr_2O_7^{2-} + H_2O \!=\!=\! 2PbCrO_4 \downarrow + 2H^+$$

$$Pb^{2+} + 2OH^- \!=\!=\! Pb(OH)_2 \downarrow$$

3. 铜、锌、镍离子的去除

双氧水氧化后的滤渣加酸溶解,加入 NaOH 溶液,调 pH 至 8.5~9.5。加入聚合硫酸氯化铝铁(PAFCS)絮凝剂,溶液中的杂质金属离子以氢氧化物的形式沉析出来。反应方程式如下：

$$Cu^{2+} + 2OH^- \rightleftharpoons Cu(OH)_2 \downarrow$$
$$Zn^{2+} + 2OH^- \rightleftharpoons Zn(OH)_2 \downarrow$$
$$Ni^{2+} + 2OH^- \rightleftharpoons Ni(OH)_2 \downarrow$$

静置一段时间,沉淀颗粒沉于烧杯底部,倾斜倒出上层清水,调整 pH 至 7 左右。

4. 处理后的水质情况

测定处理过的废水中铬、铜、锌、镍的含量,并判断其达标情况。

五、实验结果与处理

(1) 铬、铜、锌、镍 $A - c$ 标准曲线的绘制。

(2) 处理后的水质情况。

附　录

附录1　元素的相对原子质量

原子序数	元素名称	元素符号	相对原子质量	原子序数	元素名称	元素符号	相对原子质量
1	氢	H	1.007 94(7)	32	锗	Ge	72.61(2)
2	氦	He	4.002 602(2)	33	砷	As	74.921 60(2)
3	锂	Li	6.941(2)	34	硒	Se	78.96(3)
4	铍	Be	9.012 182(3)	35	溴	Br	79.904(1)
5	硼	B	10.811(7)	36	氪	Kr	83.80(1)
6	碳	C	12.010 7(8)	37	铷	Rb	85.467 8(3)
7	氮	N	14.006 74(7)	38	锶	Sr	87.62(1)
8	氧	O	15.999 4(3)	39	钇	Y	88.905 85(2)
9	氟	F	18.998 403 2(5)	40	锆	Zr	91.224(2)
10	氖	Ne	20.179 7(6)	41	铌	Nb	92.906 38(2)
11	钠	Na	22.989 779 0(2)	42	钼	Mo	95.94(1)
12	镁	Mg	24.305 0(6)	43	锝	Tc	[98]*
13	铝	Al	26.981 538(2)	44	钌	Ru	101.07(2)
14	硅	Si	28.085 5(3)	45	铑	Rh	102.905 50(2)
15	磷	P	30.973 761(2)	46	钯	Pd	106.42(1)
16	硫	S	32.066(6)	47	银	Ag	107.868 2(2)
17	氯	Cl	35.452 7(9)	48	镉	Cd	112.411(8)
18	氩	Ar	39.948(1)	49	铟	In	114.818(3)
19	钾	K	39.098 3(1)	50	锡	Sn	118.719(7)
20	钙	Ca	40.078(4)	51	锑	Sb	121.760(1)
21	钪	Sc	44.955 910(8)	52	碲	Te	127.60(3)
22	钛	Ti	47.867(1)	53	碘	I	126.904 47(3)
23	钒	V	50.941 5(1)	54	氙	Xe	131.29(2)
24	铬	Cr	51.996 1(6)	55	铯	Cs	132.905 45(2)
25	锰	Mn	54.938 049(9)	56	钡	Ba	137.327(7)
26	铁	Fe	55.845(2)	57	镧	La	138.905 5(2)
27	钴	Co	58.933 200(9)	58	铈	Ce	140.116(1)
28	镍	Ni	58.693 4(2)	59	镨	Pr	140.907 65(2)
29	铜	Cu	63.546(3)	60	钕	Nd	144.24(3)
30	锌	Zn	65.39(2)	61	钷	Pm	[145]*
31	镓	Ga	69.723(1)	62	钐	Sm	150.36(3)

原子序数	元素名称	元素符号	相对原子质量	原子序数	元素名称	元素符号	相对原子质量
63	铕	Eu	151.964(1)	88	镭	Ra	[226]*
64	钆	Gd	157.25(3)	89	锕	Ac	(227)*
65	铽	Tb	158.925 34(2)	90	钍	Th	232.038 1(1)*
66	镝	Dy	162.50(3)	91	镤	Pa	231.035 88(2)*
67	钬	Ho	164.930 32(2)	92	铀	U	238.028 9(1)*
68	铒	Er	167.26(3)	93	镎	Np	[237]
69	铥	Tm	168.934 21(2)	94	钚	Pu	[244]*
70	镱	Yb	173.04(3)	95	镅	Am	[243]*
71	镥	Lu	174.967(1)	96	锔	Cm	[247]*
72	铪	Hf	178.49(2)	97	锫	Bk	[247]*
73	钽	Ta	180.947 9(1)	98	锎	Cf	[251]*
74	钨	W	183.84(1)	99	锿	Es	[252]*
75	铼	Re	186.207(1)	100	镄	Fm	[257]*
76	锇	Os	190.23(3)	101	钔	Md	[258]*
77	铱	Ir	192.217(3)	102	锘	No	[259]*
78	铂	Pt	195.078(2)	103	铹	Lr	[260]*
79	金	Au	196.966 55(2)	104	𬬻	Rf	[261]*
80	汞	Hg	200.59(2)	105		Db	[262]*
81	铊	Tl	204.383 3(2)	106		Sg	[263]*
82	铅	Pb	207.2(1)	107		Bh	[264]*
83	铋	Bi	208.980 38(2)	108		Hs	[265]*
84	钋	Po	[209]*	109		Mt	[268]*
85	砹	At	[210]*	110		Uun	[269]*
86	氡	Rn	[222]*	111		Uuu	[272]*
87	钫	Fr	[223]*	112		Uub	[277]*

注：1. 本表相对原子质量引自 1997 年国际相对原子质量表，以 $^{12}C = 12$ 为基准，（ ）内为末尾数的准确度。

2. ［ ］为放射性元素最长寿命同位素的质量数。

3. 带 * 者为放射性元素。

附录 2　常用的量和单位

量的名称	量的符号	单位名称	单位符号	原来名称
质量	m	千克	kg	重量
物质的量	n	摩尔	mol	
体积	V	立方米，升	m^3，L	体积
原子的相对原子量	Ar			原子量

（续表）

量的名称	量的符号	单位名称	单位符号	原来名称
物质的相对分子量	Mr			分子量
摩尔质量	M	克每摩尔	$g \cdot mol^{-1}$	
摩尔体积	Vm	立方米每摩尔	$m^3 \cdot mol^{-1}$	
成分 B 的质量浓度	ρ_B	千克每立方米 千克每升	$kg \cdot m^{-3}$ $kg \cdot L^{-1}$	
成分 B 的质量分数	ω_B			百分含量
成分 B 的浓度或成分 B 的物质的量浓度	c_B	摩尔每升	$mol \cdot L^{-1}$	摩尔浓度

附录 3　常用酸、碱溶液的密度和浓度

一、酸类

化学式	名　称	密度(20℃) $\rho_B(g \cdot mL^{-1})$	质量分数 $\omega_B(\%)$	物质的量浓度 $c_B(mol \cdot L^{-1})$	配制方法
H_2SO_4	浓硫酸	1.84	98	18	
	稀硫酸	1.18	25	3	将 167 mL 浓 H_2SO_4 稀释至 1 L
	稀硫酸	1.06	9	1	将 55 mL 浓 H_2SO_4 稀释至 1 L
HNO_3	浓硝酸	1.42	69	16	
	稀硝酸	1.20	32	6	将 375 mL 浓 HNO_3 稀释至 1 L
	稀硝酸	1.07	12	2	将 125 mL 浓 HNO_3 稀释至 1 L
HCl	浓盐酸	1.19	36～38	11.7～12.5	
	稀盐酸	1.10	20	6	将 498 mL 浓 HCl 稀释至 1 L
	稀盐酸	1.03	7	2	将 165 mL 浓 HCl 稀释至 1 L
H_3PO_4	浓磷酸	1.69	85	14.6	
	稀磷酸	1.15	26	3	将 205 mL 浓 H_3PO_4 稀释至 1 L
$HClO_4$	高氯酸	1.68	70	11.6	
CH_3COOH	冰醋酸	1.05	99	17.5	
	稀醋酸	1.02	12	2	将 116 mL 冰醋酸稀释至 1 L
HF	氢氟酸	1.13	40	23	
H_2S	氢硫酸			0.1	H_2S 气体饱和水溶液(新制)

二、碱类

化学式	名 称	密度(20℃) $\rho_B(g \cdot mL^{-1})$	质量分数 $\omega_B(\%)$	物质的量浓度 $c_B(g \cdot mL^{-1})$	配制方法
$NH_3 \cdot H_2O$	浓氨水	0.88	25～28	12.9～14.8	
	稀氨水	0.96	11	6	将 400 mL 浓氨水稀释至 1 L
	稀氨水	0.98	4	2	将 133 mL 浓氨水稀释至 1 L
$NaOH$	浓氢氧化钠	1.43	40	14	将 572 克 NaOH 用少量水溶解并稀释至 1 L
	稀氢氧化钠	1.22	20	6	将 240 克 NaOH 用少量水溶解并稀释至 1 L
	稀氢氧化钠	1.09	8	2	将 80 克 NaOH 用少量水溶解并稀释至 1 L
$Ba(OH)_2$	饱和氢氧化钡	—	2	0.1	将 16.7 克 Ba(OH)₂ 用 1 L 水溶解
$Ca(OH)_2$	饱和氢氧化钙	—	0.025	—	将 1.9 克 Ca(OH)₂ 用 1 L 水溶解

附录 4　常用缓冲溶液的 pH 范围

缓冲溶液	pK°	pH 有效范围
盐酸-邻苯二甲酸氢钾[HCl - C₆H₄(COO)₂HK]	3.1	2.4～4.0
柠檬酸-氢氧化钠[C₃H₅(COOH)₃ - NaOH]	2.9 4.1 5.8	2.2～6.5
甲酸-氢氧化钠[HCOOH - NaOH]	3.8	2.8～4.6
醋酸-醋酸钠[CH₃COOH - CH₃COONa]	4.8	3.6～5.6
邻苯二甲酸氢钾-氢氧化钾[C₆H₄(COO)₂HK - KOH]	5.4	4.0～6.2
琥珀酸氢钠-琥珀酸钠 [NaOOC(CH₂)₂COOH - NaOOC(CH₂)₂COONa]	5.5	4.8～6.3
柠檬酸氢二钠-氢氧化钠[C₃H₄(COO)₃HNa₂ - NaOH]	5.8	5.0～6.3
磷酸二氢钾-氢氧化钠[KH₂PO₄ - NaOH]	7.2	5.8～8.0

（续表）

缓冲溶液	pK°	pH 有效范围
磷酸二氢钾-硼砂[KH$_2$PO$_4$ - Na$_2$B$_4$O$_7$]	7.2	5.8～9.2
磷酸二氢钾-磷酸氢二钾[KH$_2$PO$_4$ - K$_2$HPO$_4$]	7.2	5.9～8.0
硼酸-硼砂[H$_3$BO$_3$ - Na$_2$B$_4$O$_7$]	9.2	7.2～9.2
硼酸-氢氧化钠[H$_3$BO$_3$ - NaOH]	9.2	8.0～10.0
氯化铵-氨水[NH$_4$Cl - NH$_3$ · H$_2$O]	9.3	8.3～10.3
碳酸氢钠-碳酸钠[NaHCO$_3$ - Na$_2$CO$_3$]	10.3	9.2～11.0
磷酸氢二钠-氢氧化钠[Na$_2$HPO$_4$ - NaOH]	12.4	11.0～12.0

附录 5　常用的酸碱指示剂

一、酸碱指示剂

指示剂名称	变色范围(pH)	颜色变化	溶液配制方法
茜素黄	1.9～3.3	红—黄	0.1％水溶液
甲基橙	3.1～4.4	红—橙黄	0.1％水溶液
溴酚蓝	3.0～4.6	黄—蓝	0.1 g 溴酚蓝溶于 100 mL 20％乙醇中
刚果红	3.0～5.2	蓝紫—红	0.1％水溶液
茜素红	3.7～5.2	黄—紫	0.1％水溶液
溴甲酚绿	3.8～5.4	黄—蓝	0.1 g 溴甲酚绿溶于 100 mL 20％乙醇中
甲基红	4.4～6.2	红—黄	0.1 g 甲基红溶于 100 mL 60％乙醇中
溴百里酚蓝	6.0～7.6	黄—蓝	0.05 g 溴百里酚蓝溶于 100 mL 20％乙醇中
中性红	6.8～8.0	红—黄橙	0.1 g 中性红溶于 100 mL 60％乙醇中
甲酚红	7.2～8.8	亮黄—紫红	0.1 g 甲酚红溶于 100 mL 50％乙醇中
百里酚蓝	第一次变色1.2～2.8 第二次变色8.0～9.6	红—黄 黄—蓝	0.1 g 百里酚蓝溶于 100 mL 20％乙醇中
酚酞	8.2～10.0	无—红	0.1 g 酚酞溶于 100 mL 60％乙醇中
百里酚酞	9.4～10.6	无—蓝	0.1 g 百里酚酞溶于 100 mL 90％乙醇中

二、酸碱混合指示剂

指示剂溶液的组成	变色点 pH	颜　色		备　注
		酸　色	碱　色	
1 份 0.1%甲基黄乙醇溶液 1 份 0.1%亚甲基蓝乙醇溶液	3.25	蓝紫	绿	蓝紫(pH=3.2) 绿(pH=3.4)
1 份 0.1%甲基橙水溶液 1 份 0.25%靛蓝二磺酸钠水溶液	4.1	紫	黄绿	灰(pH=4.1)
3 份 0.1%溴甲酚绿乙醇溶液 1 份 0.2%甲基红乙醇溶液	5.1	酒红	绿	颜色变化显著
1 份 0.1%溴甲酚绿钠盐水溶液 1 份 0.1%氯酚红钠盐水溶液	6.1	黄绿	蓝紫	蓝绿(pH=5.4) 蓝(pH=5.8) 蓝(微带紫色)(pH=6.0) 蓝紫(pH=6.2)
1 份 0.1%中性红乙醇溶液 1 份 0.1%亚甲基蓝乙醇溶液	7.0	蓝紫	绿	蓝紫(pH=7.0)
1 份 0.1%甲酚红钠盐水溶液 3 份 0.1%百里酚蓝钠盐水溶液	8.3	黄	紫	粉色(pH=8.2) 紫(pH=8.4)
1 份 0.1%酚酞乙醇溶液	8.9	绿	紫	浅蓝(pH=8.8) 紫(pH=9.0)
1 份 0.1%酚酞乙醇溶液 1 份 0.1%百里酚乙醇溶液	9.9	无	紫	玫瑰色(pH=9.6) 紫(pH=10.0)

附录 6　弱电解质的解离常数(离子强度近于零的稀溶液,25℃)

一、弱酸的解离常数

名　称	化学式	级	解离常数,K_a	pK_a	名　称	化学式	级	解离常数,K_a	pK_a
砷　酸	H_3AsO_4	1	5.5×10^{-2}	2.26	氢氰酸	HCN		6.2×10^{-10}	9.21
		2	1.7×10^{-7}	6.76	氢氟酸	HF		6.3×10^{-4}	3.20
		3	5.1×10^{-12}	11.29	次溴酸	HBrO		2.06×10^{-9}	8.69
亚砷酸	H_3AsO_3		5.1×10^{-10}	9.29	次氯酸	HClO		2.95×10^{-8}	7.53
正硼酸	H_3BO_3		5.8×10^{-10}	9.24	次碘酸	HIO		3×10^{-11}	10.5
碳　酸	H_2CO_3	1	4.30×10^{-7}	6.37	碘　酸	HIO_3		1.7×10^{-1}	0.78
		2	5.61×10^{-11}	10.25	高碘酸	HIO_4		2.3×10^{-2}	1.64
铬　酸	H_2CrO_4	1	1.8×10^{-1}	0.74	过氧化氢	H_2O_2		2.4×10^{-12}	11.62
		2	3.2×10^{-7}	6.49	硫化氢	H_2S	1	8.9×10^{-8}	7.05

（续表）

名　称	化学式	级	解离常数,K_a	pK_a	名　称	化学式	级	解离常数,K_a	pK_a
硫化氢	H_2S	2	1×10^{-19}	19	焦磷酸	$H_4P_2O_7$	3	2.0×10^{-7}	6.70
亚硫酸	H_2SO_3	1	1.40×10^{-2}	1.85			4	4.8×10^{-10}	9.32
		2	6.00×10^{-8}	7.2	硒　酸	H_2SeO_4	2	2×10^{-2}	1.7
硫　酸	H_3SO_4	2	1.20×10^{-2}	1.92	亚硒酸	H_2SeO_3	1	2.4×10^{-3}	2.62
亚硝酸	HNO_2		5.6×10^{-4}	3.25			2	4.8×10^{-9}	8.32
磷　酸	H_3PO_4	1	7.52×10^{-3}	2.12	硅　酸	H_2SiO_3	1	$1\times10^{-10}(30℃)$	9.9
		2	6.23×10^{-8}	7.21			2	$2\times10^{-12}(30℃)$	11.8
		3	4.8×10^{-13}	12.32	甲　酸	$HCOOH$		$1.7\times10^{-4}(20℃)$	3.75
亚磷酸	H_3PO_3	1	$5\times10^{-2}(20℃)$	1.3	醋　酸	HAc		1.76×10^{-5}	4.75
		2	$2\times10^{-7}(20℃)$	6.70	草　酸	$H_2C_2O_4$	1	5.90×10^{-2}	1.23
焦磷酸	$H_4P_2O_7$	1	1.2×10^{-1}	0.91			2	6.40×10^{-5}	4.19
		2	7.9×10^{-3}	2.10					

二、弱碱的解离常数

名　称	化学式	级	解离常数,K_b	pK_b	名　称	化学式	级	解离常数,K_b	pK_b
氨　水	$NH_3\cdot H_2O$		1.79×10^{-5}	4.75	*氢氧化钙	$Ca(OH)_2$	1	3.74×10^{-3}	2.43
联　氨	NH_2NH_2		$1.2\times10^{-6}(20℃)$	5.9			2	$4\times10^{-2}(30℃)$	1.4
羟　胺	NH_2OH		8.71×10^{-9}	8.06	*氢氧化铅	$Pb(OH)_2$		9.6×10^{-4}	3.02
*氢氧化银	$AgOH$		1.1×10^{-4}	3.96	*氢氧化锌	$Zn(OH)_2$		9.6×10^{-4}	3.02
*氢氧化铍	$Be(OH)_2$	2	5×10^{-11}	10.30					

摘译自：Lide D R, Handbook of Chemistry and Physics, 8—43～8—44,78th Ed. 1997～1998.

　*：摘译自：Weast R C, Handbook of Chemistry and Physics, D159～163, 66th Ed. 1985～1986.

附录7　化合物的溶度积常数（298K）

化合物	溶度积	化合物	溶度积	化合物	溶度积
醋酸盐		CaF_2 *	5.3×10^{-9}	$PbBr_2$	6.60×10^{-6}
$AgAc$ **	1.94×10^{-3}	$CuBr$*	5.3×10^{-9}	$PbCl_2$ *	1.6×10^{-5}
卤化物		$CuCl$*	1.2×10^{-6}	PbF_2	3.3×10^{-8}
$AgBr$ *	5.0×10^{-13}	CuI*	1.1×10^{-12}	PbI_2 *	7.1×10^{-9}
$AgCl$ *	1.8×10^{-10}	Hg_2Cl_2 *	1.3×10^{-18}	SrF_2	4.33×10^{-9}
AgI*	8.3×10^{-17}	Hg_2I_2 *	4.5×10^{-29}	碳酸盐	
BaF_2	1.84×10^{-7}	HgI_2	2.9×10^{-29}	Ag_2CO_3	8.45×10^{-12}

（续表）

化合物	溶度积	化合物	溶度积	化合物	溶度积
$BaCO_3$*	$5.1×10^{-9}$	$Cu(OH)_2$*	$2.2×10^{-20}$	$CoS_{(α-型)}$*	$4.0×10^{-21}$
$CaCO_3$	$3.36×10^{-9}$	$Fe(OH)_2$*	$8.0×10^{-16}$	$CoS_{(β-型)}$*	$2.0×10^{-25}$
$CdCO_3$	$1.0×10^{-12}$	$Fe(OH)_3$*	$4×10^{-38}$	CuS*	$6.3×10^{-36}$
$CuCO_3$*	$1.4×10^{-10}$	$Mg(OH)_2$*	$1.8×10^{-11}$	FeS*	$6.3×10^{-18}$
$FeCO_3$	$3.13×10^{-11}$	$Mn(OH)_2$*	$1.9×10^{-13}$	$HgS(黑色)$*	$1.6×10^{-52}$
Hg_2CO_3	$3.6×10^{-17}$	$Ni(OH)_2(新制备)$*	$2.0×10^{-15}$	$HgS(红色)$*	$4×10^{-53}$
$MgCO_3$	$6.82×10^{-6}$	$Pb(OH)_2$*	$1.2×10^{-15}$	$MnS(晶形)$*	$2.5×10^{-13}$
$MnCO_3$	$2.24×10^{-11}$	$Sn(OH)_2$*	$1.4×10^{-28}$	NiS**	$1.07×10^{-21}$
$NiCO_3$	$1.42×10^{-7}$	$Sr(OH)_2$*	$9×10^{-4}$	PbS*	$8.0×10^{-28}$
$PbCO_3$*	$7.4×10^{-14}$	$Zn(OH)_2$*	$1.2×10^{-17}$	SnS*	$1×10^{-25}$
$SrCO_3$	$5.6×10^{-10}$	草酸盐		SnS_2**	$2×10^{-27}$
$ZnCO_3$	$1.46×10^{-10}$	$Ag_2C_2O_4$	$5.4×10^{-12}$	ZnS**	$2.93×10^{-25}$
铬酸盐		BaC_2O_4*	$1.6×10^{-7}$	磷酸盐	
Ag_2CrO_4	$1.12×10^{-12}$	$CaC_2O_4·H_2O$*	$4×10^{-9}$	Ag_3PO_4*	$1.4×10^{-16}$
$Ag_2Cr_2O_7$*	$2.0×10^{-7}$	CuC_2O_4	$4.43×10^{-10}$	$AlPO_4$*	$6.3×10^{-19}$
$BaCrO_4$*	$1.2×10^{-10}$	$FeC_2O_4·2H_2O$*	$3.2×10^{-7}$	$CaHPO_4$*	$1×10^{-7}$
$CaCrO_4$*	$7.1×10^{-4}$	$Hg_2C_2O_4$	$1.75×10^{-13}$	$Ca_3(PO_4)_2$*	$2.0×10^{-29}$
$CuCrO_4$*	$3.6×10^{-6}$	$MgC_2O_4·2H_2O$	$4.83×10^{-6}$	$Cd_3(PO_4)_2$**	$2.53×10^{-33}$
Hg_2CrO_4*	$2.0×10^{-9}$	$MnC_2O_4·2H_2O$	$1.70×10^{-7}$	$Cu_3(PO_4)_2$	$1.40×10^{-37}$
$PbCrO_4$*	$2.8×10^{-13}$	PbC_2O_4**	$8.51×10^{-10}$	$FePO_4·2H_2O$	$9.91×10^{-16}$
$SrCrO_4$*	$2.2×10^{-5}$	$SrC_2O_4·H_2O$*	$1.6×10^{-7}$	$MgNH_4PO_4$*	$2.5×10^{-13}$
氢氧化物		$ZnC_2O_4·2H_2O$	$1.38×10^{-9}$	$Mg_3(PO_4)_2$	$1.04×10^{-24}$
$AgOH$*	$2.0×10^{-8}$	硫酸盐		$Pb_3(PO_4)_2$*	$8.0×10^{-43}$
$Al(OH)_3(无定形)$*	$1.3×10^{-33}$	Ag_2SO_4*	$1.4×10^{-5}$	$Zn_3(PO_4)_2$*	$9.0×10^{-33}$
$Be(OH)_2(无定形)$*	$1.6×10^{-22}$	$BaSO_4$*	$1.1×10^{-10}$	其他盐	
$Ca(OH)_2$*	$5.5×10^{-6}$	$CaSO_4$*	$9.1×10^{-6}$	$[Ag^+][Ag(CN)_2^-]$*	$7.2×10^{-11}$
$Cd(OH)_2$*	$5.27×10^{-15}$	Hg_2SO_4	$6.5×10^{-7}$	$Ag_4[Fe(CN)_6]$*	$1.6×10^{-41}$
$Co(OH)_2(粉红色)$**	$1.09×10^{-15}$	$PbSO_4$*	$1.6×10^{-8}$	$Cu_2[Fe(CN)_6]$*	$1.3×10^{-16}$
$Co(OH)_2(蓝色)$**	$5.92×10^{-15}$	$SrSO_4$*	$3.2×10^{-7}$	$AgSCN$	$1.03×10^{-12}$
$Co(OH)_3$*	$1.6×10^{-44}$	硫化物		$CuSCN$	$4.8×10^{-15}$
$Cr(OH)_2$*	$2×10^{-16}$	Ag_2S*	$6.3×10^{-50}$	$AgBrO_3$*	$5.3×10^{-5}$
$Cr(OH)_3$*	$6.3×10^{-31}$	CdS*	$8.0×10^{-27}$	$AgIO_3$*	$3×10^{-8}$

（续表）

化合物	溶度积	化合物	溶度积	化合物	溶度积
$Cu(IO_3)_2 \cdot H_2O$	7.4×10^{-8}	$K_2Na[Co(NO_2)_6] \cdot H_2O^*$	2.2×10^{-11}	Ni（丁二酮肟）$_2$**	4×10^{-24}
$KHC_4H_4O_6$（酒石酸氢钾）**	3×10^{-4}	$Na(NH_4)_2[Co(NO_2)_6]^*$	4×10^{-12}	Mg（8-羟基喹啉）$_2$**	4×10^{-16}
Al（8-羟基喹啉）$_3$**	5×10^{-33}			Zn（8-羟基喹啉）$_2$**	5×10^{-25}

摘自 Lide D R，Handbook of Chemistry and Physics，78th Ed. 1997～1998. * 摘自 Dean J A，Lange's Handbook of Chemistry，13th Ed. 1985. ** 摘自其他参考书.

附录 8　一些配离子的标准稳定常数（298.15K）

配离子	$K_f^{\ominus}$	配离子	$K_f^{\ominus}$	配离子	$K_f^{\ominus}$
$AgCl_2^-$	1.84×10^5	$Cd(OH)_4^{2-}$	1.20×10^9	$Fe(NCS)^{2+}$	9.1×10^2
$AgBr_2^-$	1.93×10^{-7}	CdI_4^{2-}	4.05×10^5	$FeCl_2^+$	4.9
AgI_2^-	4.80×10^{10}	$Cd(en)_3^{2+}$	1.2×10^{12}	$Fe(EDTA)^{2-}$	2.1×10^{14}
$Ag(NH_3)^+$	2.07×10^3	$Cd(EDTA)^{2-}$	2.5×10^{16}	$Fe(EDTA)^-$	1.7×10^{24}
$Ag(NH_3)_2^+$	1.67×10^7	$Co(NH_3)_6^{2+}$	1.3×10^5	$HgCl^-$	5.73×10^6
$Ag(CN)_2^-$	2.48×10^{20}	$Co(NH_3)_6^{3+}$	1.6×10^{35}	$HgCl_2$	1.46×10^{13}
$Ag(SCN)_2^-$	2.04×10^8	$Co(EDTA)^{2-}$	2.0×10^{16}	$HgCl_3^-$	9.6×10^{13}
$Ag(S_2O_3)_2^{3-}$	2.9×10^{13}	$Co(EDTA)^-$	1.0×10^{36}	$HgCl_4^{2-}$	1.31×10^{15}
$Ag(en)_2^+$	5.0×10^7	$CuCl_2^-$	6.91×10^4	$HgBr_4^{2-}$	9.22×10^{20}
$Ag(EDTA)^{3-}$	2.1×10^7	$CuCl_3^{2-}$	4.55×10^5	HgI_4^{2-}	5.66×10^{29}
$Al(OH)_4^-$	3.31×10^{33}	$Cu(CN)_2^-$	9.98×10^{23}	HgS_2^{2-}	3.36×10^{51}
AlF_6^{3-}	6.9×10^{19}	$Cu(CN)_3^{2-}$	4.21×10^{28}	$Hg(NH_3)_4^{2+}$	1.95×10^{19}
$Al(EDTA)^-$	1.3×10^{16}	$Cu(CN)_4^{2-}$	2.03×10^{30}	$Hg(CN)_4^{2-}$	1.82×10^{41}
$Ba(EDTA)^{2-}$	6.0×10^7	$Cu(CNS)_4^{3-}$	8.66×10^9	$Hg(CNS)_4^{2-}$	4.98×10^{21}
$Be(EDTA)^{2-}$	2.0×10^9	$Cu(SO_3)_3^{3-}$	4.13×10^8	$Hg(EDTA)^{2-}$	6.3×10^{21}
$BiCl_4^-$	7.96×10^6	$Cu(NH_3)_4^{2+}$	2.30×10^{12}	$Ni(NH_3)_6^{2+}$	8.97×10^8
$BiCl_6^{3-}$	2.45×10^7	$Cu(P_2O_7)_2^{6-}$	8.24×10^8	$Ni(CN)_4^{2-}$	1.31×10^{30}
$BiBr_4^-$	5.92×10^7	$Cu(C_2O_4)_2^{2-}$	2.35×10^9	$Ni(N_2H_4)_6^{2+}$	1.04×10^{12}
BiI_4^-	8.88×10^{14}	$Cu(EDTA)^{2-}$	5.0×10^{18}	$Ni(EDTA)^{2-}$	3.6×10^{18}
$Bi(EDTA)^-$	6.3×10^{22}	FeF^{2+}	7.1×10^6	$PbCl_3^-$	2.72×10
$Ca(EDTA)^{2-}$	1.0×10^{11}	FeF_2^+	3.8×10^{11}	$PbBr_3^-$	1.55×10
$Cd(NH_3)_4^{2+}$	2.78×10^7	$Fe(CN)_6^{3-}$	4.1×10^{52}	PbI_3^-	2.67×10^3
$Cd(CN)_4^{2-}$	1.95×10^{18}	$Fe(CN)_6^{4-}$	4.2×10^{45}	PbI_4^{2-}	1.66×10^4

（续表）

配离子	$K_f^{\ominus}$	配离子	$K_f^{\ominus}$	配离子	$K_f^{\ominus}$
$Pb(CH_3COO)^+$	1.52×10^2	$Pd(CN)_4^{2-}$	5.20×10^{41}	$Zn(OH)_4^-$	2.83×10^{14}
$Pb(CH_3COO)_2$	8.26×10^2	$Pd(CNS)_4^{2-}$	9.43×10^{23}	$Zn(NH_3)_4^{2+}$	3.60×10^8
$Pb(EDTA)^{2-}$	2.0×10^{18}	$Pd(EDTA)^{2-}$	3.2×10^{18}	$Zn(CN)_4^{2-}$	5.71×10^{16}
$PdCl_4^-$	2.10×10^{10}	$PtCl_4^{2-}$	9.86×10^{15}	$Zn(CNS)_4^{2-}$	1.96×10
$PdBr_4^-$	6.05×10^{13}	$PtBr_4^{2-}$	6.47×10^{17}	$Zn(C_2O_4)_2^{2-}$	2.96×10^7
PdI_4^-	4.36×10^{22}	$Pt(NH_3)_4^{2+}$	2.18×10^{35}	$Zn(EDTA)^{2-}$	2.5×10^{16}
$Pd(NH_3)_4^{2+}$	3.10×10^{25}	$Zn(OH)_3^-$	1.64×10^{13}		

本数据根据《NBS化学热力学性质表》（刘天和、赵梦月译，中国标准出版社，1998年6月）中的数据计算得来的。

附录9 某些特殊试剂的配制

试　剂	浓度/(mol·L^{-1})	配　制　方　法
$BiCl_3$	0.1	溶解31.6 g $BiCl_3$于330 mL 6 mol·L^{-1} HCl中，加水稀释至1 L
$SbCl_3$	0.1	溶解22.8 g $SbCl_3$于330 mL 6 mol·L^{-1} HCl中，加水稀释至1 L
$SnCl_2$	0.1	22.6 g $SnCl_3 \cdot 2H_2O$加到330 mL 6 mol·L^{-1} HCl中加热溶解后，加水稀释至1 L，加入数粒纯锡，以防氧化
$Hg(NO_3)_2$	0.1	溶解33.4 g $Hg(NO_3)_2 \cdot 0.5H_2O$于0.6 mol·L^{-1} HNO$_3$中，加水稀释至1 L
$Hg_2(NO_3)_2$	0.1	溶解56.1 g $Hg_2(NO_3)_2 \cdot 2H_2O$于0.6 mol·L^{-1} HNO$_3$中，加水稀释至1 L，并加稍许汞
$(NH_4)_2CO_3$	1	96 g研细的$(NH_4)_2CO_3$溶于1 L 2 mol·L^{-1}氨水中
$(NH_4)_2SO_4$	饱和	50 g $(NH_4)_2SO_4$溶于100 mL热水，冷却后过滤
$FeCl_3$	0.5	135.2 g $FeCl_3 \cdot 6H_2O$溶于100 mL 6 mol·L^{-1} HCl中，加水稀释至1 L
$CrCl_3$	0.1	26.7 g $CrCl_3 \cdot 6H_2O$溶于30 mL 6 mol·L^{-1} HCl中，加水稀释至1 L
$Pb(NO_3)_2$	0.25	83 g $Pb(NO_3)_2$溶于少量水中，加入15 mL 6 mol·L^{-1} HNO$_3$，加水稀释至1 L
$FeSO_4$	0.5	69.5 g $FeSO_4 \cdot 7H_2O$溶于适量水中，加入5 mL浓硫酸，再加水稀释至1 L，置入小铁钉数枚
$Na[Sb(OH)_6]$	0.1	溶解12.2 g锑粉于50 mL浓HNO$_3$中微热，使锑粉全部作用成白色粉末，用倾析法洗涤数次，然后加入50 mL 6 mol·L^{-1} NaOH，使之溶解后加水稀释至1 L

（续表）

试　剂	浓度/$(mol \cdot L^{-1})$	配 制 方 法
$Na_3[Co(NO_2)_6]$		溶解 230 个 $NaNO_2$ 于 500 mL 水中，加入 165 mL 6 mol·L^{-1} HAc 和 30 g $Co(NO_3)_2$·$6H_2O$，放置 24 小时，取其清液，稀释至 1 L，保存在棕色瓶中。此溶液为橙色，若变红色，表示已分解，应重新配制
醋酸铀酰锌		(1) 10 g $UO_2(Ac)_2$·$2H_2O$ 和 6 mL 6 mol·L^{-1} HAc 溶于 50 mL 水中 (2) 30 g $Zn(Ac)_2$·$2H_2O$ 和 3 mL 6 mol·L^{-1} HCl 溶于 50 mL 水中 将 (1) 和 (2) 两种溶液混合，24 h 后取清液使用
Na_2S	1	溶解 120 g Na_2S·$9H_2O$ 和 20 g NaOH 于水中，稀释至 1 L
$(NH_4)_6Mo_7O_{24}$	0.1	溶解 $(NH_4)_6Mo_7O_{24}$·$4H_2O$ 于 1 L 水中，将所得溶液倒入 1 L 6 mol·L^{-1} HNO_3 中，放置 24 h，取其清液
$(NH_4)_2S$	3	取一定量的氨水，将其均分为 2 份，往其中一份通 H_2S 气体至饱和，再与另一份氨水混合即可
$K_3[Fe(CN)_6]$		取 0.7～1 g $K_3[Fe(CN)_6]$ 溶解于水中，稀释至 100 mL（使用前临时配制）
硫代乙酰胺	50 g·L^{-1}	5 g 硫代乙酰胺溶于 100 mL 水中
钙指示剂	2 g·L^{-1}	0.2 g 钙指示剂溶于 100 mL 水中
二苯胺		将 1 g 二苯胺在搅拌下溶于 100 mL 98％浓硫酸或 100 mL 85％浓磷酸中
镍试剂（丁二酮肟）		溶解 10 g 丁二酮肟于 1 L 95％乙醇中
镁试剂		溶解 0.01 g 镁试剂于 1 L 1 mol·L^{-1} NaOH 溶液中
铝试剂		1 g 铝试剂溶于 1 L 水中
奈氏试剂		溶解 115 g HgI_2 和 80 g KI 于水中，稀释至 500 mL，加入 500 mL 6 mol·L^{-1} NaOH 溶液，静置后，取其清液，保存在棕色瓶中
对氨基苯磺酸	0.34	0.5 g 对氨基苯磺酸溶于 150 mL 2 mol·L^{-1} HAc 溶液中
α-萘胺	0.12	0.3 g α-萘胺加 20 mL 水，加热煮沸，在所得溶液中加入 150 mL 2 mol·L^{-1} HAc
碘　液	0.01	溶解 1.3 g 碘和 5 g KI 于尽可能少的水中，加水稀释至 1 L
淀粉溶液	2 g·L^{-1}	将 0.2 g 淀粉和少量的冷水调成糊状，倒入 100 mL 沸水中，煮沸后冷却即可
石　蕊		2 g 石蕊溶于 50 mL 水中，静置一昼夜后过滤。在滤液中加 30 mL 95％乙醇，再加水稀释至 100 mL
品　红		0.1％ 的水溶液
NH_3-NH_4Cl 缓冲溶液	pH＝10	20 g NH_4Cl 溶液适量水中，加入 100 mL 浓氨水，混合后稀释至 1 L

附录 10　常见离子和化合物的颜色

一、离子

序　号	物　　质	颜　色	序　号	物　　质	颜　色
1. 铬	$[Cr(H_2O)_6]^{2+}$	天蓝色	5. 钴	$[Co(H_2O)_6]^{2+}$	粉红色
	$[Cr(H_2O)_6]^{3+}$	蓝紫色		$[Co(NH_3)_6]^{2+}$	土黄色
	$[Cr(NH_3)_6]^{3+}$	黄　色		$[Co(NH_3)_6]^{3+}$	红棕色
	$[Cr(H_2O)_5Cl]^{2+}$	蓝绿色		$[CoCl(NH_3)_6]^{2+}$	红紫色
	$[Cr(H_2O)_4Cl_2]^+$	绿　色		$[Co(NH_3)_5(H_2O)]^{3+}$	粉红色
	$[Cr(OH)_4]^-$	亮绿色		$[Co(NH_3)_4(CO_3)]^+$	紫红色
	$[Cr(NH_3)_2(H_2O)_4]^{3+}$	紫红色		$[Co(CN)_6]^{3-}$	紫　色
	$[Cr(NH_3)_3(H_2O)_3]^{3+}$	浅红色		$[Co(SCN)_4]^{2-}$	蓝　色
	$[Cr(NH_3)_4(H_2O)_2]^{3+}$	橙红色	6. 铜	$[Cu(H_2O)_4]^{2+}$	蓝　色
	$[Cr(NH_3)_5(H_2O)]^{3+}$	橙黄色		$[Cu(NH_3)_4]^{2+}$	深蓝色
	$[Cr(NH_3)_6]^{3+}$	黄　色		$[Cu(OH)_4]^{2-}$	亮蓝色
	CrO_4^{2-}	黄　色		$[CuCl_2]^-$	无　色
	$Cr_2O_7^{2-}$	橙　色		$[Cu(NH_3)_2]^+$	无　色
2. 钛	$[Ti(H_2O)_6]^{3+}$	紫　色		$[CuCl_4]^{2-}$	黄　色
	$[Tio(H_2O_2)]^{3+}$	橘黄色	7. 锰	$[Mn(H_2O)_6]^{2+}$	肉　色
	$[TiCl(H_2O)_5]^{2+}$	绿　色		MnO_4^{2-}	绿　色
	TiO^{2+}	无　色		MnO_4^-	紫红色
3. 碘	I_3^-	浅棕黄色	8. 钒	$[V(H_2O)_6]^{2+}$	蓝紫色
4. 铁	$[Fe(H_2O)_6]^{2+}$	浅绿色		$[V(H_2O)_6]^{3+}$	绿　色
	$[Fe(H_2O)_6]^{3+}$	浅紫色[①]		VO^{2+}	蓝　色
	$[Fe(NCS)_n]^{3-n}$	血红色($n\leqslant 6$)		VO_2^+	黄　色
	$[Fe(CN)_6]^{4-}$	黄　色		$[VO_2(O_2)_2]^{3-}$	黄　色
	$[Fe(CN)_6]^{3-}$	红棕色		$[V(O_2)]^{3+}$	深红色
	$[FeCl_6]^{3-}$	黄　色	9. 镍	$[Ni(H_2O)_6]^{2+}$	亮绿色
	$[FeF_6]^{3-}$	无　色		$[Ni(NH_3)_6]^{2+}$	蓝　色
	$[Fe(C_2O_4)_3]^{3-}$	黄　色		$[Ni(NH_3)_6]^{3+}$	蓝紫色

二、化合物

序　号	物　质	颜　色	序　号	物　　质	颜　色
1. 氧化物	Ag_2O	褐　色	2. 氢氧化物	$Cd(OH)_2$	白　色
	Bi_2O_3	黄　色		$Fe(OH)_2$	白色或苍绿色
	CdO	棕黄色		$Fe(OH)_3$	红棕色
	CoO	灰绿色		$Co(OH)_2$	粉红色
	Co_2O_3	黑　色		$CoO(OH)$	褐　色
	Cr_2O_3	绿　色		$Cr(OH)_3$	灰绿色
	CrO_3	橙红色		$Cu(OH)$	黄　色
	CuO	黑　色		$Cu(OH)_2$	浅蓝色
	Cu_2O	暗红色		$Mg(OH)_2$	白　色
	FeO	黑　色		$Mn(OH)_2$	白　色
	Fe_2O_3	棕红色		$MnO(OH)_2$	棕黑色
	Fe_3O_4	红　色		$Ni(OH)_2$	绿　色
	Hg_2O	黑　色		$NiO(OH)$	黑　色
	HgO	红色或黄色		$Pb(OH)_2$	白　色
	MnO_2	黑　色		$Sb(OH)_3$	白　色
	MoO_2	铅灰色		$Sn(OH)_2$	白　色
	NiO	暗绿色		$Sn(OH)_4$	白　色
	Ni_2O_3	黑　色		$Zn(OH)_2$	白　色
	PbO	黄　色	3. 氯化物	$AgCl$	白　色
	PbO_2	棕褐色		$BiOCl$	白　色
	Pb_3O_4	红　色		$CoCl_2$	蓝　色
	Pb_2O_3	橙　色		$CoCl_2 \cdot H_2O$	蓝棕色
	Sb_2O_3	白　色		$CoCl_2 \cdot 2H_2O$	紫红色
	TiO_2	白　色		$CoCl_2 \cdot 6H_2O$	粉红色
	V_2O_5	红棕色		$Co(OH)Cl$	蓝　色
	VO	亮灰色		$CrCl_3 \cdot 6H_2O$	绿　色
	WO_2	棕红色		$CuCl_2 \cdot 2H_2O$	蓝　色
	ZnO	白　色		$CuCl_2$	白　色
2. 氢氧化物	$Al(OH)_3$	白　色		$FeCl_3 \cdot 6H_2O$	棕黄色
	$Bi(OH)_3$	白　色		Hg_2Cl_2	白　色
	$BiO(OH)$	灰黄色		$Hg(NH_2)Cl$	白　色

（续表）

序　号	物　质	颜　色	序　号	物　质	颜　色
3. 氯化物	$PbCl_2$	白　色	6. 硫化物	Sb_2S_3	橙　色
	$SbOCl$	白　色		Sb_2S_5	橙　色
	$Sn(OH)Cl$	白　色		SnS	褐　色
	$TiCl_2$	黑　色		SnS_2	黄　色
	$TiCl_2 \cdot 6H_2O$	棕色或绿色		ZnS	白　色
4. 溴化物	$AgBr$	浅黄色	7. 硫酸盐	Ag_2SO_4	白　色
	$CuBr_2$	黑紫色		$BaSO_4$	白　色
	$PbBr_2$	白　色		$CaSO_4$	白　色
5. 碘化物	AgI	黄　色		$CoSO_4 \cdot 7H_2O$	红　色
	BiI_3	褐　色		$Cr_2(SO_4)_3$	桃红色
	CuI	白　色		$Cr_2(SO_4)_3 \cdot 18H_2O$	紫　色
	Hg_2I_2	黄绿色		$Cr_2(SO_4)_3 \cdot 6H_2O$	绿　色
	HgI_2	红　色		$Cu(OH)_2SO_4$	浅蓝色
	PbI_2	黄　色		$CuSO_4 \cdot 5H_2O$	蓝　色
	SbI_2	黄　色		$[Fe(NO)]SO_4$	深棕色
	TiI_4	暗棕色		$(NH_4)_2Fe(SO_4)_2 \cdot 6H_2O$	浅绿色
6. 硫化物	Ag_2S	黑　色		$NH_4Fe(SO_4)_2 \cdot 12H_2O$	浅紫色
	As_2S_3	黄　色		$HgSO_4$	白　色
	As_2S_5	黄　色		$HgSO_4 \cdot HgO$	黄　色
	Bi_2S_3	黑　色		$PbSO_4$	白　色
	Bi_2S_5	黑褐色		$SrSO_4$	白　色
	CdS	黄　色	8. 碳酸盐	Ag_2CO_3	白　色
	CoS	黑　色		$BaCO_3$	白　色
	Cu_2S	黑　色		$Bi(OH)CO_3$	白　色
	CuS	黑　色		$CaCO_3$	白　色
	FeS	黑　色		$CdCO_3$	白　色
	Fe_2S_3	黑　色		$Cd_2(OH)_2CO_3$	白　色
	HgS	红色或黑色		$Co_2(OH)_2CO_3$	红　色
	MnS	肉　色		$Cu_2(OH)_2CO_3$	蓝色或暗绿色
	NiS	黑　色		$FeCO_3$	白　色
	PbS	黑　色		Hg_2CO_3	浅黄色

序　号	物　质	颜　色	序　号	物　质	颜　色
8. 碳酸盐	$Hg_2(OH)_2CO_3$	红褐色	12. 草酸盐	$Ag_2C_2O_4$	白　色
	$Mg_2(OH)_2CO_3$	白　色		BaC_2O_4	白　色
	$MnCO_3$	白　色		CaC_2O_4	白　色
	$Ni_2(OH)_2CO_3$	浅绿色		$FeC_2O_4 \cdot 2H_2O$	浅黄色
	$Pb_2(OH)_2CO_3$	白　色		PbC_2O_4	白　色
	$SrCO_3$	白　色	13. 拟卤化物	$AgCN$	白　色
	$Zn_2(OH)_2CO_3$	白　色		$CuCN$	白　色
9. 磷酸盐	Ag_3PO_4	黄　色		$Cu(CN)_2$	黄　色
	$BaHPO_4$	白　色		$Ni(CN)_2$	浅绿色
	$CaHPO_4$	白　色		$AgSCN$	白　色
	$Ca_3(PO_4)_2$	白　色		$Cu(SCN)_2$	暗绿色
	$FePO_4$	浅黄色	14. 其他含氧酸盐	Ag_3AsO_4	红褐色
	NH_4MgPO_4	白　色		NH_4MgAsO_4	白　色
10. 硅酸盐	Ag_2SiO_3	黄　色		$NaBiO_3$	浅黄色
	$BaSiO_3$	变　色		$SrSO_3$	白　色
	$CoSiO_3$	紫　色		$BaSO_3$	白　色
	$CuSiO_3$	蓝　色		$Ag_2S_2O_3$	白　色
	$Fe_2(SiO_3)_2$	棕红色		BaS_2O_3	白　色
	$MnSiO_3$	肉　色	15. 其他化合物	$Ag_4[Fe(CN)_6]$	白　色
	$NiSiO_3$	翠绿色		$Ag_3[Fe(CN)_6]$	橙　色
	$ZnSiO_3$	白　色		$Cd_2[Fe(CN)_6]$	白　色
11. 铬酸盐	Ag_2CrO_4	砖红色		$Co_2[Fe(CN)_6]$	绿　色
	$BaCrO_4$	黄　色		$Cu_2[Fe(CN)_6]$	棕红色
	$CaCrO_4$	黄　色		$Mn_2[Fe(CN)_6]$	白　色
	$CdCrO_4$	黄　色		$Ni_2[Fe(CN)_6]$	浅绿色
	$FeCrO_4 \cdot 2H_2O$	黄　色		$Pb_2[Fe(CN)_6]$	白　色
	$HgCrO_4$	红　色		$Zn_2[Fe(CN)_6]$	白　色
	Hg_2CrO_4	棕　色		$Zn_3[Fe(CN)_6]_2$	黄褐色
	$PbCrO_4$	黄　色		$K_2Ba[Fe(CN)_6]$	白　色
	$SrCrO_4$	浅黄色		$K[Fe(CN)_6Fe]$	深蓝色
				$K_3[Co(NO_2)_6]$	黄　色

（续表）

序　号	物　质	颜　色	序　号	物　质	颜　色
15. 其他化合物	$K_2Na[Co(NO_2)_6]$	黄　色	15. 其他化合物	$(NH_4)_3PO_4 \cdot 12MoO_3 \cdot 6H_2O$	黄　色
	$(NH_4)_2Na[Co(NO_2)_6]$	黄　色		二(丁二酮肟)合镍(Ⅱ)	桃红色
	$K_2[PtCl_6]$	黄　色		$\left[O\begin{smallmatrix}Hg\\ \\Hg\end{smallmatrix}NH_2\right]I$	红棕色
	$KHC_4H_4O_6$	白　色			
	$Na[Sb(OH)_6]$	白　色			
	$Na_2[Fe(CN)_5NO] \cdot 2H_2O$	红　色		$\left[\begin{smallmatrix}I—Hg\\ \\I—Hg\end{smallmatrix}NH_2\right]I$	深褐色或红棕色
	$NaAc \cdot Zn(Ac)_2 \cdot 3[UO_2(Ac)_2] \cdot 9H_2O$	黄　色			
	$(NH_4)_2MoS_4$	血红色			

附录 11　常见阴、阳离子的主要鉴定方法

一、常见阳离子的主要鉴定方法

离　子	试　剂	鉴定反应	介质条件	主要干扰离子
NH_4^+	NaOH	$NH_4^+ + OH^- \xrightarrow{\triangle} NH_3 \uparrow + H_2O$ NH_3 使红色石蕊试纸变蓝	强碱性	CN^-
	奈斯勒试剂(四碘合汞(Ⅱ)酸钾碱性溶液)	$NH_4^+ + 2[HgI_4]^{2-} + 4OH^- \longrightarrow Hg_2NI \downarrow + 7I^- + 4H_2O$ (棕色)	碱　性	Fe^{3+}、Cr^{3+}、Co^{2+}、Ni^{2+}、Ag^+、Hg^{2+} 等能与奈斯勒试剂形成有色沉淀
Na^+	KH_2SbO_4	$Na^+ + H_2SbO_4^- \longrightarrow NaH_2SbO_4 \downarrow$ (白色)	中性或弱碱性	NH_4^+、碱金属以外的金属离子
	醋酸铀酰锌	$Na^+ + Zn^{2+} + 3UO_2^{2+} + 9OAc^- + 9H_2O \longrightarrow NaZn(UO_2)_3(OAc) \cdot 9H_2O \downarrow$ (淡黄绿色)	中性或弱酸性	K^+、Ag^+、Hg_2^{2+}、Sb^{3+} 等
	焰色反应	挥发性钠盐在火焰(氧化焰)中燃烧,火焰呈黄色		
K^+	$Na_3[Co(NO_2)_6]$	$2K^+ + Na^+ + [Co(NO_2)_6]^{3-} \longrightarrow K_2Na[Co(NO_2)_6] \downarrow$ (亮黄色)	中性或弱酸性	NH_4^+、Be^{2+}、Fe^{3+}、Cu^{2+}、Co^{2+}、Ni^{2+} 等
	焰色反应	挥发性钾盐在火焰(氧化焰)中燃烧,火焰呈紫色		Na^+ 存在干扰,用蓝色钴玻璃片观察可消除 Na^+ 的干扰

（续表）

离　子	试　剂	鉴定反应	介质条件	主要干扰离子
Mg^{2+}	镁试剂（对硝基偶氮间苯二酚）	$Mg^{2+}+$镁试剂$\longrightarrow$天蓝色沉淀	强碱性	Fe^{3+}、Cr^{3+}、Co^{2+}、Ni^{2+}、Ag^+、Hg^{2+}、Cu^{2+}、Mn^{2+}等能与镁试剂形成有色沉淀
Ba^{2+}	K_2CrO_4	$Ba^{2+}+CrO_4^{2-}\longrightarrow BaCrO_4\downarrow$（黄色）	中性或弱酸性	Sr^{2+}、Pb^{2+}、Ni^{2+}、Ag^+、Zn^{2+}、Cu^{2+}、Bi^{3+}、Hg^{2+}等能与CrO_4^{2-}形成有色沉淀
	玫瑰红酸钠	玫瑰红酸钠$+Ba^{2+}\longrightarrow$红棕色$\downarrow$	中性或弱酸性	Sr^{2+}、Pb^{2+}、Ag^+等
	焰色反应	挥发性钡盐在火焰（氧化焰）中燃烧，火焰呈黄绿色		
Ca^{2+}	$(NH_4)_2C_2O_4$	$Ca^{2+}+C_2O_4^{2-}\longrightarrow CaC_2O_4\downarrow$（白色）	中性或碱性	Cu^{2+}、Pb^{2+}、Cd^{2+}、Ag^+、Hg^{2+}、Hg_2^{2+}等能与$C_2O_4^{2-}$形成沉淀
	焰色反应	挥发性钙盐在火焰（氧化焰）中燃烧，火焰呈砖红色		
Sr^{2+}	玫瑰红酸钠	玫瑰红酸钠$+Sr^{2+}\longrightarrow$红棕色$\downarrow$	中性或弱酸性	Ba^{2+}、Pb^{2+}、Ag^+等
	$(NH_4)_2SO_4$	$Sr^{2+}+SO_4^{2-}\longrightarrow SrSO_4\downarrow$（白色）		Ba^{2+}、Pb^{2+}等
	焰色反应	挥发性锶盐在火焰（氧化焰）中燃烧，火焰呈洋红色		
Al^{3+}	铝试剂（金黄色素三羧酸铵）	$Al^{3+}+$铝试剂$\longrightarrow$红色絮状$\downarrow$	$pH=4\sim5$	Fe^{3+}、Ti^{4+}、Cr^{3+}、Mn^{2+}、Co^{2+}等
	茜素-S（茜素磺酸钠）	$Al^{3+}+$茜素-S$\longrightarrow$玫瑰红色$\downarrow$	$pH=4\sim9$	Fe^{2+}、Cr^{3+}、Mn^{2+}及大量Cu^{2+}等
Sn^{2+}	$HgCl_2$	$Sn^{2+}+2HgCl_2+4Cl^-\longrightarrow Hg_2Cl_2\downarrow+[SnCl_6]^{2-}$（白色） $Sn^{2+}+Hg_2Cl_2+4Cl^-\longrightarrow 2Hg\downarrow+[SnCl_6]^{2-}$（黑色）	酸　性	
Pb^{2+}	K_2CrO_4	$Pb^2+CrO_4^{2-}\longrightarrow PbCrO_4\downarrow$（黄色）	中性或弱酸性	Ba^{2+}、Sr^{2+}、Hg^{2+}、Bi^{3+}、Ag^+、Ni^{2+}、Zn^{2+}等
	稀H_2SO_4、Na_2S	$Pb^2+SO_4^{2-}\longrightarrow PbSO_4\downarrow$（白色） $PbSO_4+S^{2-}\longrightarrow PbS\downarrow+SO_4^{2-}$（黑色）	弱酸性	Ag^+、Hg_2^{2+}等
	玫瑰红酸钠	玫瑰红酸钠$+Pb^{2+}\longrightarrow$紫红色$\downarrow$	中性或弱酸性	Ag^+、Hg_2^{2+}、Sr^{2+}、Ba^{2+}等

（续表）

离　子	试　剂	鉴定反应	介质条件	主要干扰离子
Sb^{3+}	Sn 片	$2Sb^{3+}+3Sn \longrightarrow 2Sb\downarrow +$ （黑色） $3Sn^{2+}$	酸　性	Ag^+、AsO_2^-、Bi^{3+} 等
Bi^{3+}	$Na_2[Sn(OH)_4]$	$2Bi^{3+}+3[Sn(OH)_4]^{2-}+$ $6OH^- \longrightarrow 2Bi\downarrow +$ （黑色） $3[Sn(OH)_6]^{2-}$	强碱性	Hg^{2+}、Hg_2^{2+}、Pb^{2+} 等
Cu^{2+}	$K_4[Fe(CN)_6]$	$2Cu^{2+}+[Fe(CN)_6]^{4-} \longrightarrow$ $Cu_2[Fe(CN)_6]\downarrow$ （红褐色）	中性或酸性	Fe^{3+}、Bi^{3+}、Co^{2+} 等
Ag^+	HCl、氨水、HNO_3	$Ag^++Cl^- \longrightarrow AgCl\downarrow$ （白色） $AgCl+2NH_3 \cdot H_2O \longrightarrow$ $[Ag(NH_3)_2]^++Cl^-+2H_2O$ $[Ag(NH_3)_2]^+ + Cl^- +$ $2H^+ \longrightarrow AgCl\downarrow +2NH_4^+$ （白色）	酸　性	
	K_2CrO_4	$2Ag^++CrO_4^{2-} \longrightarrow Ag_2CrO_4\downarrow$ （砖红色）	中性或弱酸性	Hg^{2+}、Hg_2^{2+}、Pb^{2+}、Ba^{2+} 等
Zn^{2+}	（NH_4）$_2$S 或碱金属硫化物	$Zn^{2+}+S^{2-} \longrightarrow ZnS\downarrow$ （白色）	$c(H^+)<$ $0.3\,mol \cdot L^{-1}$	
	二苯硫腙	$Zn^{2+}+$二苯硫腙$\longrightarrow$水层呈粉红色	强碱性	Cu^{2+}、Ag^+、Hg^{2+}、Bi^{3+}、Cd^{2+}、Pb^{2+}、Al^{3+}、Cr^{3+}、Fe^{3+}、Ni^{2+}、Co^{2+}、Mn^{2+} 等
Cd^{2+}	H_2S 或 Na_2S	$Cd^2+H_2S \longrightarrow CdS\downarrow +2H^+$ （黄色） $Cd^{2+}+S^{2-} \longrightarrow CdS\downarrow$（黄色）		能形成有色硫化物沉淀的离子
	镉试剂（对硝基重氮氨基偶氮苯）	$Cd^{2+}+$镉试剂$\longrightarrow$红色$\downarrow$	弱酸性	Cu^{2+}、Ag^+、Hg^{2+}、Ni^{2+}、Fe^{3+}、Cr^{3+}、Co^{2+}、Mn^{2+} 等
Hg_2^{2+}	$SnCl_2$	$Sn^{2+}+Hg_2^{2+}+6Cl^- \longrightarrow$ $2Hg\downarrow +[SnCl_6]^{2-}$ （黑色）	酸　性	Hg^{2+} 等
	KI、氨水	$Hg_2^{2+}+2I^- \longrightarrow Hg_2I_2\downarrow$ （黄绿色） $Hg_2I_2+2NH_3 \longrightarrow$ $Hg(NH_2)I\downarrow + Hg\downarrow +$ （黑色） $NH_4^++I^-$	中性或弱酸性	Ag^+ 等

（续表）

离　子	试　剂	鉴定反应	介质条件	主要干扰离子
Hg^{2+}	$SnCl_2$	见 Sn^{2+} 鉴定	酸性	Hg_2^{2+} 等
	Cu 片	$Hg^{2+}+Cu \longrightarrow Cu^{2+}+Hg \downarrow$ 在 Cu 片上生成白色光亮斑点，加热后褪去	弱酸性	Hg_2^{2+} 等
	KI、氨水或 NH_4^+ 盐的浓碱溶液	$Hg^{2+}+2I^-$（过量）$\longrightarrow HgI_2 \downarrow$ （红色） HgI_2+2I^-（过量）$\longrightarrow [HgI_4]^{2-}$ $2[HgI_4]^{2-}+NH_4^++4OH^-$ $\longrightarrow Hg_2NI\downarrow+7I^-+4H_2O$ （棕色）		
Ti^{4+}	H_2O_2	$Ti^{4+}+H_2O_2+SO_4^{2-} \longrightarrow$ $[Ti(O_2)(SO_4)]^{2-}+2H^+$ （橙色）	酸　性	F^-、Fe^{3+}、CrO_4^{2-}、MnO_4^- 等
Cr^{3+}	NaOH、H_2O_2、Pb^{2+} 盐或 Ag^+ 盐或 Ba^{2+} 盐	$Cr^{3+}+3OH^-$（过量）$\longrightarrow$ $[Cr(OH)_4]^-$ $2Cr(OH)_4^-+3H_2O_2+$ $2OH^- \longrightarrow 2CrO_4^{2-}+8H_2O$ $CrO_4^{2-}+Pb^{2+} \longrightarrow PbCrO_4\downarrow$ （黄色） $CrO_4^{2-}+2Ag^+ \longrightarrow Ag_2CrO_4\downarrow$ （砖红色） $CrO_4^{2-}+Ba^{2+} \longrightarrow BaCrO_4\downarrow$ （黄色）		Ba^{2+} 及能形成有色氢氧化物的离子
Mn^{2+}	$NaBiO_3$	$2Mn^{2+}+5NaBiO_3+14H^+$ $\longrightarrow 2MnO_4^-+5Na^++5Bi^{3+}$ （紫红色） $+7H_2O$	HNO_3	Cl^-、Co^{2+} 等
Fe^{2+}	$K_2[Fe(CN)_6]$	$K^++Fe^{2+}+[Fe(CN)_6]^{3-}$ $\longrightarrow [KFe(CN)_6Fe]\downarrow$ （滕氏蓝色）	酸　性	
	α,α'-联吡啶的乙醇溶液	$Fe^{2+}+\alpha,\alpha'$-联吡啶$\longrightarrow$ 深红色	弱酸性	有色离子
Fe^{3+}	$K_4[Fe(CN)_6]$	$K^++Fe^{3+}+[Fe(CN)_6]^{4-}$ $\longrightarrow [KFe(CN)_6Fe]\downarrow$ （普鲁士蓝色）	酸　性	Co^{2+}、Fe^{2+}、Cu^{2+}、Ni^{2+} 等
	NH_4SCN（或碱金属硫氰酸盐）	$Fe^{3+}+SCN^- \longrightarrow [Fe(NCS)]^{2+}$ （血红色）	酸　性	Cu^{2+}

（续表）

离　子	试　　剂	鉴定反应	介质条件	主要干扰离子
Co^{2+}	NH_4SCN、丙酮	$Co^{2+}+4SCN^- \xrightarrow{\text{丙酮}} [Co(NCS)_4]^{2-}$（宝石蓝色）	酸性	Fe^{3+}、Cu^{2+}、Hg_2^{2+} 等
	二硫代二乙酰铵	$Co^{2+}+$二硫代二乙酰铵$\longrightarrow$黄绿色↓	氨性或弱酸性	Cu^{2+}、Ni^{2+} 等
Ni^{2+}	丁二酮肟	$Ni^{2+}+$丁二酮肟$\longrightarrow$玫瑰红色↓	氨水或醋酸钠	Co^{2+}、Cu^{2+}、Fe^{2+}、Bi^{3+}、Fe^{3+}、Mn^{2+} 等
	二硫代二乙酰铵	$Ni^{2+}+$二硫代二乙酰铵$\longrightarrow$蓝色↓	氨性或弱酸性	Cu^{2+}、Co^{2+} 等

二、常见阴离子的主要鉴定方法

离　子	试　　剂	鉴定反应	介质条件	主要干扰离子
F^-	锆盐茜素	F^-+锆盐茜素$\longrightarrow$无色(红色)	HCl	ClO_3^-、IO_3^-、$C_2O_4^{2-}$、SO_4^{2-}、Al^{3+}、Bi^{3+} 等
Cl^-	$AgNO_3$、氨水、HNO_3	见 Ag^+ 的鉴定	酸性	
Br^-	Cl_2、CCl_4（或苯）	$2Br^-+Cl_2 \longrightarrow Br_2+2Cl^-$　Br_2 在 CCl_4（或苯）中呈橙黄色(或橙红色)	中性或酸性	Rb^+、Cs^+、NH_4^+ 等
I^-	Cl_2、CCl_4（或苯）	$2I^-+Cl_2 \longrightarrow I_2+2Cl^-$　I_2 在 CCl_4（或苯）中呈紫红色	中性或酸性	
SO_3^{2-}	稀 HCl	$SO_3^{2-}+2H^+ \longrightarrow SO_2\uparrow+H_2O$　SO_2 可使蘸有 $KMnO_4$ 溶液、淀粉-I_2 液或品红试液的试纸褪色	酸性	$S_2O_3^{2-}$、S^{2-} 等
	$Na_2[Fe(CN)_5NO]$、$ZnSO_4$、$K_4[Fe(CN)_6]$	生成红色沉淀	中性	S^{2-}
SO_4^{2-}	$BaCl_2$	$SO_4^{2-}+Ba^{2+} \longrightarrow BaSO_4\downarrow$（白色）	酸性	$S_2O_3^{2-}$、S^{2-}、SiO_3^{2-} 等
$S_2O_3^{2-}$	稀 HCl	$S_2O_3^{2-}+2H^+ \longrightarrow SO_2\uparrow+S\downarrow+H_2O$（白色→黄色）	酸性	SO_3^{2-}、S^{2-}、SiO_3^{2-} 等
	$AgNO_3$	$S_2O_3^{2-}+2Ag^+ \longrightarrow Ag_2S_2O_3\downarrow$（白色）　$Ag_2S_2O_3$ 发生水解,颜色由白→黄→棕,最后变为黑色 Ag_2S	中性	S^{2-}

（续表）

离 子	试 剂	鉴定反应	介质条件	主要干扰离子
S^{2-}	稀 HCl	$S^{2-}+2H^+\longrightarrow H_2S\uparrow+H_2O$ H_2S 气体可使沾有 $Pb(OAc)_2$ 的试纸变黑	酸性	$S_2O_3^{2-}$、SO_3^{2-}
	$Na_2[Fe(CN)_5NO]$	$S^{2-}+[Fe(CN)_5NO]^{2-}\longrightarrow$ $[Fe(CN)_5NOS]^{4-}$ （紫红色）	碱性	
NO_2^-	对氨基苯磺酸 α-萘胺	NO_2^- + 对氨基苯磺酸 α-萘胺——→红色	中性或醋酸	$KMnO_4$ 等氧化剂
NO_3^-	$FeSO_4$、浓 H_2SO_4	$NO_3^-+3Fe^{2+}+4H^+\longrightarrow$ $3Fe^{3+}+NO+2H_2O$ $Fe^{2+}+NO\longrightarrow[Fe(NO)]^{2+}$ （棕色） 在混合液与浓 H_2SO_4 分层处形成棕色环	酸性	NO_2^-
PO_4^{3-}	$AgNO_3$	$PO_4^{3-}+3Ag^+\longrightarrow Ag_3PO_4\downarrow$ （黄色）	酸 性	CrO_4^{2-}、S^{2-}、AsO_3^{3-}、I^-、$S_2O_3^{2-}$ 等
	$(NH_4)_2MoO_4$	$PO_4^{3-}+3NH_4^++12MoO_4^{2-}$ $+24H^+\longrightarrow(NH_4)_3PO_4\cdot$ $12MoO_3\cdot6H_2O\downarrow+6H_2O$ （黄色）	HNO_3	SO_3^{2-}、$S_2O_3^{2-}$、S^{2-}、I^-、Sn^{2+}、SiO_3^{2-}、AsO_4^{3-}、Cl^- 等
AsO_4^{3-}	$(NH_4)_2MoO_4$	$AsO_4^{3-}+3NH_4^++12MoO_4^{2-}$ $+24H^+\longrightarrow(NH_4)_3AsO_4\cdot$ $12MoO_3\downarrow+12H_2O$ （黄色）	酸性	SO_3^{2-}、$S_2O_3^{2-}$、S^{2-}、I^-、Sn^{2+}、SiO_3^{2-}、AsO_3^{3-}、Cl^- 等
AsO_3^{3-}	$AgNO_3$	$3Ag^++AsO_3^{3-}\longrightarrow$ $Ag_3AsO_3\downarrow$ （黄色）	中 性	
CN^-	CuS	$6CN^-+2CuS\longrightarrow$ $2[Cu(CN)_3]^{2-}+S_2^{2-}$ 黑色 CuS 溶解		
CO_3^{2-}	稀 HCl（或稀 H_2SO_4）、$Ba(OH)_2$	$CO_3^{2-}+2H^+\longrightarrow CO_2\uparrow+H_2O$ CO_2 气体可使饱和 $Ba(OH)_2$ 溶液变浑浊 $CO_2+2OH^-+Ba^{2+}\longrightarrow$ $BaCO_3\downarrow+H_2O$ （白色）	酸 性	SO_3^{2-}、$S_2O_3^{2-}$ 等
SiO_3^{2-}	饱和 NH_4Cl	$SiO_3^{2-}+2NH_4^++2H_2O$ $\longrightarrow H_2SiO_3\downarrow+2NH_3\uparrow$ （白色胶状） $+2H_2O$	碱性	Al^{3+}

（续表）

离　子	试　剂	鉴定反应	介质条件	主要干扰离子
VO_3^-	α-安息香酮肟	$VO_3^- + \alpha$-安息香酮肟$\longrightarrow$ 黄色$\downarrow$	强酸性	Fe^{3+} 等
CrO_4^{2-}	$Pb(NO_3)_2$	$CrO_4^{2-} + Pb^{2+} \longrightarrow PbCrO_4\downarrow$ （黄色）	碱　性	Ba^{2+}、Sr^{2+}、Hg^{2+}、Bi^{3+}、Ag^+、Ni^{2+}、Zn^{2+} 等
MoO_4^{2-}	$KSCN$、$SnCl_2$	形成红色配合物	强酸性	PO_4^{3-}、有机酸、NO_2^-、Hg^{2+} 等
WO_4^{2-}	$SnCl_2$	生成蓝色沉淀或溶液呈蓝色	强酸性	PO_4^{3-}、有机酸等
OAc^-	$La(NO_3)_3$ 和 I_2	生成暗蓝色沉淀	氨　水	S^{2-}、SO_3^{2-}、$S_2O_3^{2-}$、SO_4^{2-}、PO_4^{3-} 等

参考文献

1. 北京师范大学无机化学教研室等编. 无机化学实验(第三版). 北京:高等教育出版社,2001.

2. 蔡维平主编. 基础化学实验(一). 北京:科学出版社,2004.

3. 吴泳主编. 大学化学新体系实验. 北京:科学出版社,2001.

4. 朱霞石主编. 大学化学实验·基础化学实验一. 南京:南京大学出版社,2006.

5. 王秋长、赵鸿喜、张守民、李一峻编. 基础化学实验. 北京:科学出版社,2003.

6. 周宁怀主编. 微型无机化学实验. 北京:科学出版社,2000.

7. 林宝凤主编. 基础化学实验技术绿色化教程. 北京:科学出版社,2003.

8. 殷学锋主编. 新编大学化学实验. 北京:高等教育出版社,2002.

9. 徐家宁,门瑞芝,张寒琦编. 基础化学实验(上册). 无机化学和化学分析实验. 北京:高等教育出版社,2006.

10. 大连理工大学无机化学教研室编. 无机化学实验(第二版). 北京:高等教育出版社,2004.

11. 徐琰,何占航主编. 无机化学实验. 郑州:郑州大学出版社,2002.

12. 北京师范大学《化学实验规范》编写组. 化学实验规范. 北京:北京师范大学出版社,1998.

13. 中山大学等校. 无机化学实验. 北京:高等教育出版社,1992.

14. 南京大学《无机及分析化学实验》编写组. 无机及分析化学实验. 北京:高等教育出版社,2006.

15. 夏天宇. 化验员实用手册. 北京:化学工业出版社,1999.

16. 刁国旺. 大学化学实验·基础化学实验一. 南京:南京大学出版社,2006.

17. 王克强,王捷. 新编无机化学实验. 上海:华东理工大学出版社,2004.

18. 孙尔康,吴琴媛等编. 化学实验基础. 南京:南京大学出版社,1991.

19. 瞿永清,马志领,李志林主编. 无机化学实验. 北京:化学工业出版社,2007.

20. 叶芬霞主编. 无机及分析化学实验. 北京:高等教育出版社,2008.

21. 漳州师范学院化学与环境科学系无机及材料化学教研室编. 无机化学实验. 厦门:厦门大学出版社,2007.

22. 华东化工学院编. 无机化学实验(第二版),北京:人民教育出版社,1982.

23. 李方实,俞斌. 无机及分析化学实验. 南京:东南大学出版社,2002.

24. 董存智,王广健. 大学化学实验教程(上). 合肥:安徽大学出版社,2005.

25. 李铭岫. 无机化学实验. 北京:北京理工大学出版社,2002.

26. 郑春生. 无机及化学分析实验部分. 天津:南开大学出版社,2001.

27. 陈坚固,杨森根等. 无机化学实验. 厦门:厦门大学出版社,1998.

28. 徐甲强,孙淑香主编. 无机及分析化学实验. 北京:海洋出版社,1999.

29. 杨以侃主编. 大学化学实验. 北京:化学工业出版社,2003.

30. 崔学桂,张晓丽,胡清萍. 基础化学实验(Ⅰ)无机及分析化学部分(第 2 版). 北京:化学工业出版社,2003.

31. 邹京、郭成. 无机化学实验. 北京:北京师范大学出版社,1991.

32. 王伯康,钱文浙等编. 中级无机化学实验. 北京:高等教育出版社,1984.

33. 余新武,曾兵,王园朝. Cr(Ⅲ)配合物的合成与分光序的研究. 咸宁师专学报,1999.6.

34. 曹作刚. 无机及分析化学实验. 东营:石油大学出版社,2005.

35. 于涛. 微型无机化学实验. 北京:北京理工大学出版社,2004.

36. 姚志强,乔葆阶. 利用微型实验进行十二钨磷酸的制备. 辽宁师范大学学报(自然科学版).1996,(1):78～80.

37. 姚志强. 十二钨磷酸制备方法的改进. Chinese Journal of Spectroscopy Laboratory. 1999,7(4):432～433.

38. 南京大学大学化学实验教学组. 大学化学实验. 北京:高等教育出版社,2006.

39. 崔爱莉主编. 基础无机化学实验. 北京:高校教育出版社,2007.

40. 胡乔生,杨衍超,练萍,万东北. 微型实验方法在"PbI_2 的 K_{sp} 测定"中的应用研究. 赣南师范学院学报,2003,(3):139～140.

41. 陈文兴. 碘化铅溶度积测定实验微型化的探索. 遵义师范学院学报,2005,12(6):60～61.

42. 李其华,雷春华,刘利民,朱小娟,彭夷安. 碘化铅沉淀-溶解平衡的移动. 化学教育,2004,(4):59～61.

43. 杨立新,朱小娟,彭夷安. 氯化铅溶度积的测定与计算. 大学化学,1996,(10):34～36.

44. 马广岳,施国新,徐勤松,等. Cr^{6+}、Cr^{3+} 胁迫对黑藻生理生化影响的比较研究[J]. 广西植物,2004,24(2):161～165.

45. 赵永臻. 混合电镀废液综合利用生产铬黄的研究[J]. 环境保护科学,1997,23(4):24～27.

46. 周明霞. 污水 COD 超标的影响因素及解决措施[J]. 纯碱工业,2003,(1):11～13.

47. 徐海宏,李满华. 复合絮凝剂在废水处理中的现状和发展方向[J]. 煤炭工程,2006,(11):58～60.